教育部产学合作协同育人项目成果

信息科学基础
实验指导 第2版

○ 主　编　周　曦　石　栋　岳　强
○ 副主编　卜春芬　李　媛　朱　军
○ 主　审　钱开国

中国教育出版传媒集团

高等教育出版社·北京

内容提要

　　本书是与卜春芬等主编、高等教育出版社出版的《信息科学基础》（第2版）配套的实验指导，精选典型实验案例，帮助读者加深对理论知识的理解，提高操作应用与问题求解的能力。本书主要内容包括信息技术概述、Windows 10操作系统、WPS办公自动化、计算机网络与Internet应用、多媒体素材处理技术、HBuilder网页设计制作、数据库基础、Python程序实验等。每章按照由易到难的层次设计实验，以验证型实验和设计型实验为主，各章内容相对独立，教学时可根据实际情况进行选择。

　　本书可作为高等学校"大学计算机基础"课程的教学实践用书，也可作为全国计算机等级考试的参考书。

图书在版编目（C I P）数据

　　信息科学基础实验指导 / 周曦, 石栋, 岳强主编;
卜春芬, 李媛, 朱军副主编 . --2版 . -- 北京：高等
教育出版社, 2024.9（2025.7重印）. --ISBN 978-7-04
-062671-1

　　Ⅰ. TP3

　　中国国家版本馆 CIP 数据核字第 2024R3A549 号

Xinxi Kexue Jichu Shiyan Zhidao

策划编辑	耿　芳	责任编辑　缪可可	封面设计　张申申　张　志	版式设计　童　丹
责任绘图	尹文军	责任校对　胡美萍	责任印制　存　怡	

出版发行	高等教育出版社	网　　址	http://www.hep.edu.cn
社　　址	北京市西城区德外大街 4 号		http://www.hep.com.cn
邮政编码	100120	网上订购	http://www.hepmall.com.cn
印　　刷	肥城新华印刷有限公司		http://www.hepmall.com
开　　本	787mm×1092mm　1/16		http://www.hepmall.cn
印　　张	14.5	版　　次	2022 年 3 月第 1 版
字　　数	350 千字		2024 年 9 月第 2 版
购书热线	010-58581118	印　　次	2025 年 7 月第 2 次印刷
咨询电话	400-810-0598	定　　价	35.00 元

信息科学基础实验指导

第2版

主 编 周 曦 石 栋
　　　　岳 强
副主编 卜春芬 李 媛
　　　　朱 军
主 审 钱开国

1　计算机访问 https://abooks.hep.com.cn/18610303 或手机微信扫描下方二维码进入新形态教材网。

2　注册并登录后，计算机端进入"个人中心"，点击"绑定防伪码"，输入图书封底防伪码（20位密码，刮开涂层可见），完成课程绑定；或手机端点击"扫码"按钮，使用"扫码绑图书"功能，完成课程绑定。

3　在"个人中心"→"我的学习"或"我的图书"中选择本书，开始学习。

信息科学基础实验指导 第2版

主编　周曦　石栋　岳强

出版单位　高等教育出版社

开始学习　收藏

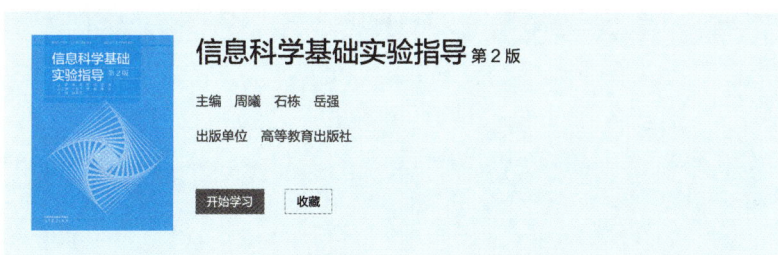

绑定成功后，课程使用有效期为一年。受硬件限制，部分内容可能无法在手机端显示，请按照提示通过计算机访问学习。

如有使用问题，请直接在页面点击答疑图标进行咨询。

扫描二维码
访问新形态教材网
小程序

前　言

　　本书结合计算机最新技术发展及计算机基础课程改革方向,针对应用型本科院校人才培养的定位,以问题求解、系统设计为主线,精选典型配套实验案例等组织编写。本书与卜春芬等主编的主教材《信息科学基础》(第 2 版)配套使用,旨在通过大量的实验案例使学生对计算机科学及信息技术有一个全面的认识与了解,引导学生掌握计算机实践操作技能,提高学生计算机应用操作能力。

　　本书与主教材既相互关联,又各自独立,为主教材中的理论讲解提供配套的实验案例并加以扩展,为学生上机操作提供有效的指导。全书共分 10 章,涉及 Windows 10 操作系统、WPS 文字、WPS 表格、WPS 演示、Ulead Cool 3D、Adobe Photoshop、Adobe Audition、Adobe Primere Pro、Adobe Animate、HBuilder、MySQL、Python 等多个应用软件,每章按照由易到难的层次设计不同实验,以验证型实验及设计型实验为主,同时提供了综合性实验。

　　本书各章内容独立,可根据实际情况分层次选择使用。

　　第 1 章信息技术概述。通过模拟选购计算机硬件系统、操作系统安装初步介绍计算机的基本知识,为进一步学习应用软件奠定了基础。

　　第 2 章操作系统。介绍 Windows 10 的基本操作、文件资源管理器的应用、Windows 10 设置的使用。

　　第 3 章 WPS 文字处理。通过案例让学生掌握文本的输入、编辑和格式设置、图文混排、编辑长文档等操作。

　　第 4 章 WPS 表格处理。介绍工作表的基本操作、公式和函数的应用、图表的创建及编辑、分类汇总、数据透视表、数据透视图与模拟分析等,根据使用需求进行综合案例训练。

　　第 5 章 WPS 演示处理。介绍创建并美化演示文稿、幻灯片中各种对象的插入与编辑、幻灯片切换方式和动画效果的设置、将 WPS 文字制作成演示文稿的快捷操作。

　　第 6 章计算机网络与 Internet 应用。帮助学生熟悉计算机网络的相关知识、掌握局域网的网络配置和资源共享、学会使用浏览器搜索信息资源、掌握电子邮件的收发和搜索引擎的使用等。

　　第 7 章多媒体素材处理技术。帮助学生学会利用 Ulead Cool 3D 软件制作 3D 文字动画效果、掌握 Photoshop 图像编辑基本技巧、利用 Adobe Audition 软件编辑音频、利用 Adobe Premiere Pro 软件编辑视频、利用 Adobe Animate 软件编辑动画。

　　第 8 章 HBuilder 网页设计制作。帮助学生学会制作简易的个人主页、制作"大学生暑期社会实践调查问卷""个人求职简历""毕业季照片墙"等,同时提高 CSS 艺术图形图像设计技巧,进行网页创意设计综合训练。

　　第 9 章数据库基础。通过安装和配置 MySQL,创建和管理数据库和数据表,介绍数据操作、查询、安全与管理等基本操作。

　　第 10 章 Python 程序实验。通过介绍 Python 语言开发环境配置以及简单 Python 语法和常见库的应用,使学生初步具备软件开发的思想,并能解决实际工作中常见的简单问题。

本书由昆明学院多年从事"信息科学基础"课程教学和教学改革研究的教师编写,卜春芬负责章节安排及统稿,全书由钱开国主审。其中第 1 章、第 2 章由石栋执笔;第 3 章、第 10 章由周曦执笔;第 4 章,第 7 章 7.1 节、7.3 节、7.4 节、7.5 节由卜春芬执笔;第 5 章节由李媛执笔;第 6 章、第 9 章由岳强执笔;第 7 章 7.2 节、第 8 章由朱军执笔。周曦、石栋、岳强担任主编,卜春芬、李媛、朱军担任副主编,本书在编写过程中得到昆明学院谢永刚、华瑞、任欣、黄吉花、邹疆、李玲、吴莉莉、张虹、何红玲、文瑾、张志红、赵卿、李涛、方刚、蔡云等多位老师的指导(排名不分先后),也得到珠海金山办公软件有限公司的邓华老师和北京万维捷通软件技术有限公司罗建文老师的支持,在此一并表示感谢。

本书在编写过程中,参考了很多专家同仁们的文献和资料,在此向他们表示衷心的感谢。由于本书涵盖的内容较广,限于作者水平,书中难免存在错误和不妥之处,诚请各位读者批评指正。编者邮箱 49248139@qq.com。

编　者

2024 年 4 月

目　录

1.1　模拟选购计算机硬件

一、实验目的

1. 理解计算机硬件系统的组成和各部分的功能。
2. 学习如何根据需求和预算选择合适的计算机硬件。
3. 提高独立解决问题和决策的能力。

二、实验内容

1. 确定购买计算机的目的和预算。
2. 研究不同硬件组件（如中央处理器、内存、硬盘、显卡等）的性能和价格。
3. 根据需求和预算选择合适的硬件组件。

下面先熟悉组装一台个人计算机需要准备的主要硬件及其特点。

（1）中央处理器（central processing unit，CPU）

CPU 作为计算机的"大脑"，负责执行各种计算任务。目前个人计算机中，主流的 CPU 主要来自两大品牌：intel（英特尔）和 AMD（超威）。

intel CORE 系列是一系列广泛应用于游戏和办公的 CPU。它包括以下几个型号：CORE i3（低端）、CORE i5（中端）、CORE i7（高端）、CORE i9（旗舰），intel CORE i9-9900K CPU 如图 1-1 所示。

AMD Ryzen（锐龙）系列也备受欢迎，它们在多核处理方面表现出色。以下是锐龙系列的一些型号：锐龙 R3、锐龙 R5、锐龙 R7、锐龙 R9 等。

此外，还有一些其他系列，例如 intel Xeon（主要用于服务器）和 intel Pentium（相对较老的 CPU）等。不同系列的 CPU 在性能、功耗和价格上都有所不同，应根据需求和预算来决定具体选择。

（2）主板

主板又称为母板，是计算机系统中至关重要的组成部分，被安装在主机箱内，扮演着核心角色。主板的主要功能包括传输各种电子信号和初步处理外围数据，同时负责连接计算机主机中的各个部件，如内存、CPU 和扩展槽等。主板结构在制定通用标准时考虑了元器件的布局排列方式、尺寸大小、形状和电源规格等因素，厂商必须遵循这些标准。一款华硕主板如图 1-2 所示，相

图 1-1　intel CORE i9-9900K CPU

关参数如表 1–1 所示。

　　主板的核心是芯片组,其中北桥芯片负责管理 CPU、内存和显卡之间的数据交换,控制一些高速设备,而南桥芯片则负责管理主板上的各种外设接口,如 PS/2、USB、PCI、ATA 等。这两者在主板构成中起着关键的作用。总体而言,主板是计算机的骨架,用于承载和连接各种配件,决定硬件系统的稳定性和性能。

图 1–2   华硕 ROG Strix Z690–A Gaming WiFi 主板 [①]

表 1–1   华硕 ROG Strix Z690–A Gaming WiFi 主板参数

1. CPU 插座(LGA 1366)	9. 20+4pin 主板电源
2. 北桥(被散热片覆盖)	10. 4+4pin 处理器电源
3. 南桥(被散热片覆盖)	11. 背板 I/O
4. 存储器(内存条)插座(三通道)	12. 前置 USB 针脚
5. PCI 扩展槽	13. 前置面板音效针脚
6. PCI Express 扩展槽	14. SATA 插座
7. 跳线	15. ATA 插座(大部分 intel Sandy Bridge 微架构以后的家用主板都已舍弃 IDE 接口)
8. 控制面板(开关掣、LED 等)	16. 软盘驱动器插座(2010 年后绝大多数主板已舍弃软盘驱动器接口)

①   由 Benutzer Diamond 拍摄。

在购买主板时,需要注意以下情况。

① 平台和芯片组:先要确定选择的是 intel 还是 AMD 平台。不同平台的主板芯片组不同,这直接影响主板的功能和性能上限。

主板芯片组的型号通常以一些数字表示,例如 B460、B450、B550、Z490、X570 等。这些数字代表不同的芯片组型号。

② CPU 接口:主板的 CPU 接口与选择的 CPU 密切相关。需确保主板的 CPU 接口适配购买的中央处理器。intel 的主板芯片组每一代都有不同的 CPU 接口,而 AMD 的主板芯片组一直使用 AM4 接口,具有更好的兼容性。

③ 主板板型尺寸:主板的板型通常分为四种:E-ATX、ATX、M-ATX 和 mini-ITX。不同板型的主板适用于不同的需求,例如高性能、可扩展性或小型机箱。

④ 供电和接口:主板的供电相数和接口数量对性能和扩展性至关重要。选购主板时需注意主板的供电相数,以及硬件接口(如内存插槽、显卡插槽、M.2 插槽、SATA 插槽等)的类型和数量。

⑤ 品牌选择:主板品牌也很重要。知名品牌包括华硕、技嘉、微星等。不同品牌的主板在质量和服务方面有所不同。

（3）随机存取存储器（RAM）

随机存取存储器（RAM）又称内存,是计算机中至关重要的组件,其主要作用是存储用于 CPU 执行的程序和数据以及与外部存储器交换程序和数据,是 CPU 与外部存储器之间交换信息的桥梁。所有程序的运行都通过内存这个桥梁进行,因此内存的性能直接影响计算机整体的运行水平。构造上,内存条由内存芯片、电路板和金手指等组成,内存芯片是由半导体器件制成的。内存的关键参数包括容量、存取时间、CL 延迟、频率和带宽,这些参数决定了计算机可以同时运行的程序数量、数据处理速度和性能表现。

目前在个人计算机中,DDR（双倍数据速率）内存是计算机内存的标准系列,在计算机发展中扮演着关键角色。1997 年,三星公司展示了 DDR 内存原型,随后于 1998 年推出了第一款商用 DDR 内存芯片。2000 年,固态技术协会（JEDEC）最终确定了 DDR 内存规范（JESD79）。DDR 内存经历了几代演进,包括 DDR1、DDR2、DDR3、DDR4 和 DDR5,每一代都带来了更高的频率、更大的容量和更低的功耗。其中 DDR4 于 2014 年推出,频率从 2 133 MHz 到 3 200 MHz,容量最高可达 32 GB。DDR5 于 2020 年推出,频率从 4 800 MHz 开始,预计将达到 6 400 MHz,具有更高的性能和能效。

在选购内存条时,以下几个关键因素需要特别注意。

① 容量:内存条的容量决定了计算机可以同时运行的程序数量和数据量。应根据实际需求选择合适的容量,例如 4 GB、8 GB、16 GB、32 GB 等。

② 代际和频率:代际是指内存条是属于 DDR1、DDR2、DDR3、DDR4 还是 DDR5,必须确保主板支持。频率指内存主频,以 MHz 为计量单位。高频率的内存通常速度更快,但同样要确保主板支持相应频率。

③ 可靠性:选择有良好品质声誉的品牌,国外品牌有三星、美光、海力士等,国内内存条市场涌现了多个备受青睐的品牌,各自以性能、稳定性和价格脱颖而出。光威采用长江存储颗粒,适合预算有限的用户;金泰克则以其高端系列包括 DDR4、DDR5 而闻名;台电的极光系列内存在性价比方面表现优越;七彩虹内存使用国产颗粒,为游戏玩家提供稳定性能;朗科采用长鑫 A-DIE 颗粒,适合追求性价比的用户;紫光在国内高端内存市场有一定知名度等。这些品牌在

性能、价格和稳定性方面各有特点,用户可根据需求选择合适型号。

④ 性价比:综合考虑性能、价格和售后服务。不要盲目追求高频内存,要根据实际需求选择合适频率的内存条。

（4）硬盘

硬盘是计算机存储的关键组件,有机械硬盘（HDD）、固态硬盘（SSD）和融合硬盘等不同类型。机械硬盘使用旋转的磁盘存储数据,包括盘片、磁头、盘片转轴、磁头控制器、数据转换器、接口和缓存,其容量较大,适合存储大量文件。固态硬盘则使用闪存芯片,无机械部件,因而更耐用、抗震抗摔,主要构成部分包括闪存芯片、控制器和接口,容量较小但读写速度更快,适合存放操作系统和常用程序。

当选购硬盘时,需要注意以下几点。

① 存储容量:硬盘的容量决定可以存储多少数据。需根据需求选择合适的容量,例如4 TB、1 TB、500 GB 等。

② 类型:机械硬盘（HDD）属于传统的旋转磁盘,容量大但速度较慢。固态硬盘（SSD）使用闪存芯片,速度快但容量较小。

③ 读写速度:SSD 的读写速度远超 HDD,适合需要快速访问数据的场景。

④ 接口类型:接口是硬盘与计算机连接的部件,类型如 SATA 或 NVMe。必须确保接口类型与主板兼容。

（5）显示卡

显示卡,简称显卡,是计算机图形处理和显示的关键组件,负责将计算机生成的图形和图像数据转换为可视化的信号,并控制显示器的正确显示。其主要构成包括显存、图形处理单元（GPU）、显卡接口和视频输出接口。显存用于存储图像数据,GPU 负责图形计算和渲染,显卡接口连接主板,而视频输出接口连接显示器（如 HDMI、DisplayPort、VGA 接口等）。

显示卡有不同的类型,包括:独立显卡（独显）,具有独立的 GPU 和显存,适用于高性能图形处理;集成显卡（集显）,集成在主板或 CPU 中,性能较低,适合一般办公和日常使用。

常见的显示卡品牌有 NVIDIA 和 AMD。

NVIDIA 现在是一家著名的显卡设计制造公司,其显卡在游戏、图形设计和深度学习等领域应用广泛。一些常见的 NVIDIA 显卡型号包括:

GeForce RTX 40 系列,如 RTX 4090、RTX 4080、RTX 4070。

GeForce RTX 30 系列,如 RTX 3090、RTX 3080、RTX 3070。

GeForce GTX 16 系列,如 GTX 1660 Ti、GTX 1660。

AMD 也是一家重要的显卡制造商,其显卡在性价比和多显示器支持方面表现优异。一些常见的 AMD 显卡型号包括:

Radeon RX 6000 系列,如 RX 6900 XT、RX 6800 XT、RX 6700 XT。

Radeon RX 5000 系列,如 RX 5700 XT、RX 5600 XT。

（6）电源

电源提供电能给各个硬件。选购个人计算机的电源时,以下几个关键因素需要特别注意。

① 功率大小:根据计算机硬件需求,选择合适的功率。一般建议为硬件预留 20%~30% 的功率余量,以保证稳定性和升级空间。

② 电源效率：选择具有 80 PLUS 认证的电源，能确保较高的能效和稳定性。具体选择哪个等级的电源，可根据预算和需求综合考虑。

③ 品牌与质量：选择知名品牌和优质产品，确保电源的稳定性和可靠性。通过查看网上评测和用户评价，了解产品性价比。

④ 连接器兼容性：确保电源提供的连接器数量和类型能满足计算机硬件的需求。如果可能，选择模块化电源以便更好地管理线材。

⑤ 噪声：虽然电源噪声相对其他硬件较低，但仍需关注。一些高质量电源采用智能风扇控制技术，在低负载时自动降低风扇转速，降低噪声。

（7）散热器

散热器保持 CPU 和其他组件的温度在合理范围内。个人计算机使用散热器的原因主要是：首先，主要组件如 CPU 和显卡在运行中会产生大量热量，散热器的作用是有效地散发这些热量，以保持硬件在正常温度运行，防止过热导致性能下降、系统崩溃或损坏。其次，散热器有助于维持硬件在适宜的温度范围内，提高硬件的性能和稳定性，延长其使用寿命。

选购个人计算机的散热器时，需要注意以下几点。

① 选择合适的类型：根据使用需求、预算和机箱空间选择合适的散热器类型。对于轻度使用和预算有限的用户，风冷散热器是一个经济实惠的选择。对于重度使用和追求低噪声的用户，水冷散热器是一个更好的选择。

② 兼容性：购买散热器时，需要确认散热器与 CPU 接口以及机箱的兼容性。不同类型的 CPU 使用不同的散热器接口，如 intel LGA 1151、AMD AM4 等。此外，还需要检查散热器的尺寸是否适合机箱空间。

③ 散热性能与噪声：在选择散热器时，要综合考虑散热性能和噪声。一般来说，散热性能好的散热器可能噪声较大。可以参考产品规格和用户评价，以找到性能与噪声之间的平衡。

④ 品牌与质量：选择知名品牌和优质产品，确保散热器的稳定性和可靠性。可以查看网上评测和用户评价，了解产品性价比。

⑤ 散热器安装与维护：购买散热器时，要了解其安装方式和维护要求。一般来说，风冷散热器安装较简单，维护主要是定期清理灰尘。水冷散热器的安装和维护较复杂，需要更多的技术知识。

（8）机箱

个人计算机机箱是一个重要组件，具有多重作用。首先，它为计算机内部硬件提供保护，防止灰尘、液体等外部物质进入，从而保护硬件免受损坏。其次，机箱内部设计有隔层和支架，用于组织和安装主板、显卡、硬盘等组件，有助于维持整洁的布线，确保信号传输的稳定性。第三，机箱内配备风扇和散热器，有效散发硬件产生的热量，维持正常工作温度。最后，机箱的外观和设计对于整体外观和风格也至关重要，一些机箱还具有透明侧板，展示内部硬件的排布。综合而言，个人计算机机箱在保护硬件、散热和提升外观等方面发挥着关键作用。

选购个人计算机机箱时，需要注意以下几点。

① 机箱尺寸和类型：根据需求和预算，选择合适的机箱尺寸和机箱的类型（风冷、水冷、侧透、紧凑型等）。

② 硬件兼容性：确保机箱能容纳主板、显卡、散热器和硬盘。检查机箱的内部空间和接口是否匹配硬件配置。

③ 散热和通风：选择具有良好散热设计的机箱，有足够的风扇位置和通风孔。考虑机箱的风道设计，以确保硬件保持适当的工作温度。

④ 材质和质量：选择钢板厚度在 0.8 mm 以上的坚固机箱。查看用户评价，选择可靠的品牌和质量。

⑤ 外观和风格：考虑是否需要侧透窗、RGB 灯效等。

（9）显示器

显示器是计算机的输出设备，通过特定的传输设备将数据显示到屏幕上。显示器主要类型包括阴极射线管显示器（CRT，已逐渐退出市场但具有可视角度大、色彩还原度高等优点）、液晶显示器（LCD，现代常见，薄、占地小、辐射小）和等离子显示器（PDP，较少见，使用等离子技术）。显示器的性能参数包括分辨率、栅距和点距、带宽、刷新率等。

选购显示器时，需要注意以下几点。

① 尺寸：显示器的尺寸是指屏幕对角线长度，单位是英寸（1 英寸 =2.54 厘米）。一般常见的尺寸有 24 英寸、27 英寸等。根据使用需求和预算选择合适的尺寸。

② 分辨率：分辨率决定显示器上的像素数目，影响画面的清晰度。高分辨率显示器能显示更多细节，但也需要更高性能的显卡。

③ 长宽比：常见的长宽比是 16∶9、16∶10，但也有其他比例如 21∶9。长宽比会影响显示面积和视觉体验。

④ 色域和色准：色域决定显示器能显示的颜色范围，色准表示显示器的颜色准确度。

⑤ 刷新率和响应时间：高刷新率适合游戏和动态画面，快响应时间可避免拖影。

⑥ 面板类型：常见的面板类型有 IPS、VA、TN 等。IPS 面板有更广的视角，VA 面板有更高的对比度，TN 面板响应时间较快。

此外，除了以上 9 种硬件外，计算机还需要配备一些其他外部设备，如鼠标、键盘、耳机、音箱等。

三、实验步骤

1. 需求分析：确定需要计算机来完成什么任务，例如编程、图形设计、游戏等。

2. 预算设定：确定愿意为计算机硬件花费多少钱。注意：最贵的不一定是最好的，关键是找到性价比高的硬件。

3. 硬件研究：查阅关于不同硬件的信息，包括 CPU、内存、硬盘、显卡等，详细了解它们的性能、兼容性和价格。

4. 选择硬件：根据自己的需求和预算，选择合适的硬件。考虑性能、兼容性、价格和未来升级的可能性。

5. 总结：列出选择的所有硬件，并解释为什么选择它们。创建一个表格，列出每个部件的名称、价格和选择的原因。

1.2   操作系统的安装

一、实验目的

1. 理解虚拟机的工作原理和用途。

2. 学习如何在虚拟机上安装操作系统。

3. 提高独立解决问题和决策的能力。

二、实验内容

1. 安装并配置虚拟机软件（如 VMware Workstation ）。

2. 下载 Windows 10 ISO 镜像文件。

3. 在虚拟机上安装 Windows 10 操作系统。

三、实验步骤

1. 安装虚拟机软件：从 VMware 官方网站下载并安装 VMware Workstation 17 Player 或其他虚拟机软件，如图 1-3 所示。

2. 准备 Windows 10 ISO 镜像文件：从 Microsoft 官方网站或其他可信赖的来源下载 Windows 10 ISO 镜像文件。

3. 创建新的虚拟机：打开 VMware Workstation 17 Player，单击 "创建新虚拟机"。

图 1-3   VMware Workstation 17 Player 工作界面

4. 在"新建虚拟机向导"中,选择"安装程序光盘映像文件",单击"浏览",然后选择之前下载的 Windows 10 ISO 文件,随后单击"下一步",如图 1-4 所示。

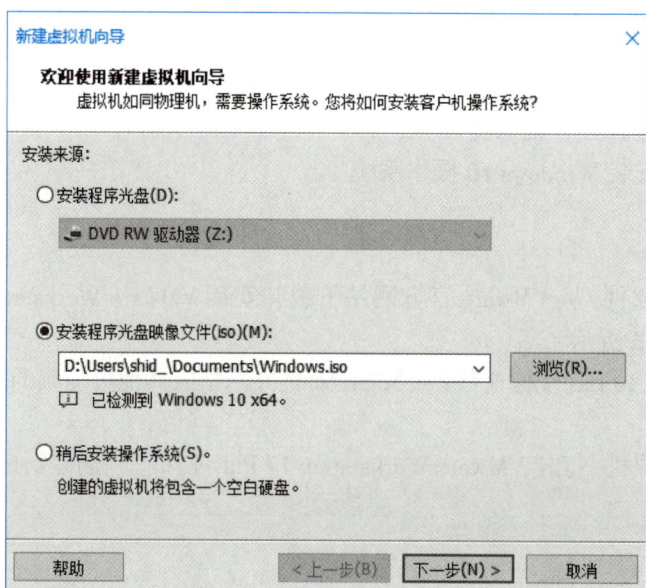

图 1-4　新建虚拟机向导

5. 设定虚拟机名称和位置,随后继续单击"下一步",如图 1-5 所示。

6. 设定虚拟机使用的"最大磁盘大小",文本框中输入 100,继续单击"下一步",如图 1-6 所示。

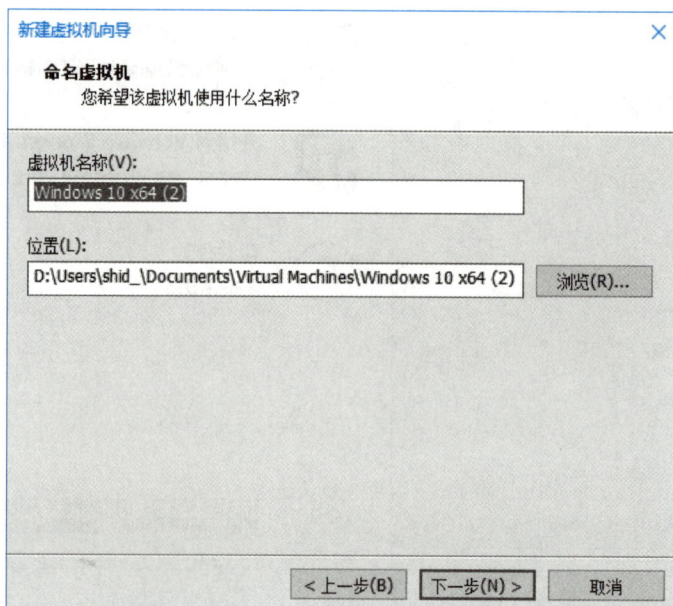

图 1-5　命名虚拟机

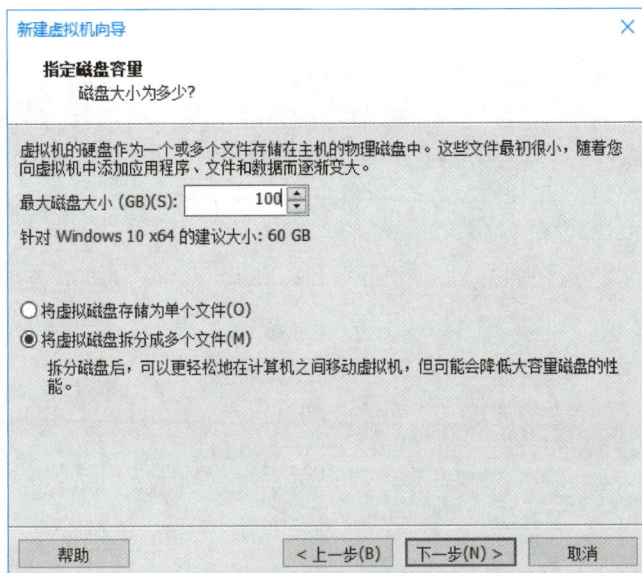

图 1-6　指定磁盘容量

7. 自定义虚拟机的硬件,勾选"创建后开启此虚拟机",单击"完成",如图 1-7 所示。

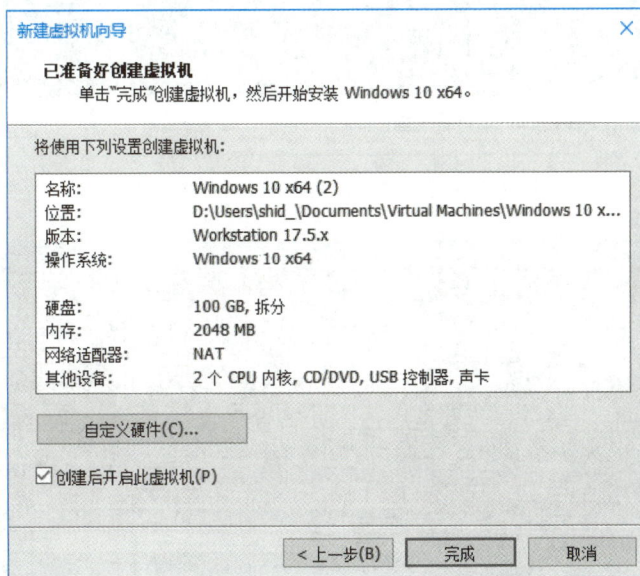

图 1-7　自定义硬件

8. 启动虚拟机,当虚拟机屏幕显示"Press any key to boot from CD or DVD"时,敲击键盘任意键,即可进入安装程序,如图 1-8 所示。

9. 选择要安装的语言、时间和货币格式、键盘和输入方法,然后单击"下一页"继续,如图 1-9 所示。

10. 单击"现在安装",如图 1-10 所示。

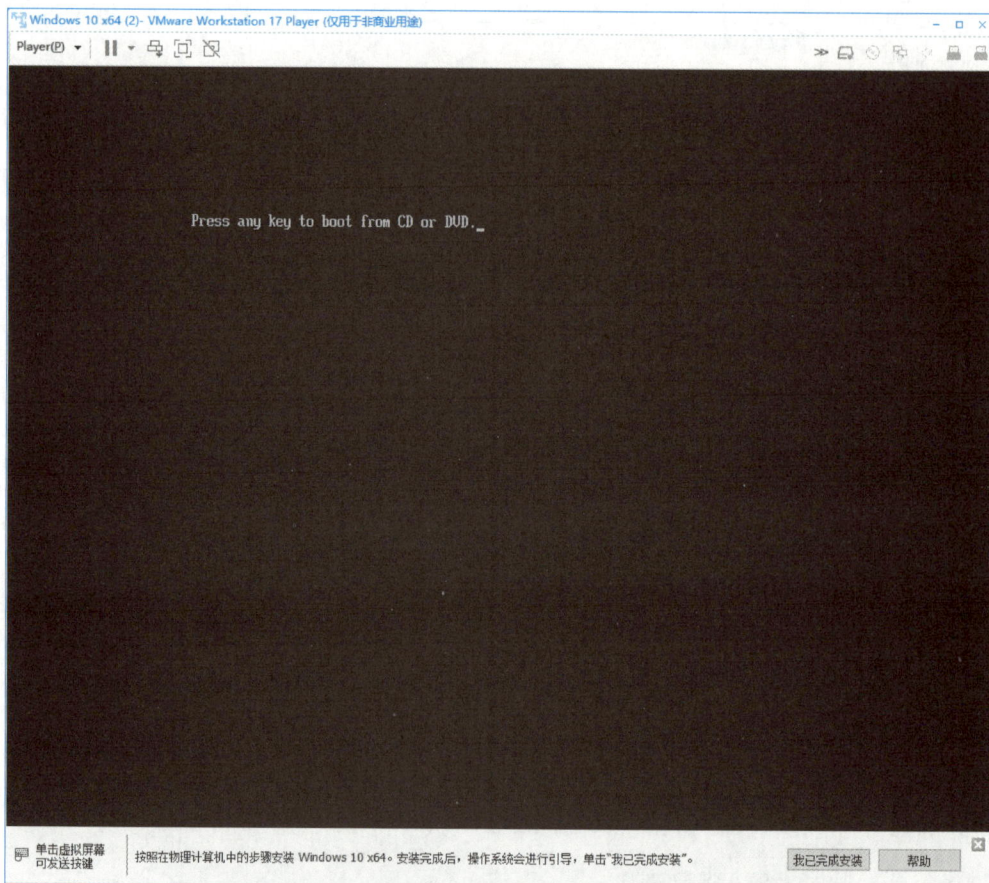

图 1-8　启动画面

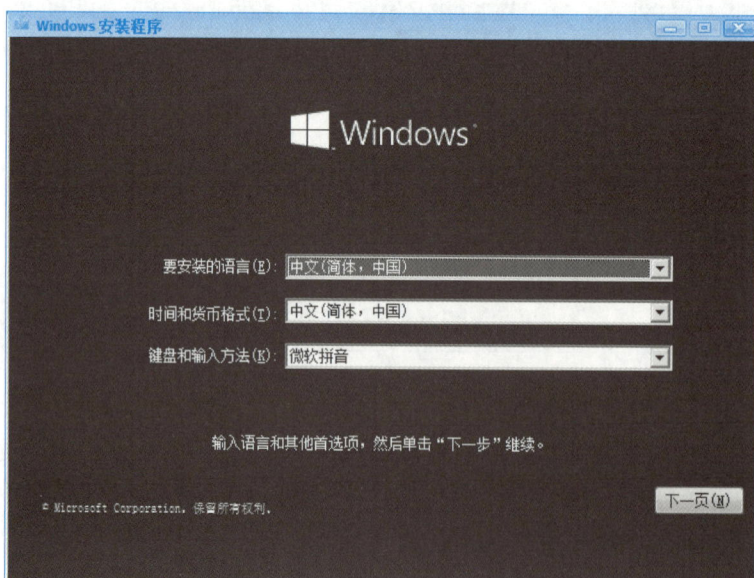

图 1-9　Windows 10 安装语言和其他首选项

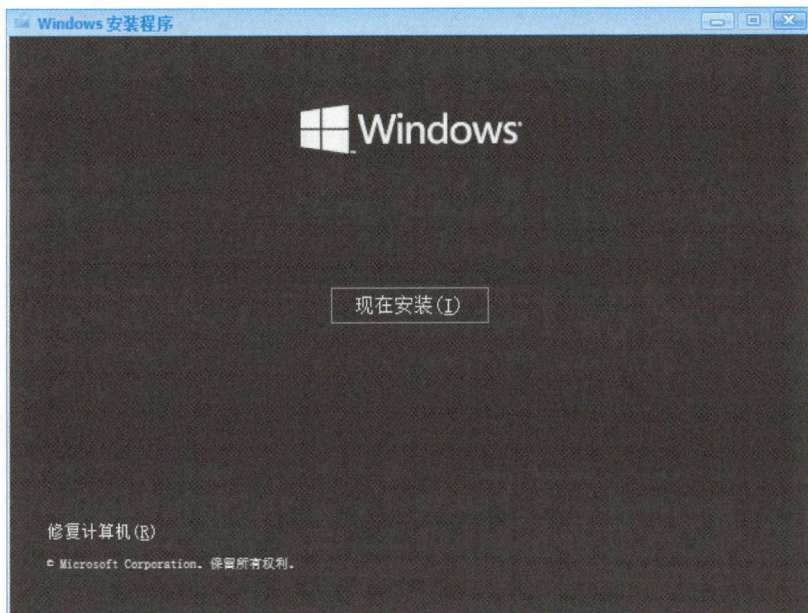

图 1-10　Windows 安装选择

11. 在"激活 Windows"界面,有产品密钥的话,需输入产品密钥,否则选择"我没有产品密钥",如图 1-11 所示。

12. 选择要安装的操作系统版本,可自行选择,推荐选择"Windows 10 专业版",随后单击"下一页",如图 1-12 所示。

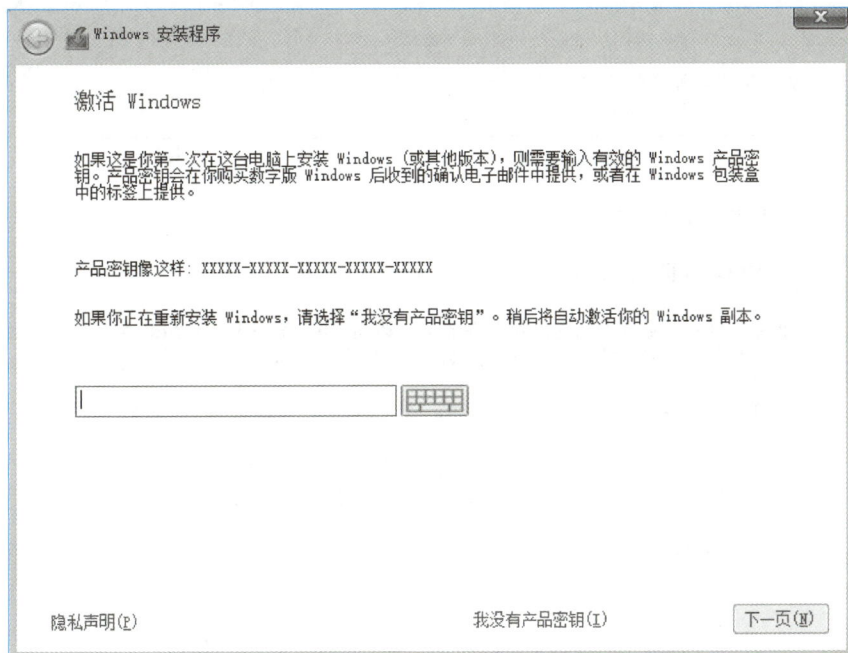

图 1-11　产品密钥输入界面

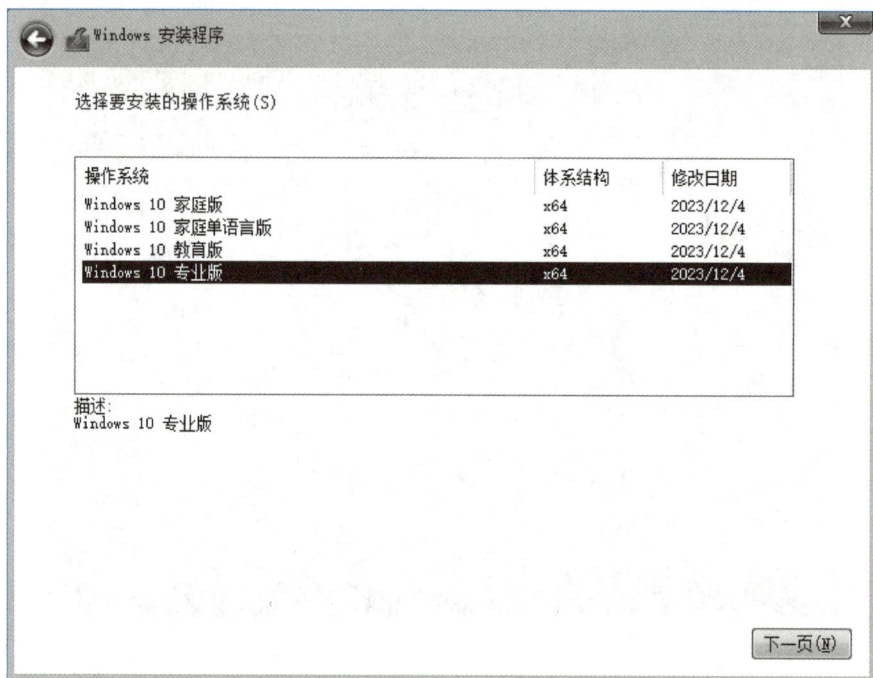

图 1-12   选择安装版本

13. 在"适用的声明和许可条款"界面,勾选"我接受许可条款",单击"下一页",如图 1-13 所示。

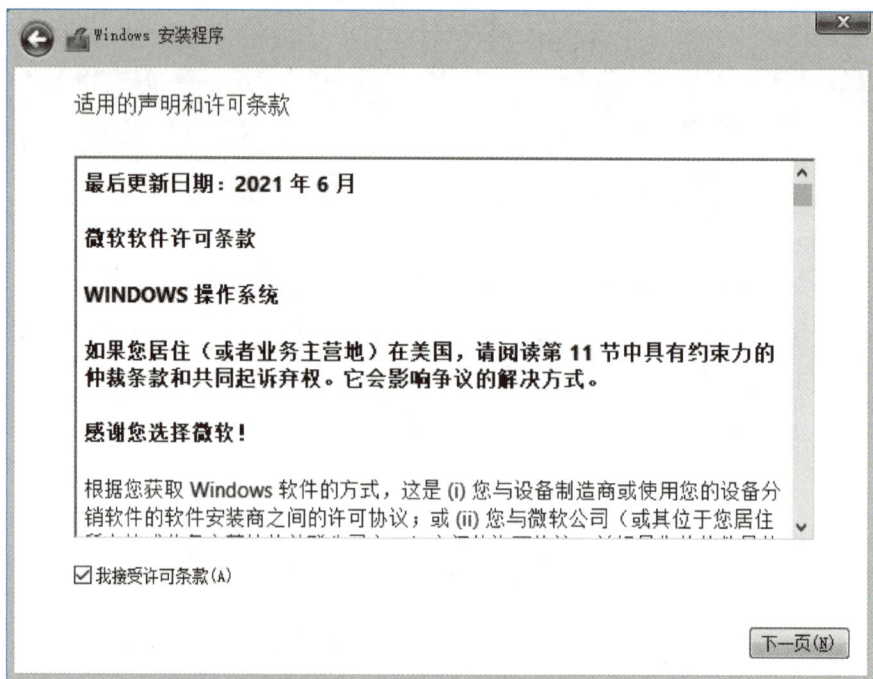

图 1-13   适用的声明和许可条款

14. 在"你想执行哪种类型的安装？"对话框中，选择"自定义：仅安装 Windows（高级）"，如图 1-14 所示。

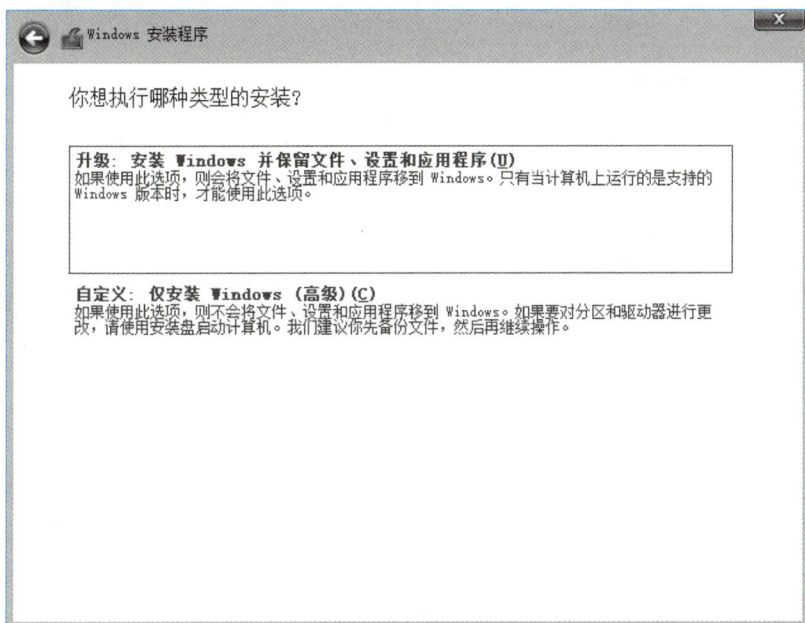

图 1-14　自定义安装

15. 在"你想将 Windows 10 安装在哪里？"对话框中，选择希望安装到的位置（本实例只有一个驱动器，可以不选），随后单击"下一页"，如图 1-15 所示。

图 1-15　设置安装位置

16. 等待安装完成,根据不同的计算机配置,等待时间可能需要 10 分钟乃至几十分钟,如图 1-16 所示。

图 1-16   安装界面

17. 安装完成后,Windows 10 会自动重启,如图 1-17 所示。

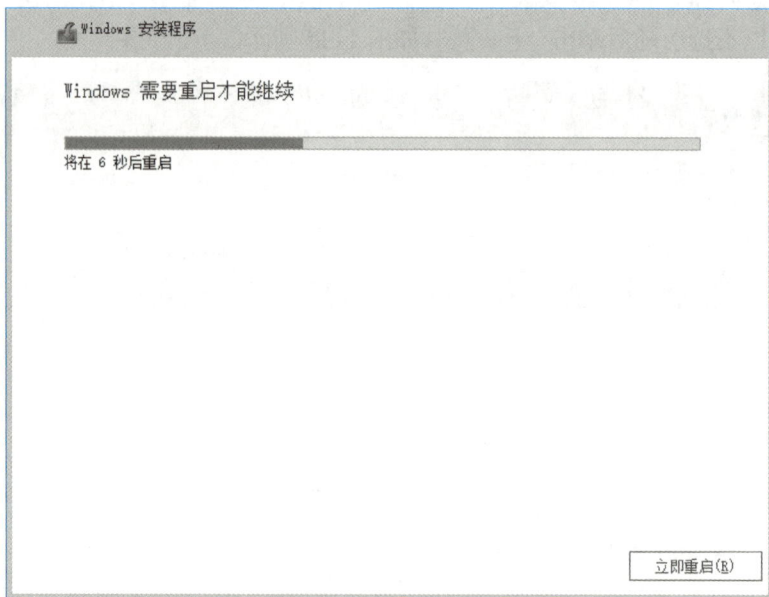

图 1-17   重启提示界面

18. 第一次进入 Windows 10 操作系统时,还需要进行个性化设置。首先是区域设置,选择"中国",单击"是",如图 1-18 所示。

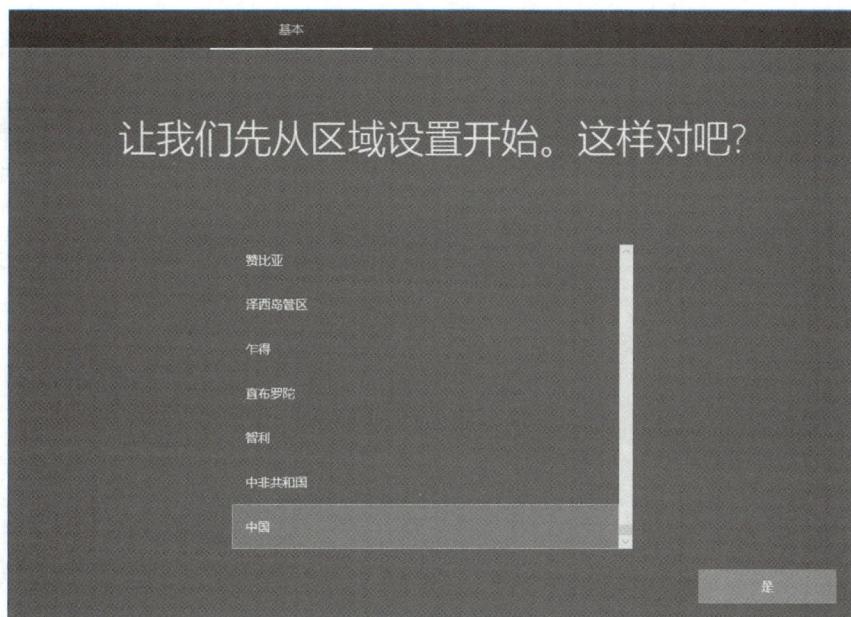

图 1-18　区域设置

19. 选择键盘布局,如图 1-19 所示。

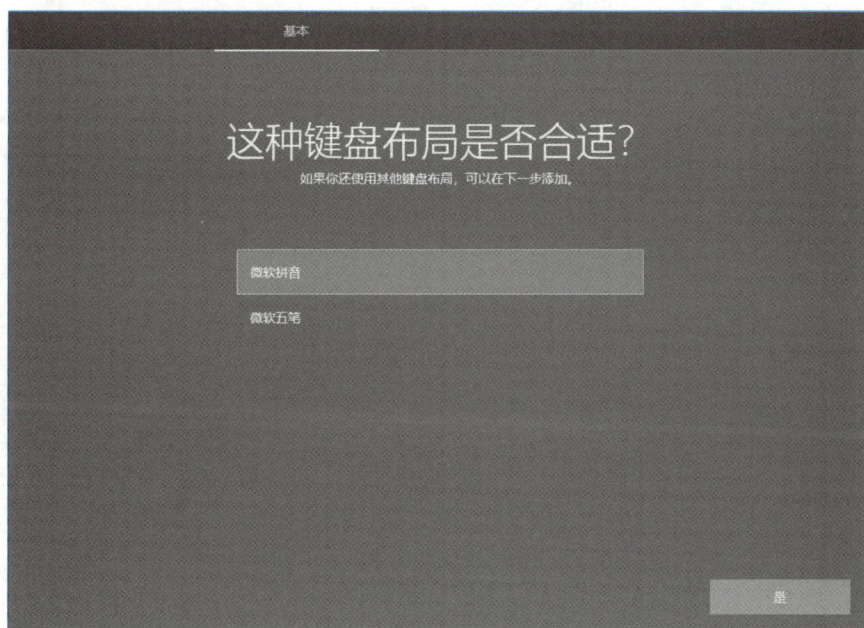

图 1-19　键盘布局设置

20. 在"是否想要添加第二种键盘布局?"的界面选择"跳过"即可,如图 1-20 所示。

21. 随后,计算机还需要进行网络设置,如果计算机没有网络,会提示连接网络,此时需要进行网络设置,比如连接有线网络或者 WiFi 连接。

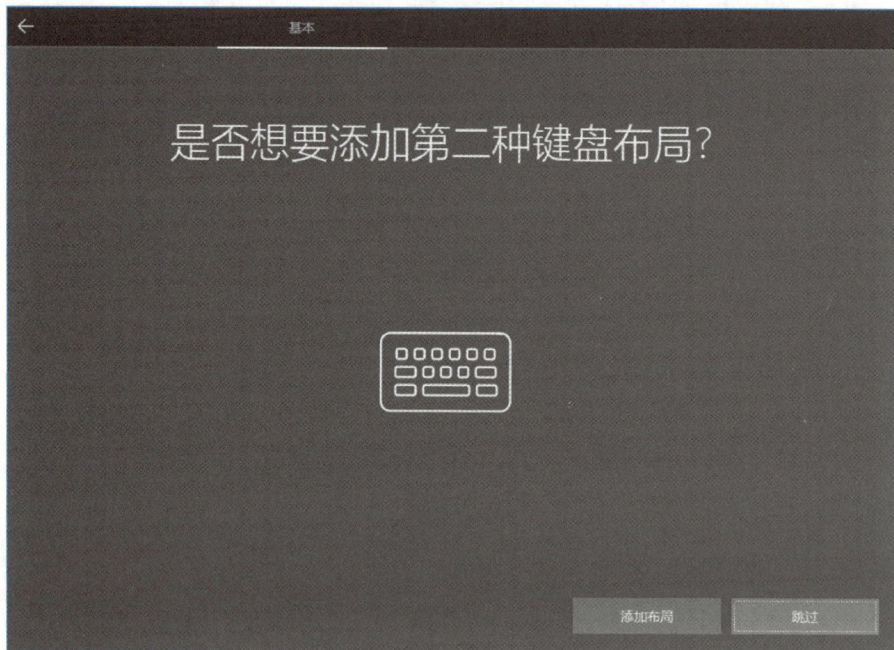

图 1-20   第二种键盘布局设置

22. 网络设置完成后, 进行用户名设置, 随后单击"下一页", 如图 1-21 所示。

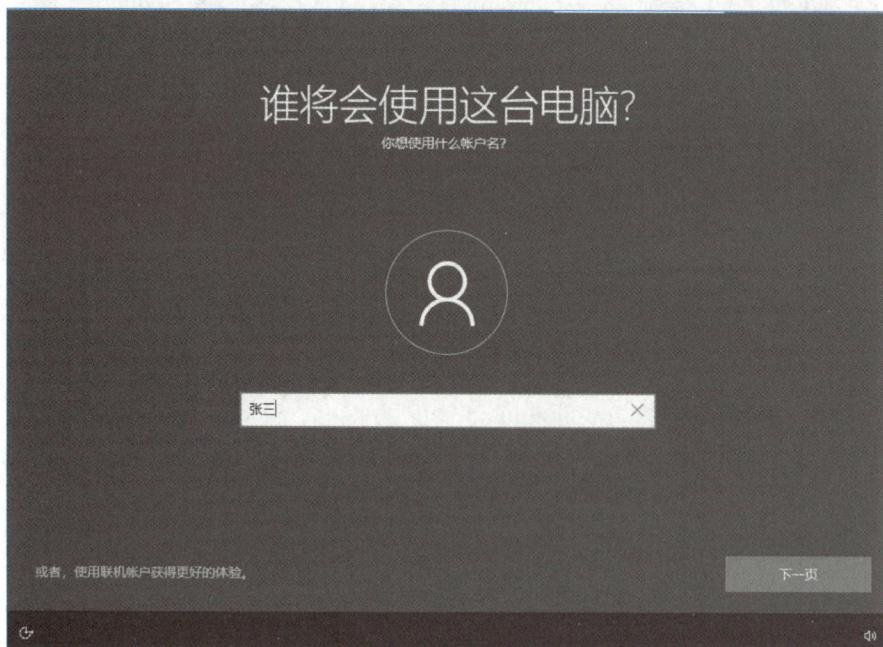

图 1-21   用户名设置

23. 设置登录密码, 单击"下一页", 如图 1-22 所示。

24. 再次输入登录密码, 单击"下一页", 如图 1-23 所示。

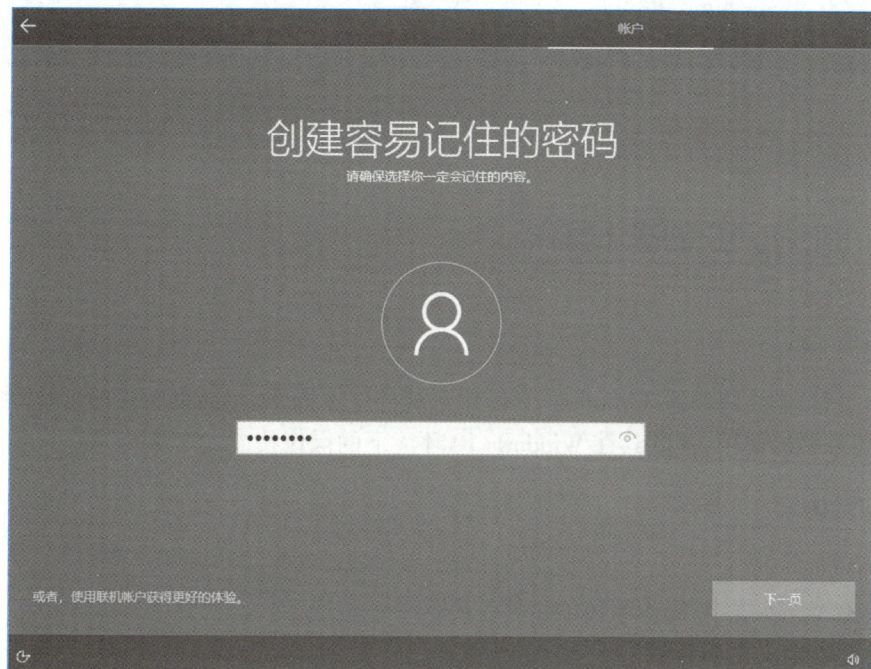

图 1-22　登录密码设置

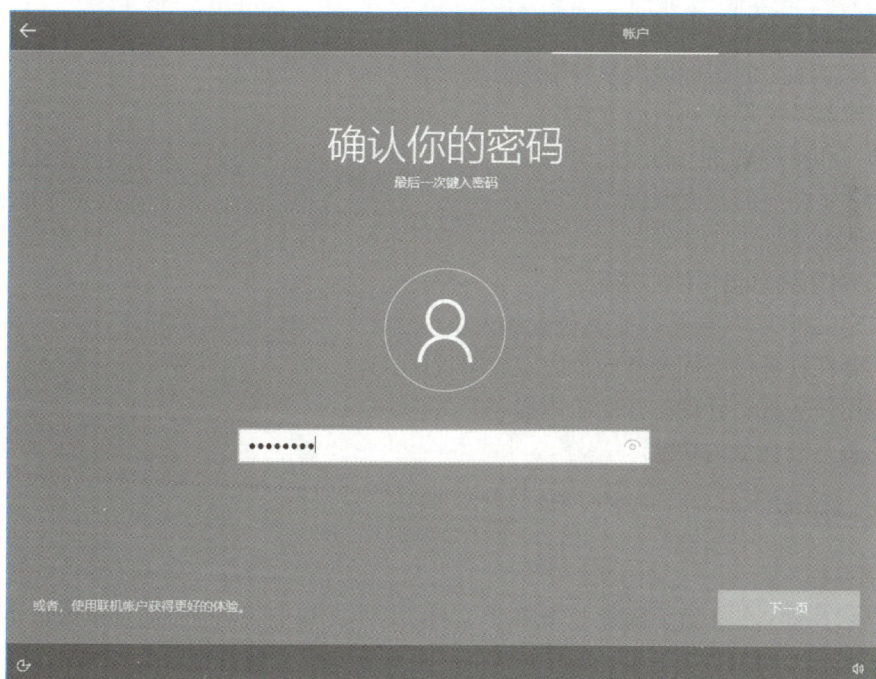

图 1-23　确认登录密码

25. 创建安全问题,随后完成 Windows 10 安装。
26. 记录操作步骤,完成实验报告。

第2章 操 作 系 统

2.1 Windows 10 的基本操作

一、实验目的

通过本实验,学生将熟悉 Windows 10 操作系统的基本操作,包括桌面管理、图标和快捷方式操作,以及任务栏的使用,提高其在 Windows 10 环境下的操作技能。

二、实验内容

1. 桌面操作
(1)熟悉 Windows 10 操作系统的主要工作区——桌面。
(2)学会自定义桌面背景。
(3)掌握桌面图标的排列和管理。
(4)掌握虚拟桌面的使用。
2. 桌面图标和桌面快捷方式操作
(1)了解桌面上的图标代表系统中的哪些元素。
(2)创建新的文件夹和快捷方式。
(3)排列和整理桌面上的图标。
(4)删除不需要的桌面图标。
3. 任务栏操作
(1)了解任务栏的作用和功能。
(2)自定义任务栏,包括改变其位置和大小。
(3)学会在任务栏上固定和取消固定应用程序。
(4)使用任务视图管理打开的应用程序。
(5)熟悉系统托盘的功能。

三、实验步骤

1. 桌面操作
(1)显示桌面:在桌面上随意打开几个文件、文件夹和应用程序,反复单击桌面右下角的“显示桌面”按钮(如图 2-1 所示)或按下 Win + D,观察桌面反应并记录。
(2)显示桌面图标:右键单击桌面空白处,从弹出的快捷菜单中选择“查看”→“显示桌面图标”选项。
(3)更改桌面背景:右键单击桌面,从弹出的快捷菜单中选择“个性化”,然后在弹出窗口的背景中选择一张图片,如图 2-2 所示。

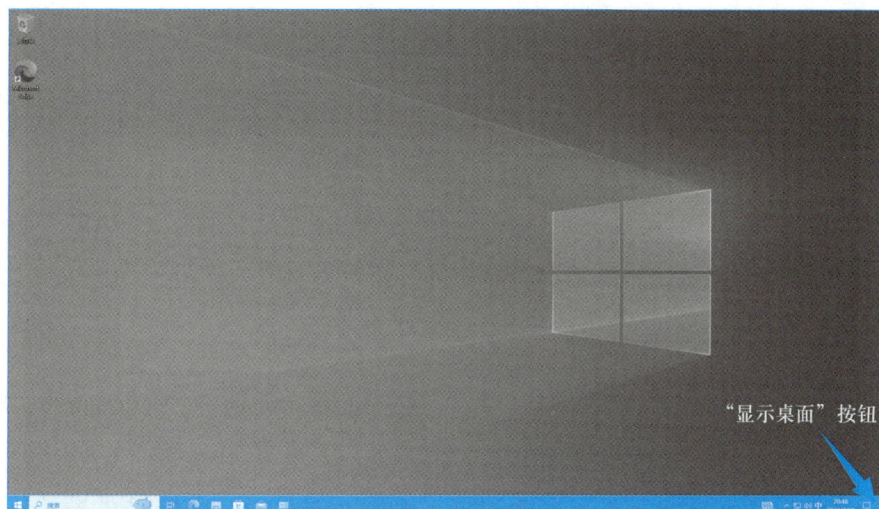

图 2-1　"显示桌面"按钮

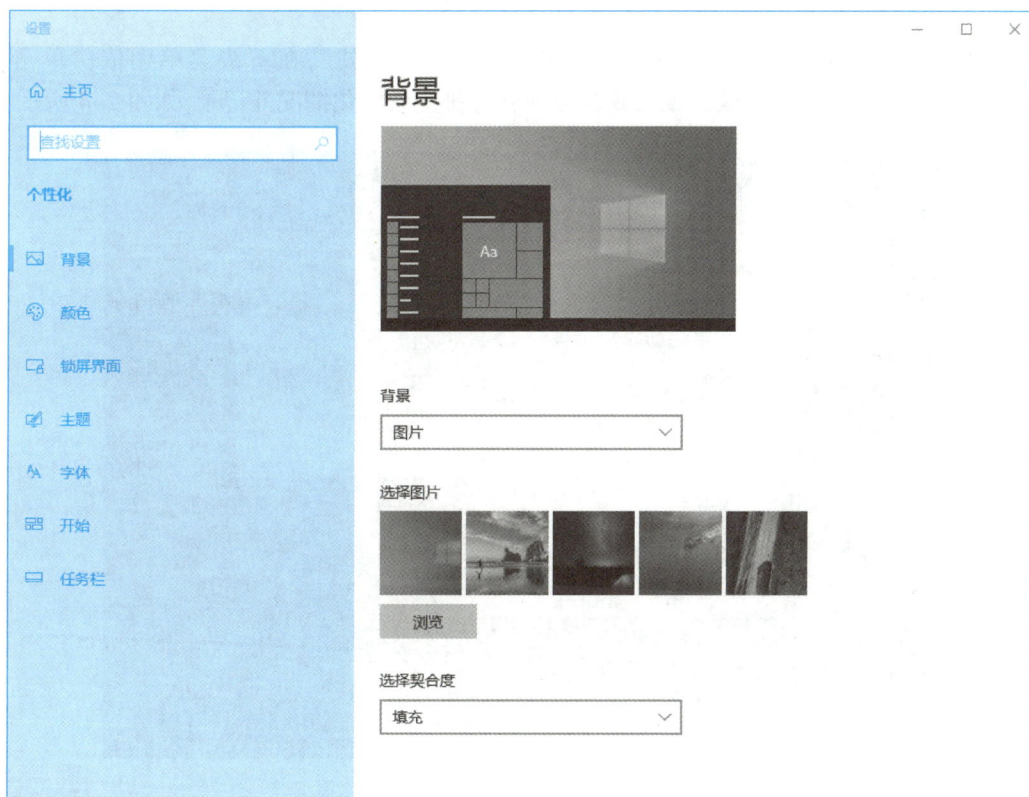

图 2-2　背景窗口

（4）排列图标。

① 右键单击桌面,在弹出的快捷菜单中选择"查看",取消勾选"自动排列图标",如图 2-3 所示。

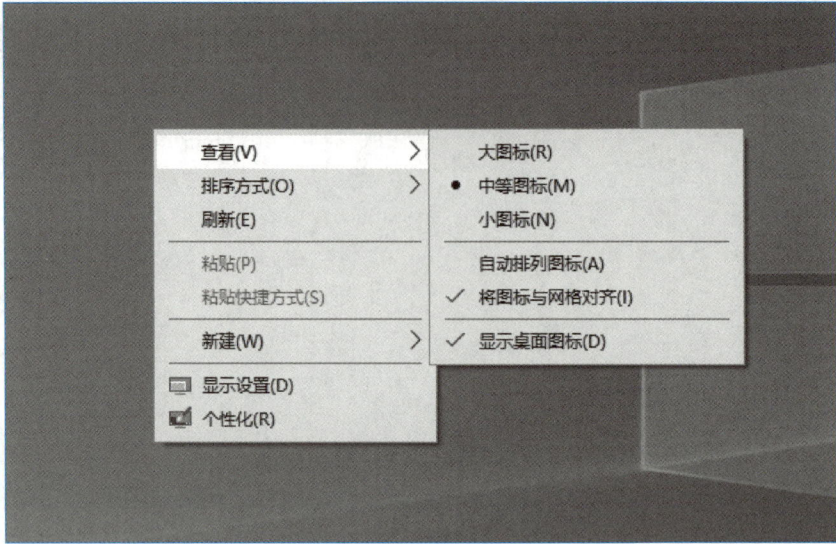

图 2-3　取消勾选"自动排列图标"

② 右键单击桌面,在弹出的快捷菜单中选择"排序方式",在下级菜单中依次单击"名称""大小""项目类型""修改日期",观察桌面图标排列的变化情况并记录,如图 2-4 所示。

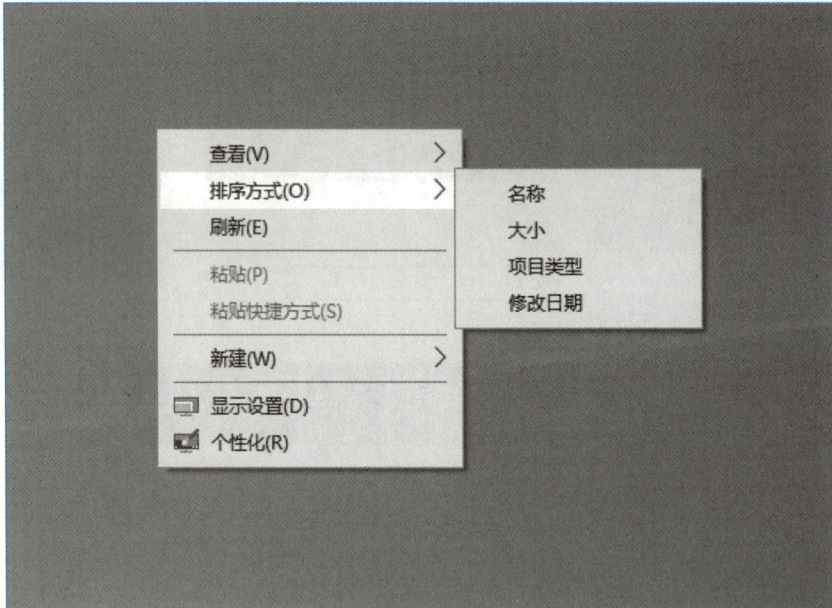

图 2-4　图标排序方式的调整

2. 虚拟桌面操作

在 Windows 10 中,可以使用任务视图功能来快速切换虚拟桌面。Windows 10 的任务视图是一个功能强大的桌面管理工具,它允许用户在单个桌面上创建和管理多个虚拟桌面,以便更有效地组织和切换不同的任务。

（1）打开任务视图。

可以用以下方式打开任务视图：

① 使用快捷键：按下 Win+Tab 键，打开任务视图。

② 单击任务栏左侧的任务视图图标，如图 2-5 所示。

图 2-5　任务视图图标

（2）创建虚拟桌面。

① 在任务视图中，可以看到当前打开的窗口，以及屏幕底部的虚拟桌面区域，如图 2-6 所示。

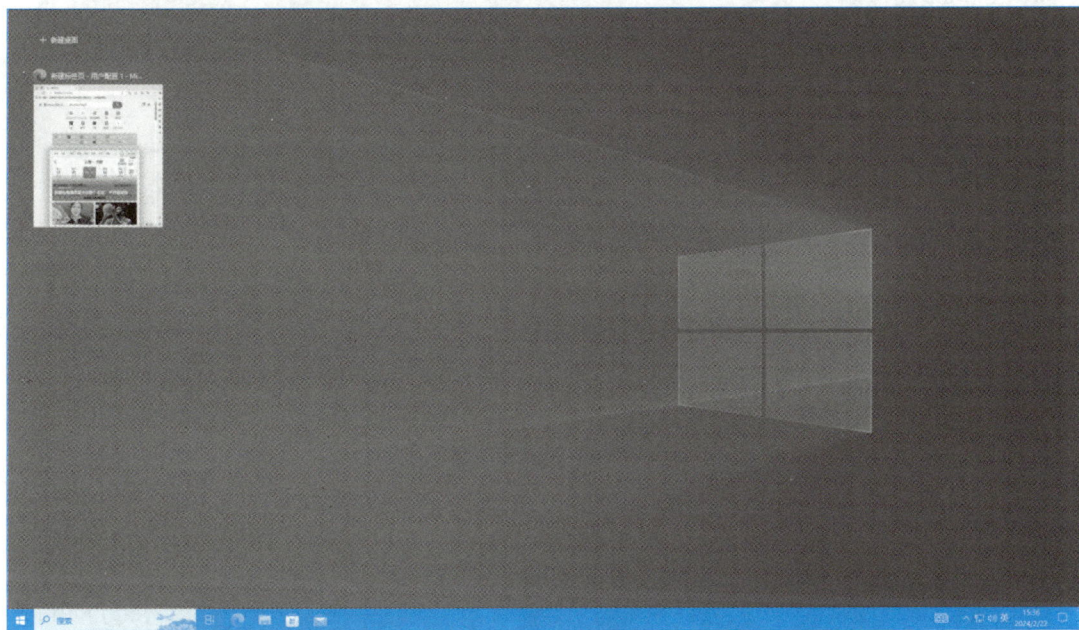

图 2-6　任务视图

② 创建一个新的虚拟桌面。单击左上角的"新建桌面"按钮，此时，可以看到任务视图上方出现多个虚拟桌面图标和新建桌面图标，虚拟桌面图标和新建桌面图标下方会出现当前活动桌面打开的应用程序图标，如图 2-7 所示。

③ 单击"桌面 2"，此时活动桌面便切换到"桌面 2"。

④ 在桌面 2 中运行一个应用程序，比如运行"计算器"。

⑤ 按 Win+Tab 键，再次进入任务视图。此时在任务视图中可看到两个虚拟桌面和活动桌面（此时是"桌面 2"），还可以在下方看到活动桌面运行的应用程序窗口（计算器），如图 2-8 所示。

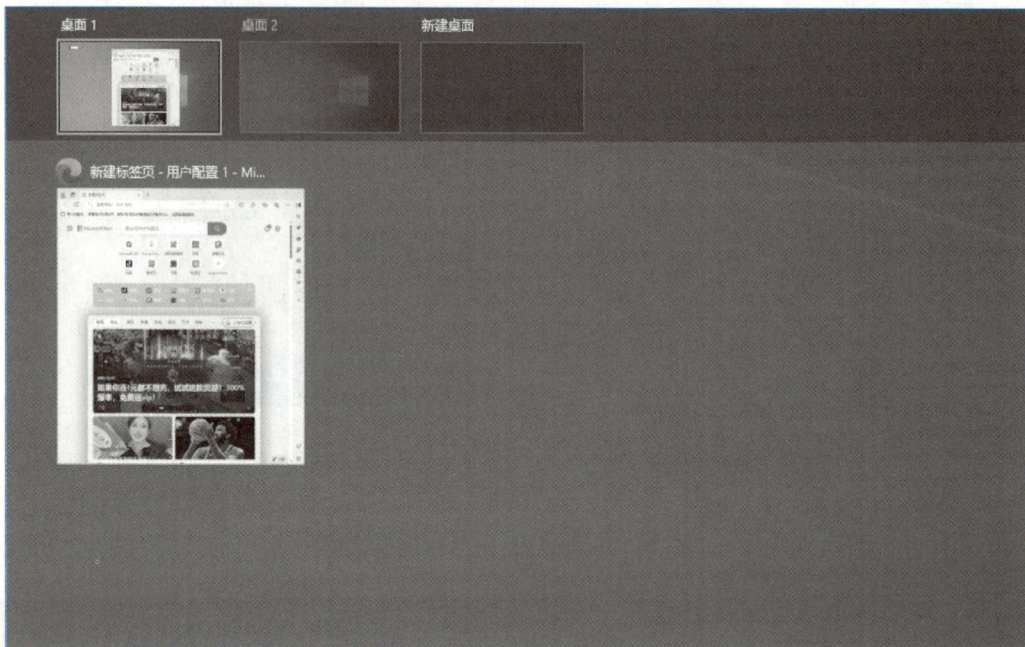

图 2-7   任务视图中的虚拟桌面

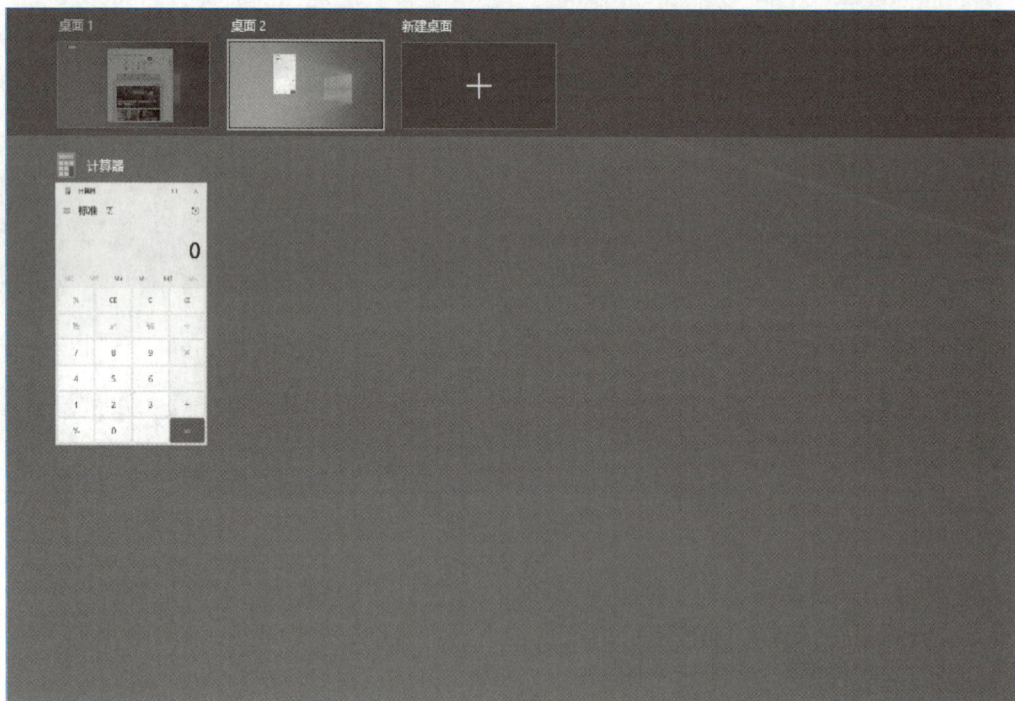

图 2-8   任务视图中的多个虚拟桌面

⑥ 拖曳计算器窗口到虚拟桌面 1 区域,可以将计算器移动到另一个桌面 1 虚拟桌面,如图 2-9 所示。

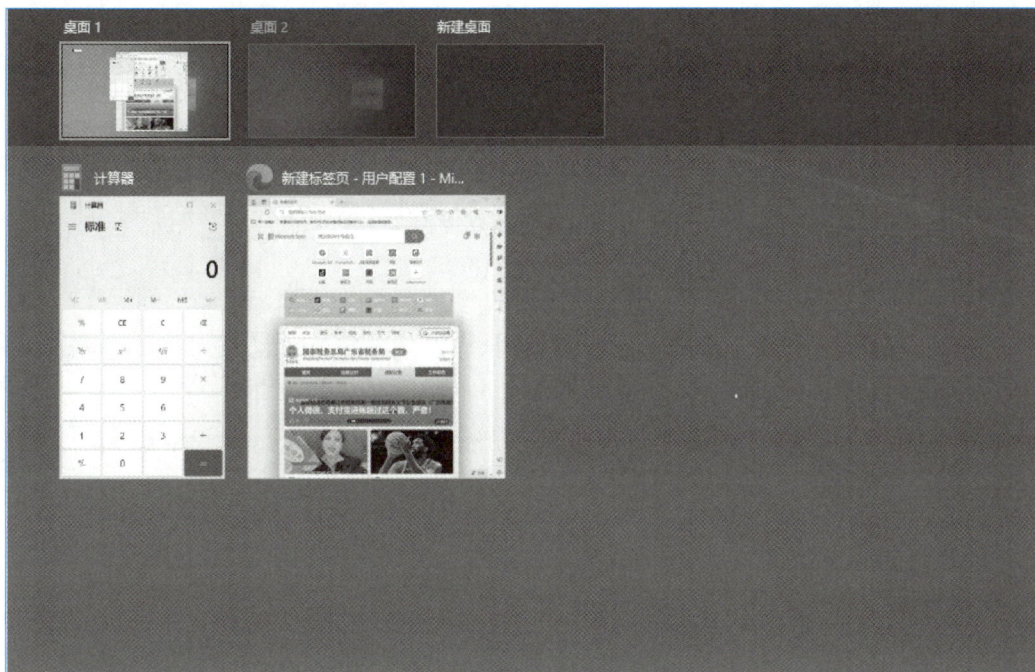

图 2-9　虚拟桌面间应用程序移动

⑦ 虚拟桌面的快捷方式。

使用快捷键 Win+Ctrl+D 可以新建一个虚拟桌面。

使用快捷键 Ctrl+Win+ 方向左键或 Ctrl+Win+ 方向右键可以在不同的桌面之间切换。

3. 桌面图标和桌面快捷方式操作

（1）创建文件夹：右键单击桌面，在快捷菜单中选择"新建"→"文件夹"，并命名为"实验文件夹"。

（2）创建文本文档：右键单击桌面，在快捷菜单中选择"新建"→"文本文档"，命名后将其放入"实验文件夹"中。

（3）创建浏览器快捷方式：打开文件资源管理器，找到浏览器的可执行文件（如 chrome.exe，默认位置 C:\Program Files\Google\Chrome\Application\）。右键单击该文件，在快捷菜单中选择"发送到"→"桌面快捷方式"，如图 2-10 所示。

（4）删除图标：打开"实验文件夹"，将文本文档拖曳到桌面，然后右键单击"实验文件夹"的图标，在快捷菜单中选择"删除"。

4. 任务栏操作

（1）从"开始"菜单中将"计算器"应用固定到任务栏。

① 在任务栏上的搜索框中输入"计算器"。

② 在上方搜索出来的"计算器"上单击鼠标右键，在快捷菜单中选择"固定到任务栏"，如图 2-11 所示。

③ 如果要取消固定，按照相同步骤操作，并选择"从任务栏取消固定"，或直接在任务栏的应用图标上单击鼠标右键，然后选择"从任务栏取消固定"，如图 2-12 所示。

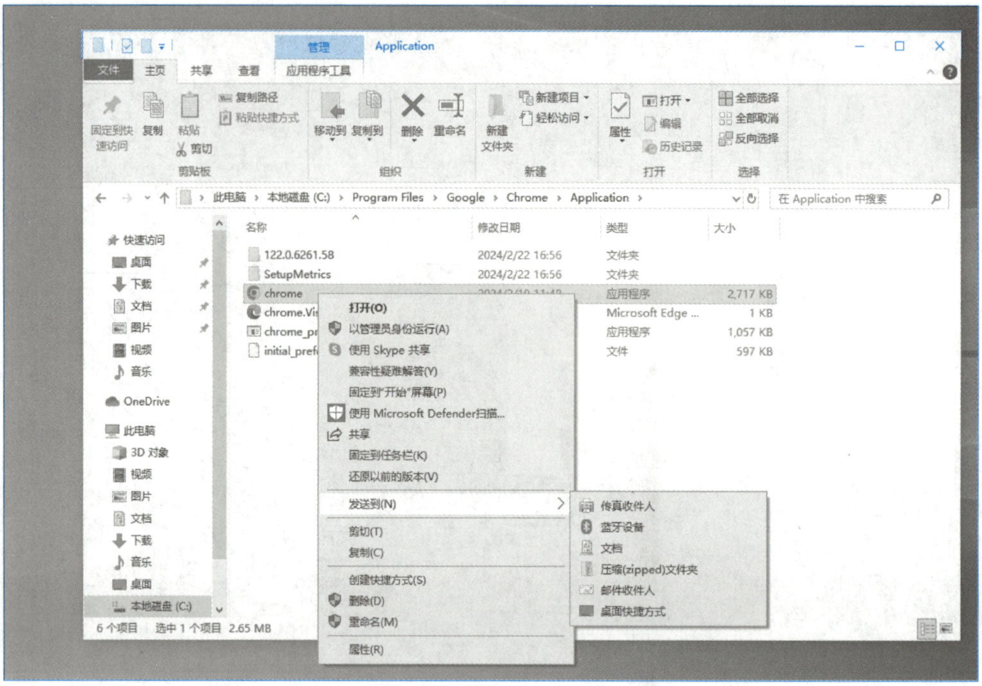

图 2-10 为 chrome 创建快捷方式

图 2-11 固定应用到任务栏

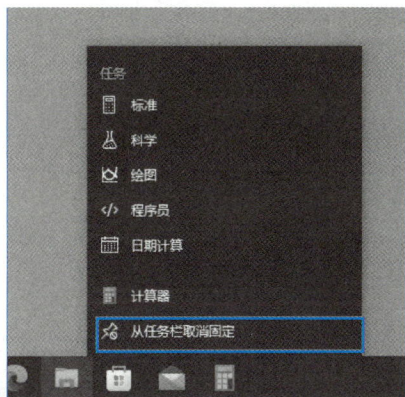

图 2-12 从任务栏取消固定

（2）更改任务栏的颜色。

① 选择"开始"→"设置"→"个性化"→"颜色"，如图 2-13 所示。

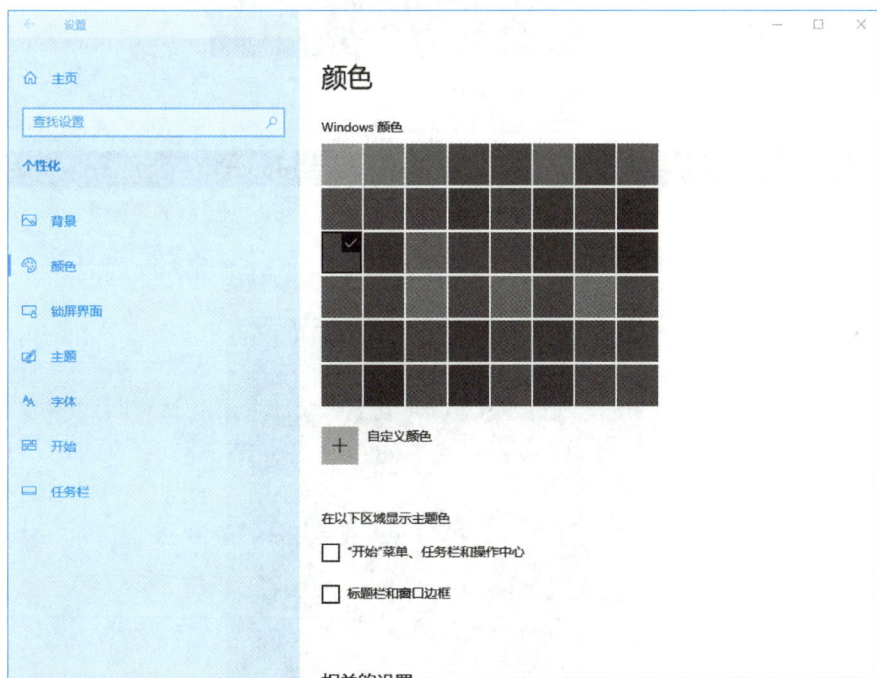

图 2-13 颜色窗口

② 在"在以下区域显示主题色"勾选复选框："开始"菜单、任务栏和操作中心。在 Windows 颜色中任意选择一种颜色，观察任务栏颜色的变化，如图 2-14 所示。

（3）锁定和解锁任务栏。

锁定任务栏便于确保它保持为设置的样式。当以后想要更改任务栏或改变其在桌面上的位置时，必须解锁任务栏。锁定和解锁任务栏可按下面两种方式实现。

① 右键单击任务栏上的任何空白区域，在弹出的快捷菜单中勾选"锁定任务栏"，如图 2-15 所示。

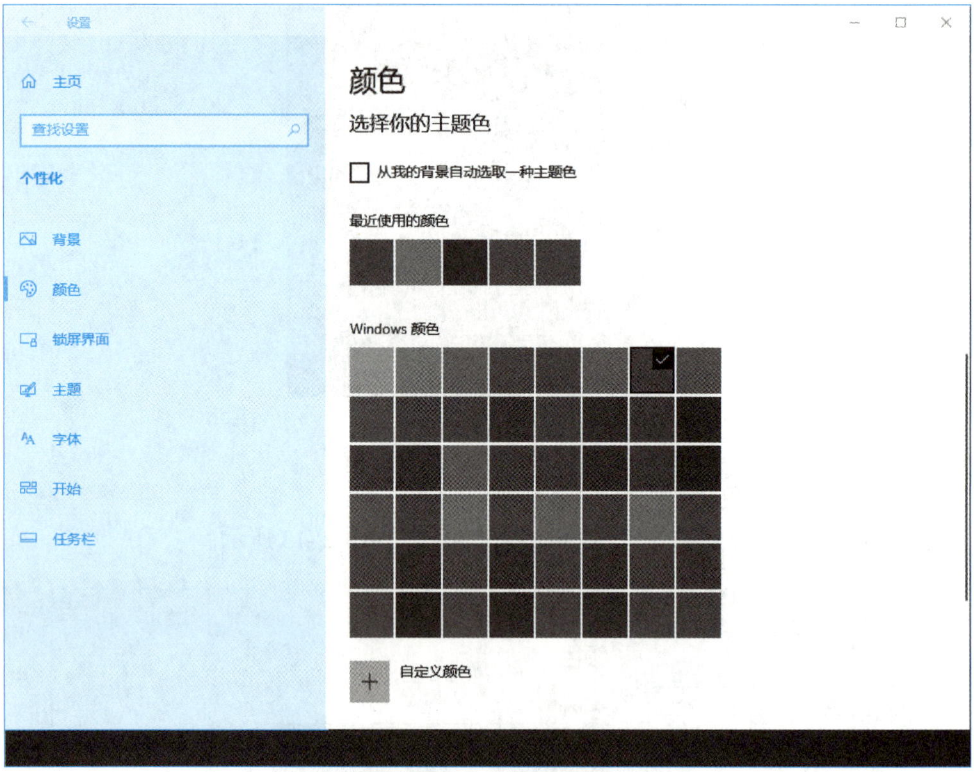

图 2-14　选择"Windows 颜色"改变任务栏颜色

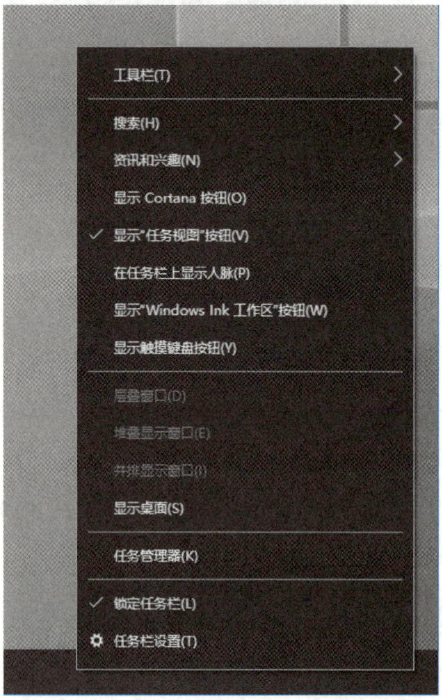

图 2-15　快捷菜单锁定任务栏

②　右键单击任务栏上的任何空白区域,在弹出的快捷菜单中选择"任务栏设置",在"任务栏设置"窗口中打开"锁定任务栏"开关。

(4)更改任务栏位置。

①　右键单击任务栏,在快捷菜单中选择"任务栏设置"。

②　在打开的任务栏窗口中,在"任务栏在屏幕上的位置"中选择"底部""顶部""靠左""靠右"等,观察任务栏位置的变化,如图 2-16 所示。

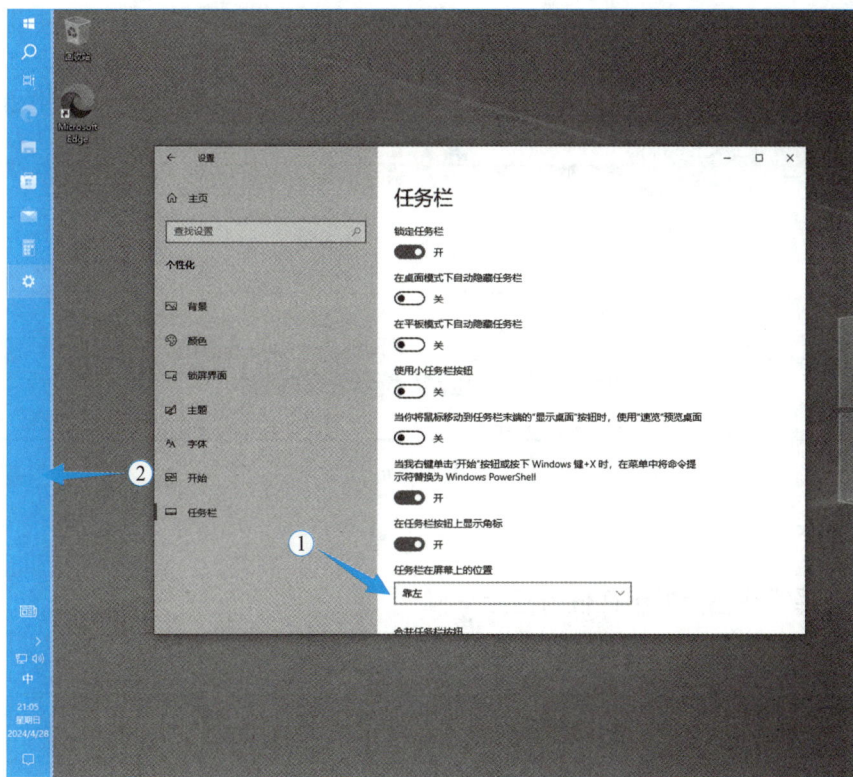

图 2-16　任务栏在屏幕上的位置变化

(5)调整任务栏高度:首先解锁任务栏,然后将鼠标指针移到任务栏的边框上,直到鼠标指针变为双箭头,然后按住鼠标将边框拖动成所需的大小并松开。

(6)任务栏通知区域设置。

①　右键单击任务栏上的任何空白区域,在弹出的快捷菜单中选择"任务栏设置",打开"任务栏设置"窗口。

②　在"任务栏设置"窗口中找到"通知区域"下面的"选择哪些图标显示在任务栏上",如图 2-17 所示。

③　单击并进入"选择哪些图标显示在任务栏上"窗口,关闭"网络"和"音量"开关,观察任务栏右侧通知区域的变化,如图 2-18 所示。

④　回到任务栏设置窗口,在"通知区域"部分选择"打开或关闭系统图标",如图 2-19 所示。

⑤　使用任务视图:按下 Win+Tab 键,查看和管理打开的应用程序,如图 2-20 所示。

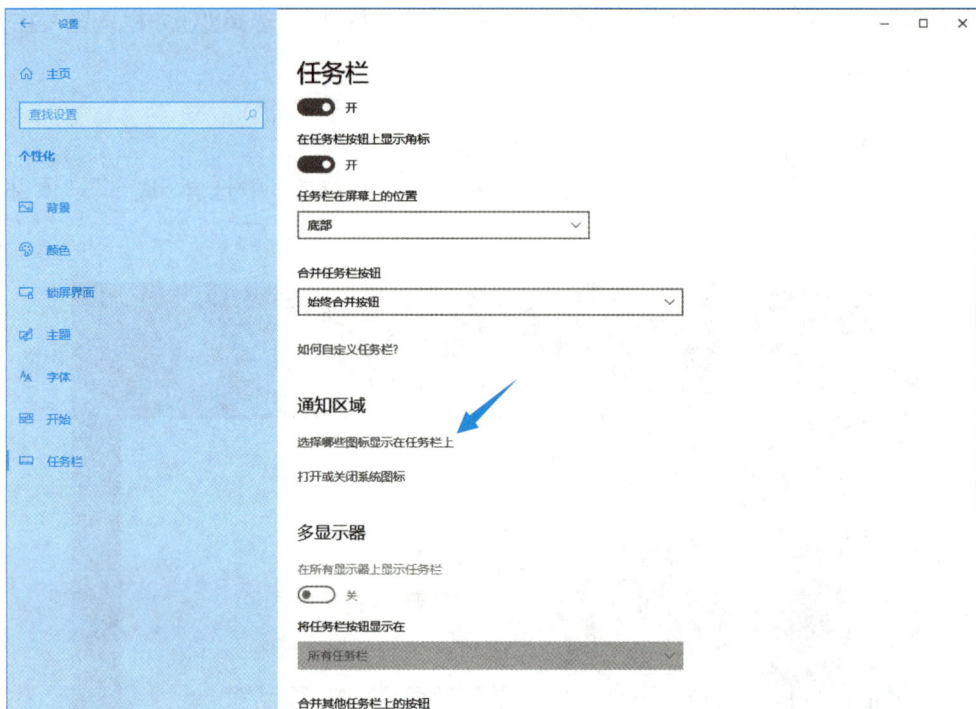

图 2-17　选择哪些图标显示在任务栏上

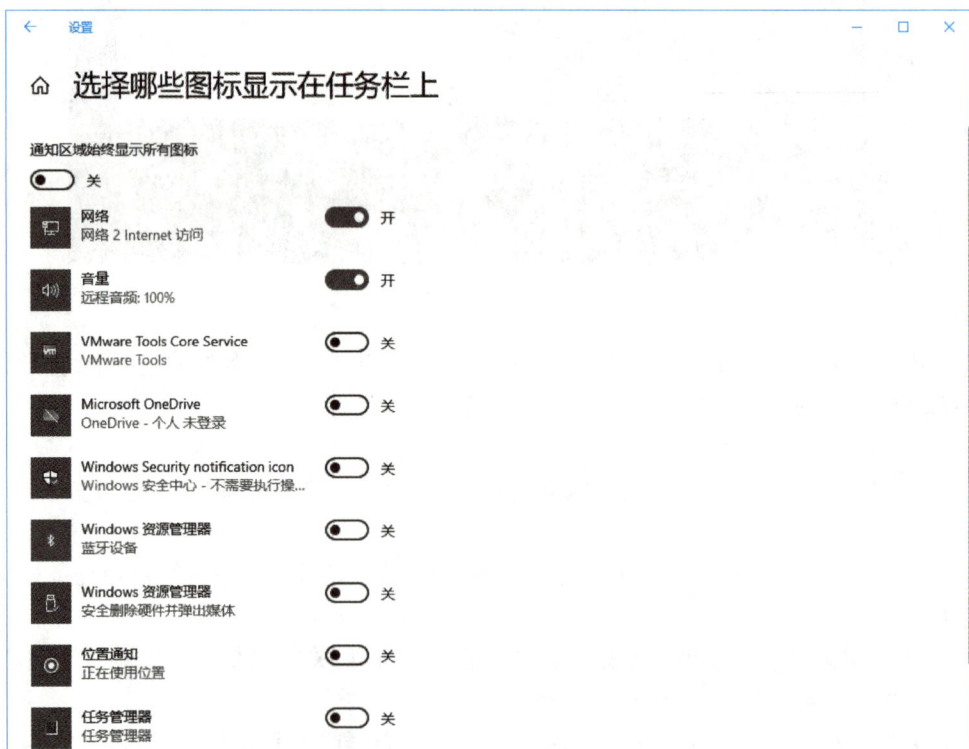

图 2-18　在任务栏显示或隐藏图标

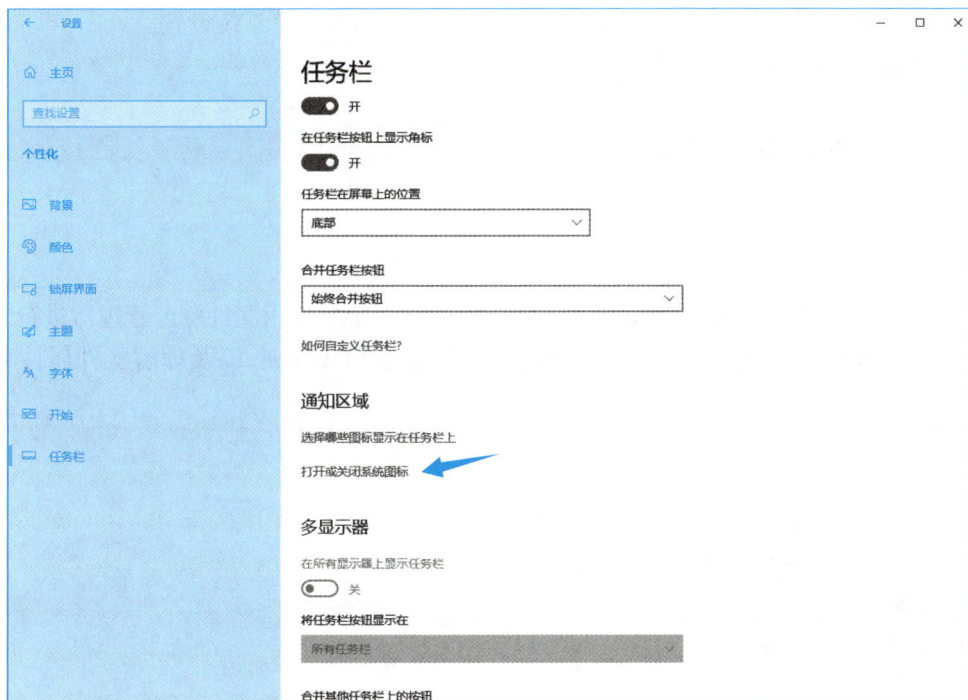

图 2-19　任务栏设置窗口

图 2-20　打开或关闭系统图标

⑥ 单击系统托盘：单击任务栏上的时钟图标，查看通知和调整系统设置。

5. 记录操作步骤，完成实验报告。

2.2   文件资源管理器的应用

一、实验目的

通过本实验，学生将学习并掌握在 Windows 10 操作系统中使用文件资源管理器进行文件和文件夹管理的基本操作，包括创建、复制、移动、删除文件和文件夹，以及理解文件属性和搜索功能。

二、实验内容

1. 文件和文件夹的基本操作

（1）创建新文件夹和文件。

（2）复制文件和文件夹。

（3）移动文件和文件夹。

（4）删除文件和文件夹。

（5）理解文件和文件夹的属性。

2. 搜索功能的应用

（1）学会使用文件资源管理器进行文件和文件夹的搜索。

（2）了解高级搜索选项，如按日期、文件类型等进行搜索。

3. 文件资源管理器其他功能的应用

（1）理解文件资源管理器的界面和导航。

（2）掌握文件和文件夹的排序和过滤。

（3）使用快速访问和最近访问的功能。

（4）了解如何使用压缩和解压缩文件功能。

三、实验步骤

1. 文件和文件夹的基本操作

（1）打开文件资源管理器。

可使用以下两种方法打开文件资源管理器：

① 使用快捷键 Win + E 打开文件资源管理器，如图 2-21 所示。

② 单击任务栏上的文件夹图标，如图 2-22 所示。

（2）创建新文件夹。

① 在文件资源管理器中选择"本地磁盘（D：）"的位置，右键单击空白处，在快捷菜单中选择"新建"→"文件夹"，如图 2-23 所示。

② 如图 2-24 所示，修改新建文件夹的名称为"测试文件夹 1"，并按 Enter 键完成文件夹创建。

③ 重复上述步骤，在"本地磁盘（D：）"上创建"测试文件夹 2"，如图 2-25 所示。

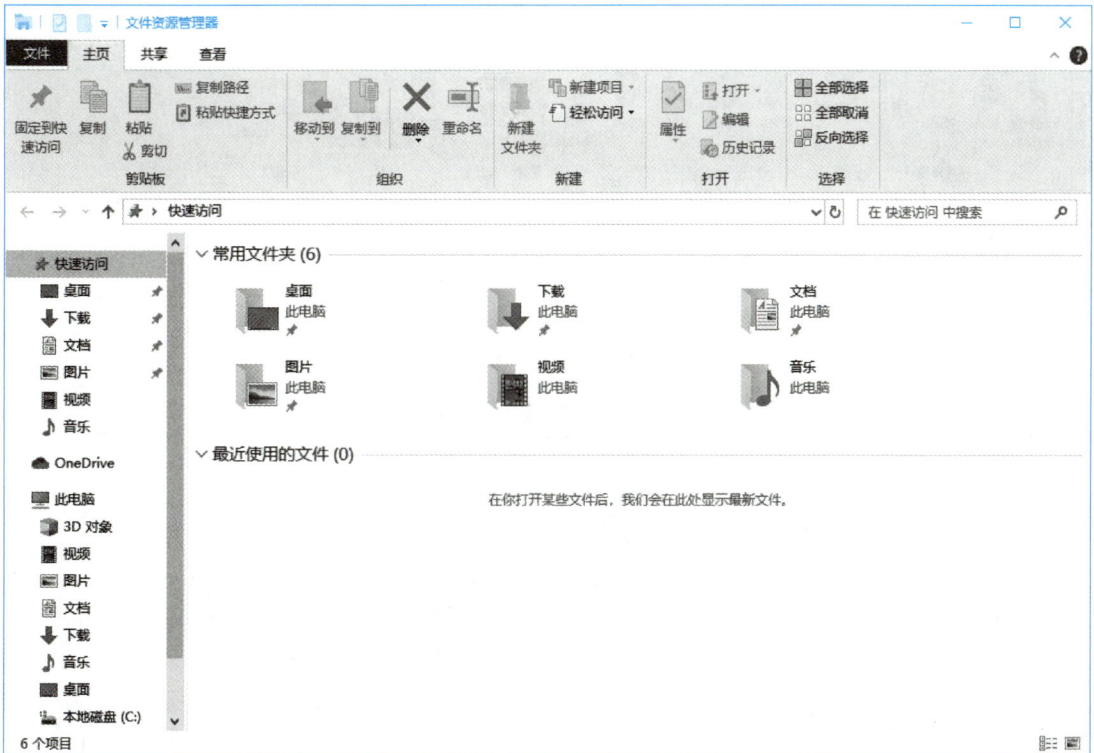

图 2-21 文件资源管理器

图 2-22 任务栏上的文件夹图标

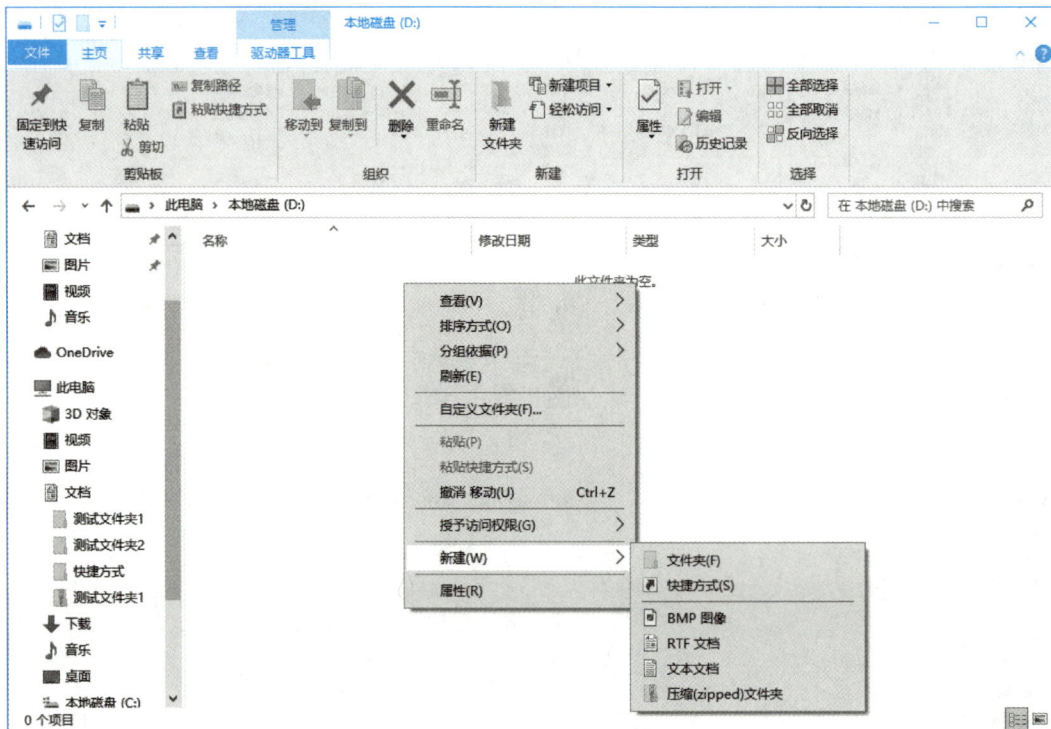

图 2-23 快捷方式创建文件夹

图 2-24 为新建文件夹命名

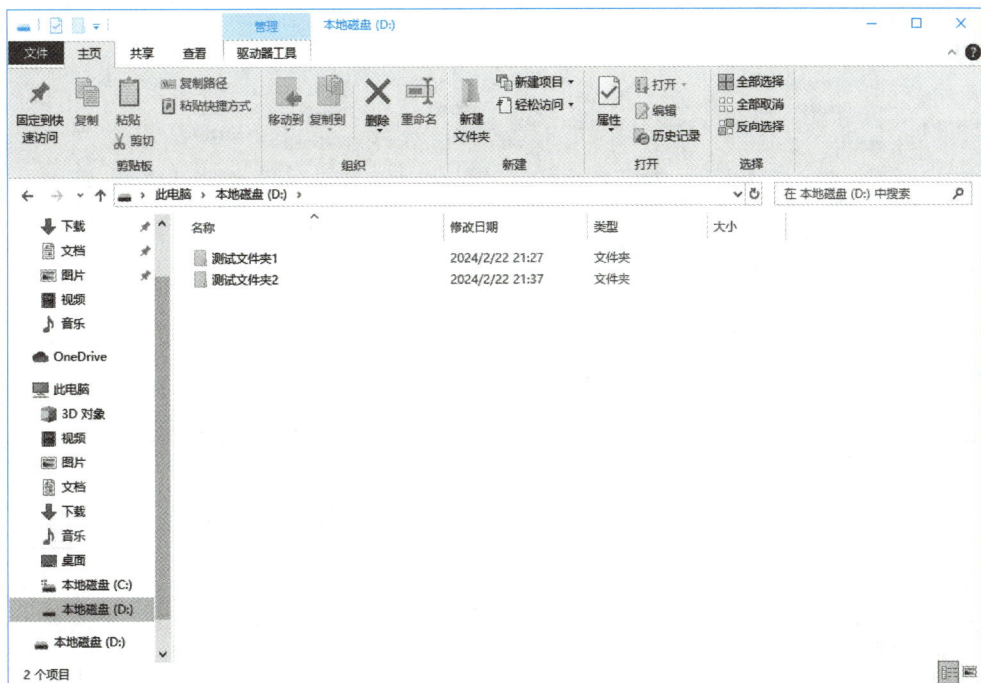

图 2-25　"本地磁盘（D:）"上创建的文件夹

（3）创建新文件。

① 在文件资源管理器中打开"本地磁盘（D:）"上的"测试文件夹 1"，右键单击空白处，在快捷菜单中选择"新建"→"文本文档"。

② 输入新文本文档的名称：测试文本，并按 Enter 键，如图 2-26 所示。

思考并总结：还有哪些方法可以创建新的文件夹和文件？

（4）将"测试文本 .txt"文件复制到"本地磁盘（D:）"下的"测试文件夹 2"。

① 选择"本地磁盘（D:）"下"测试文件夹 1"的"测试文本 .txt"，右键单击，在快捷菜单中选择"复制"。

② 切换到目标位置，即"本地磁盘（D:）"下的"测试文件夹 2"，右键单击空白处，在快捷菜单中选择"粘贴"。

（5）将"测试文件夹 2"复制到"测试文件夹 1"中。

① 切换到"本地磁盘（D:）"下，选择"测试文件夹 2"，按 Ctrl+C 键复制。

② 切换到"本地磁盘（D:）"下，双击"测试文件夹 1"进入，在"测试文件夹 1"内，按 Ctrl+V 键粘贴。

（6）删除"测试文件夹 2"内的文件"测试文件 .txt"。

① 进入"测试文件夹 2"内。

② 选择"测试文件夹 2"内的"测试文件 .txt"，按键盘 Delete 键，删除"测试文件 .txt"。

（7）移动"测试文件夹 1"的"测试文本 .txt"到"测试文件夹 2"。

① 选择移动"测试文件夹 1"的"测试文本 .txt"，单击功能区的"移动到"，选择"选择位置"，如图 2-27 所示。

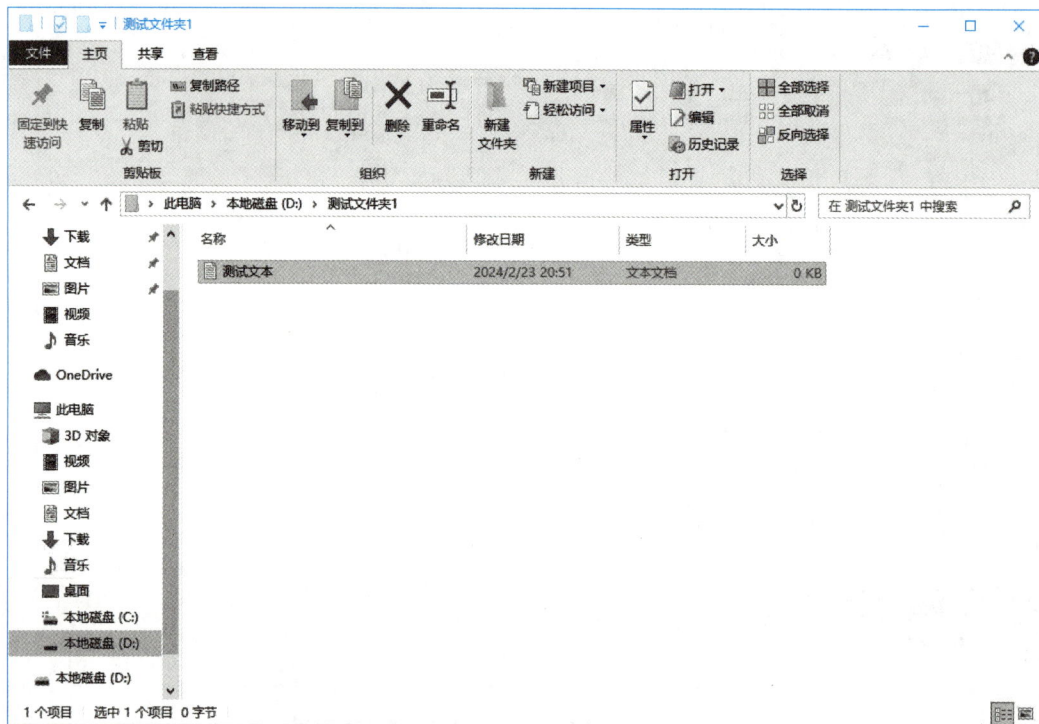

图 2-26　新建文本文档

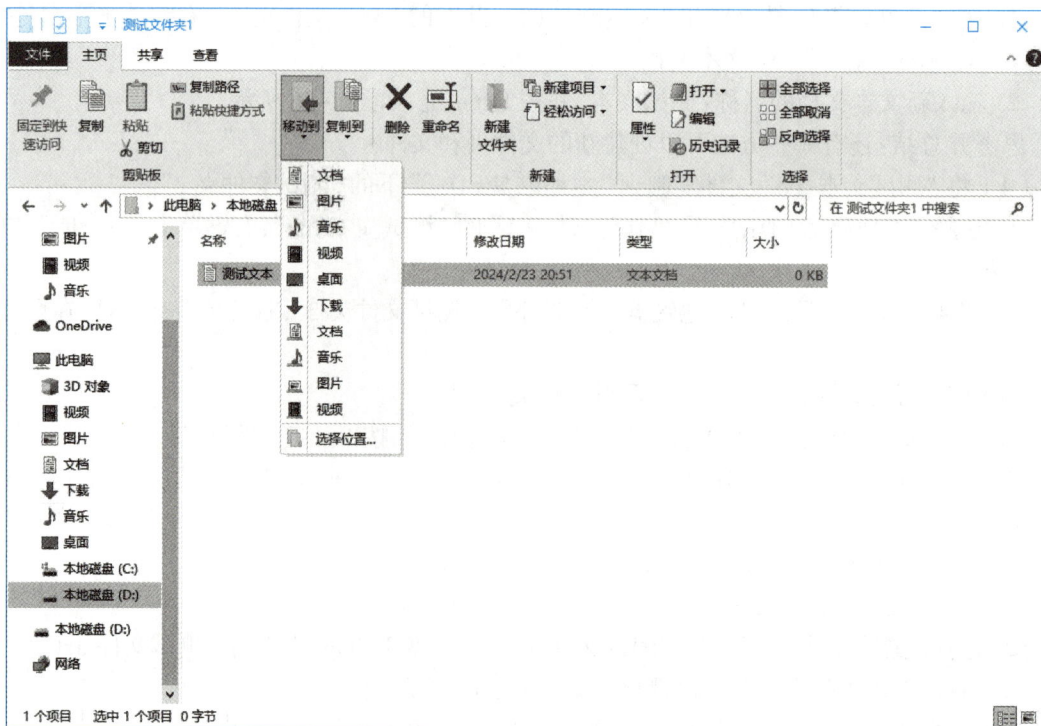

图 2-27　移动文件

② 在"移动项目"对话框中,在导航栏选中"本地磁盘(D:)"下的"测试文件夹2",如图 2-28 所示。

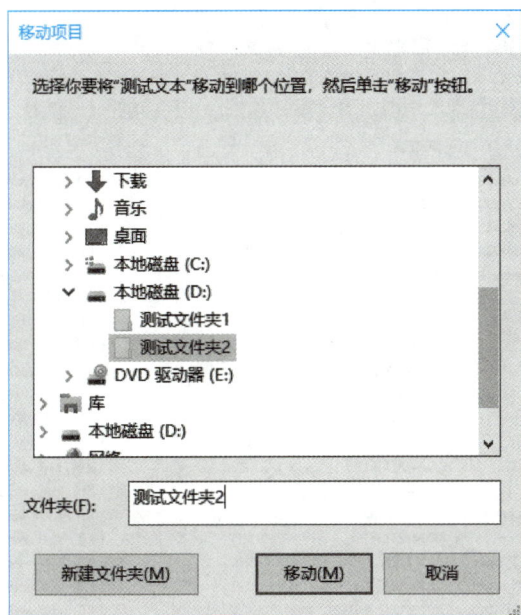

图 2-28　在"移动项目"中选中"测试文件夹 2"

③ 单击"移动(M)"按钮完成文件移动。

思考: 移动、复制文件或文件夹,除了上述方法外,还有哪些方法可以实现?

2. 搜索功能的应用

(1)使用文件资源管理器的搜索框。

打开文件资源管理器,选好路径:本地磁盘(C:)→Windows 文件夹;在位于窗口右上角的搜索框中输入关键词"*.jpg",观察搜索结果。

【提示】上面关键词中的"*"称为通配符。在 Windows 操作系统中,通配符是一种用于匹配文件或目录名的字符。通配符允许你使用模式来表示一组文件或目录,而不必明确指定每个文件或目录的名称。以下是 Windows 中常用的通配符。

● 星号(*):代表零个或多个字符。例如,*.txt 表示所有名称以 .txt 结尾的文件,而 file* 表示所有名称以"file"开头的文件。

● 问号(?):代表单个字符。例如,file?.txt 表示文件名为"file"后接任意单个字符,然后是".txt"。

(2)高级搜索选项。

① 在搜索框中输入关键词后,单击功能区的"搜索工具",如图 2-29 所示。

② 调整搜索条件,如修改日期、类型、大小等,观察搜索结果。

3. 文件资源管理器其他功能的应用

(1)文件和文件夹的排序和过滤。

① 单击文件资源管理器窗口上方的"排序方式",选择合适的排序方式。

图 2-29   功能区的 "搜索工具"

② 单击文件资源管理器窗口上方的 "类型" 列标题选项,选择合适的过滤条件。

(2)使用快速访问和最近访问功能。

① 在文件资源管理器左侧导航栏中使用 "快速访问",单击常用文件夹。

② 在文件资源管理器使用 "最近使用的文件",打开近期使用过的文件。

(3)压缩和解压缩文件。

① 在 "本地磁盘(D:)" 新建 10 个文本文件,选中新建好的这 10 个文本文件,右键单击,在快捷菜单中选择 "发送到" → "压缩(zipped)文件夹"。

② 解压缩文件:删除新建的 10 个文本文件,双击刚才创建的压缩文件,将其中的文件解压缩到 "本地磁盘(D:)"。

4. 记录操作步骤并提交实验报告

2.3   Windows 10 设置的使用

一、实验目的

通过本实验,学生将学习并掌握 Windows 10 操作系统中的各种设置,包括系统、设备、网络、个性化等各方面的设置。通过实际操作,提高学生对 Windows 10 设置的熟练程度,使其能够根据个人需求自定义系统设置,提高系统的使用效率。

二、实验内容

1. 系统设置

（1）熟悉 Windows 10 系统设置中的基本选项，包括更改日期和时间、调整语言和区域、管理用户账户等。

（2）学习如何进行 Windows 更新，确保系统处于最新状态。

2. 设备设置

（1）掌握各种设备设置，包括打印机、鼠标、键盘等设备的连接和配置。

（2）了解设备管理器的使用，学习更新和卸载设备驱动程序。

3. 网络和互联网设置

（1）学习网络设置查看，包括连接到 WiFi 网络、配置网络代理等。

（2）掌握 Windows 防火墙的基本设置。

（3）了解 Microsoft Edge 的设置。

4. 个性化设置

（1）熟悉一些个性化设置选项，包括更改桌面背景、选择主题、调整颜色和字体等。

（2）学会自定义任务栏、开始菜单和设置锁屏。

（3）掌握屏幕保护程序和睡眠模式的设置。

三、实验步骤

1. 系统设置

（1）更改日期和时间。

① 右键单击任务栏右下角的"日期/时间"。

② 选择"调整日期和时间"。

③ 在弹出的"日期和时间"窗口中，手动更改日期和时间，关闭"自动设置时间"，单击"手动设置日期和时间"项目下的"更改"按钮。

④ 修改计算机的日期和时间，单击"更改"按钮，观察修改效果。

⑤ 单击"日期和时间"下"同步时钟"项目下的"立即同步"，观察操作效果。

（2）添加英国时钟。

① 进入"设置"（Win + I 快捷键），单击"时间和语言"，进入"日期和时间"窗口。

② 在相关设置项目下，单击"添加不同时区的时钟"，如图 2-30 所示。

③ 在弹出的窗口中，勾选"显示此时钟（H）"和"显示此时钟（O）"，在"显示此时钟（O）"项目下的"选择时区（C）"中，选择"（UTC+00：00）都柏林，爱丁堡，里斯本，伦敦"，单击"确定"，如图 2-31 所示。

④ 单击任务栏右侧通知栏的"日期和时间"观察修改效果。

（3）调整语言和区域设置。

① 进入"设置"（Win+I 快捷键）。

② 选择"时间和语言"→"语言"。

③ 在"首选语言"下添加"英语（美国）"，效果如图 2-32 所示。

图 2-30　日期和时间窗口

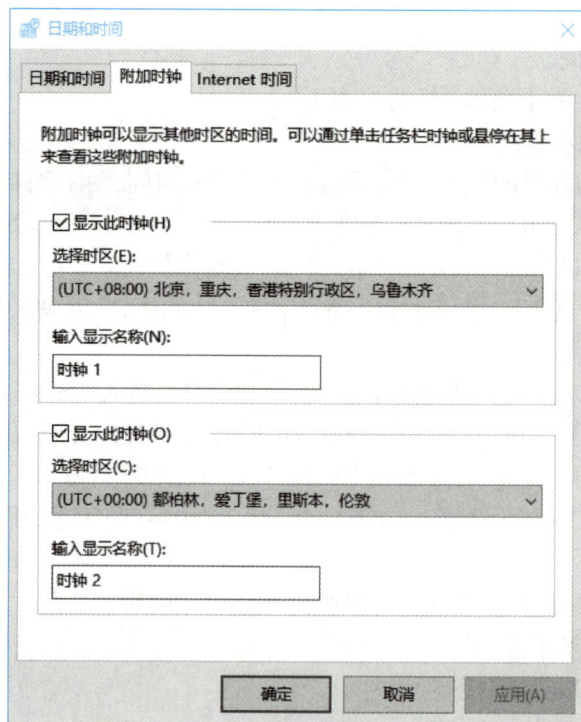

图 2-31　添加时钟

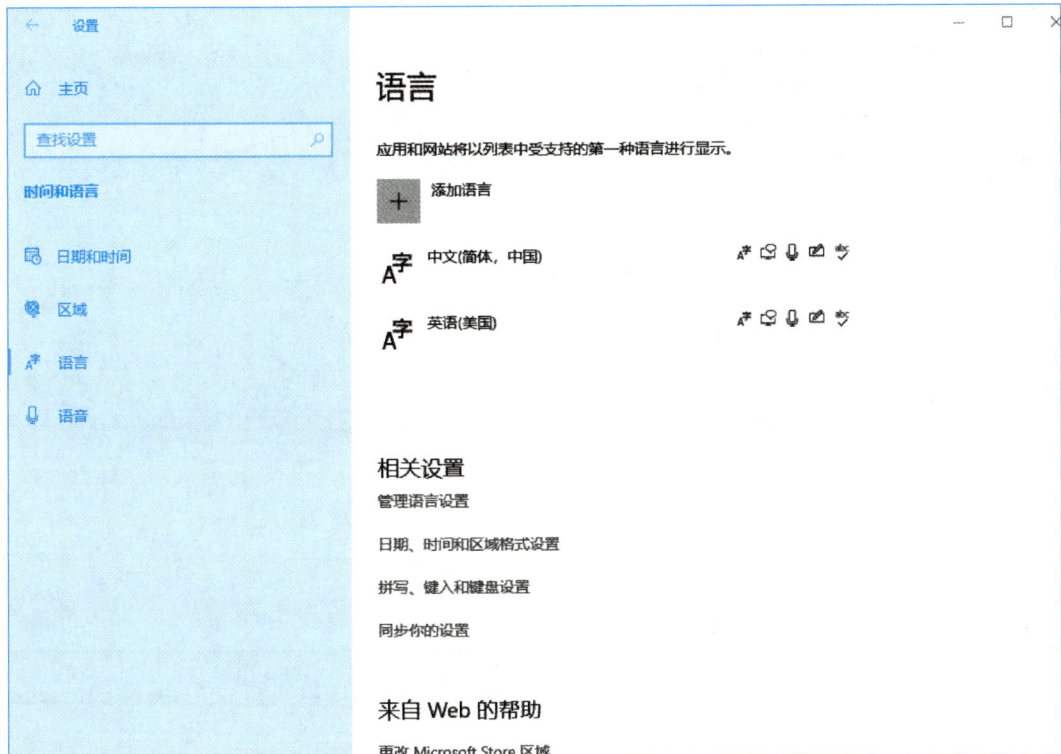

图 2-32 添加语言

（4）进行 Windows 更新。

① 进入"设置"→"更新和安全"→"Windows 更新"。

② 单击"检查更新"并按照提示进行更新。

2. 设备设置

（1）查看有线网络状态。

① 进入"设置"→"网络和 Internet"→"以太网"。

② 在"以太网"窗口中，单击"网络和共享中心"，如图 2-33 所示。

③ 单击"网络和共享中心"窗口中的"本地连接"，查看"本地连接状态"，如图 2-34 所示。

（2）设备管理器的使用。

① 右键单击"此电脑"或"计算机"，在快捷菜单中选择"管理"。

② 在"计算机管理"窗口左侧导航栏中选择"设备管理器"。

③ 展开各类设备，右键单击设备进行更新、卸载或禁用。

3. Windows 防火墙设置

（1）进入"设置"→"更新和安全"→"Windows 安全中心"→"防火墙和网络保护"。

（2）在此设置页面中，配置防火墙的基本设置，如允许或阻止 QQ 应用程序的连接。

4. 个性化设置

（1）更改桌面背景和主题。

① 进入"设置"→"个性化"→"背景"或"主题"。

图 2-33 网络和共享中心

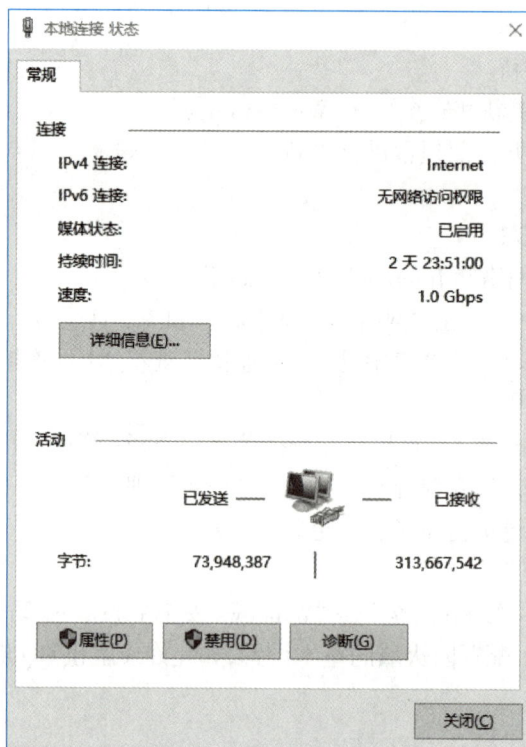

图 2-34 本地连接状态

② 选择或上传背景图片,更改主题颜色。

(2) 屏幕保护程序和睡眠模式设置。

① 进入"设置"→"系统"→"电源和睡眠"。

② 在"电源和睡眠"设置中,配置屏幕的关闭时间和睡眠模式。

5. 记录操作步骤并完成实验报告

3.1 文本的输入、编辑和格式设置

一、实验目的

1. 熟练掌握一种汉字输入法，能较快地输入文本内容。

2. 熟练掌握文本的选定、复制、剪切、粘贴，操作的撤销、恢复，文本的查找、替换，项目符号和编号的设置方法。

3. 掌握字符格式、段落格式、页面格式、背景格式的设置方法。

二、实验内容

1. 制作会议通知。

2. 编辑打字比赛报告。

三、实验步骤

1. 制作会议通知

按要求制作会议通知，样式如图 3-1 所示，并保存为"通知 .wps"。

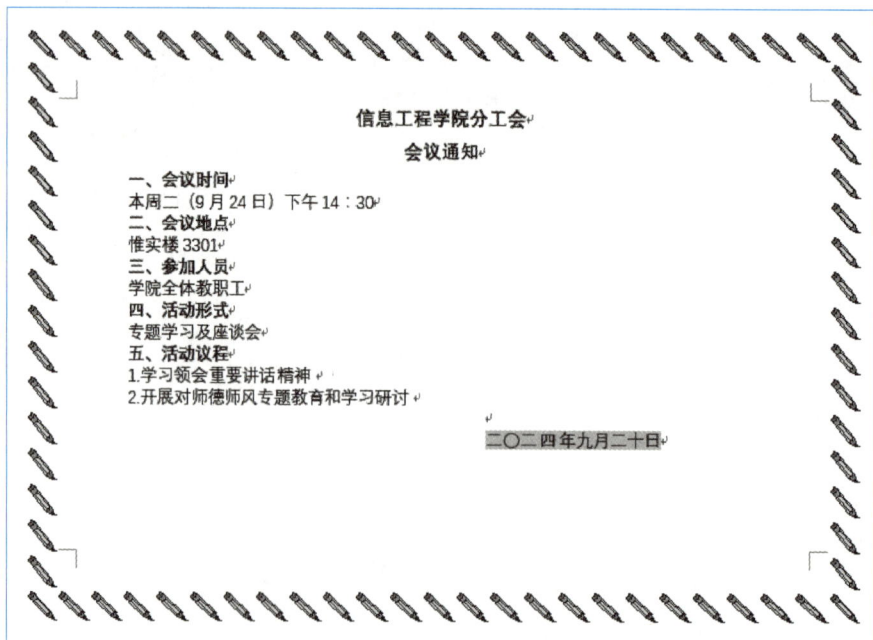

图 3-1　会议通知

（1）启动 WPS 文字处理软件，在软件启动后新建文字文稿 1。

（2）在文字文稿 1 中按样文输入会议通知的文本内容。

（3）最后一行的日期用插入"文档部件"→"日期"，并勾选"自动更新"，给日期加上字符底纹。

（4）标题"信息工程学院分工会会议通知"设置为黑体，字号三号，居中；设置"会议通知"的字符间距的间距为加宽，值为 0.1 厘米。

（5）正文第 1 到第 4 行文本设置为仿宋，字号小四；第 5 到第 11 行设置为楷体，字号三号，加粗。

（6）设置如图 3-1 所示的艺术型页面边框，设置纸张方向为横向。

（7）保存该文档为"通知 .wps"。

2. 编辑打字比赛报告

按要求编辑文档"打字比赛报告 .wps"，最终效果如图 3-2 所示，保存为"打字比赛报告效果 .wps"。

教学资源：
打字比赛报告 .wps

图 3-2　打字比赛报告最终效果

（1）在 WPS 中打开文档"打字比赛报告 .wps"。

（2）用替换的方法一次性删除文档中的所有空行。

（3）在文本的最前面插入标题"关于举行 2024 级新生打字比赛的报告"。

（4）将参加人员和组织机构交换位置。

（5）标题设置为三号、加粗、居中，分为两行，行间距为固定值 20 磅；"南方大学教学处："设置为华文琥珀、四号字、加拼音字母；其下第一段字符间距设置为加宽 2 磅；其下各小标题设置为宋体、五号字、加粗。

（6）将文档中所有"参加"替换为"比赛"，并加红色双波浪线；将文档中所有数字设置为绿色，西文字体为 Arial Black、加粗。

（7）按图插入符号"="" ×"。

（8）按图设置各段首行缩进 2 字符；"当否，请批示。"的段前、段后均为 1 行；最后两行的行间距为固定值 20 磅、右对齐。

（9）取消各小标题的首行缩进，按图设置项目符号和编号。

▶教学资源：
打字比赛报告
效果 .wps

（10）制作水印：原件（字号 96 磅、红色、70% 透明度、倾斜）。

（11）设置上、下页边距均为 2 厘米，左、右页边距均为 3 厘米，纸型为 B5。

（12）将该文档另存为"打字比赛报告效果 .wps"。

3.2 图文混排

一、实验目的

1. 学会利用形状绘制各种图形并编辑美化。
2. 掌握艺术字、文本框、图片、剪贴画、SmartArt 图的插入和编辑方法。
3. 掌握图文混排的各种设置方法和技巧。

二、实验内容

1. 制作商业网站 LOGO。
2. 制作主持人座签。
3. 制作美食快餐厅订餐卡。
4. 制作公益广告。
5. 设计美文赏析页面。

三、实验步骤

1. 制作商业网站 LOGO

按要求制作商业网站 LOGO，如图 3-3 所示，保存为"LOGO.wps"。

（1）新建一个 WPS 文字的空白文档，在"插入"选项卡中单击"形状"按钮，选择"平行四边形"选项，绘制出一个平行四边形，调整其大小，并选择一个形状样式中的主题填充色。

图 3-3 商业网站 LOGO

（2）按住 Ctrl+Shift 组合键向右拖曳鼠标，水平复制形状并调整位置；按住 Shift 键，单击加选左边的平行四边形，选择"填充"→"渐变填充"的线性向右渐变效果。

（3）插入"闪电"形状，设置填充为浅蓝，轮廓为无边框颜色，形状效果为阴影的内部右上角，调整其大小和位置。

（4）插入"矩形"形状，设置为填充白色、无边框颜色，调整其大小和位置；按住 Ctrl+Shift 组合键向下拖曳鼠标，垂直复制形状，可利用键盘上的方向键进行微调让形状位于如图 3-3 所示位置。

（5）按图添加形状中的文字并设置字体为华文琥珀，字号小二；按住 Ctrl 键选中各个形状，在边框上右击，在弹出的快捷菜单中单击"组合"命令。

（6）保存该文档为"LOGO.wps"。

2. 制作主持人座签

按要求制作主持人座签，最终效果如图 3-4 所示，保存为"座签.wps"。

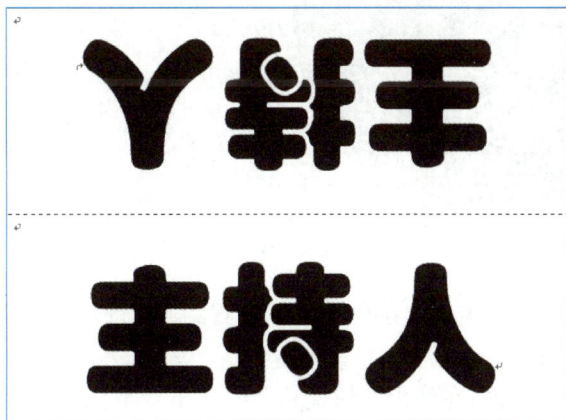

图 3-4 主持人座签

（1）新建一个 WPS 文字的空白文档，插入一个 2 行 1 列的表格，行高为 6 厘米，在表格样式中把线型设置为实线，把中间的线条变为虚线。

（2）在下框中插入文本框，文本框的形状轮廓为"无边框颜色"，输入"主持人"，设置字体为华文琥珀，在字号框中输入"100"，调整其位置并复制。

（3）把复制的文本框"主持人"放到上框中，选中并旋转文本框即可。

（4）保存该文档为"座签 .wps"。

3. 制作美食快餐厅订餐卡

按要求制作美食快餐厅订餐卡，最终效果如图 3-5 所示，保存为"订餐卡 .wps"。

（1）新建一个 WPS 文字的空白文档，在"插入"选项卡中单击"形状"按钮，选择"矩形"和"笑脸"绘制出方框和其中的笑脸，设置方框的填充颜色和线条颜色均为"黄色"，设置笑脸的填充颜色和线条颜色均为"红色"。

（2）在方框中插入艺术字"美食"，调整其大小，设置其文本填充颜色为"红色"，设置文本效果为"转换"效果中的"正 V 形"。

（3）在"插入"选项卡中单击"文本框"按钮，绘制文本框，文本框设置为无填充和无线条，再复制几个，各自输入"快餐""订餐卡""地址……"等文字并设置字体、字号。

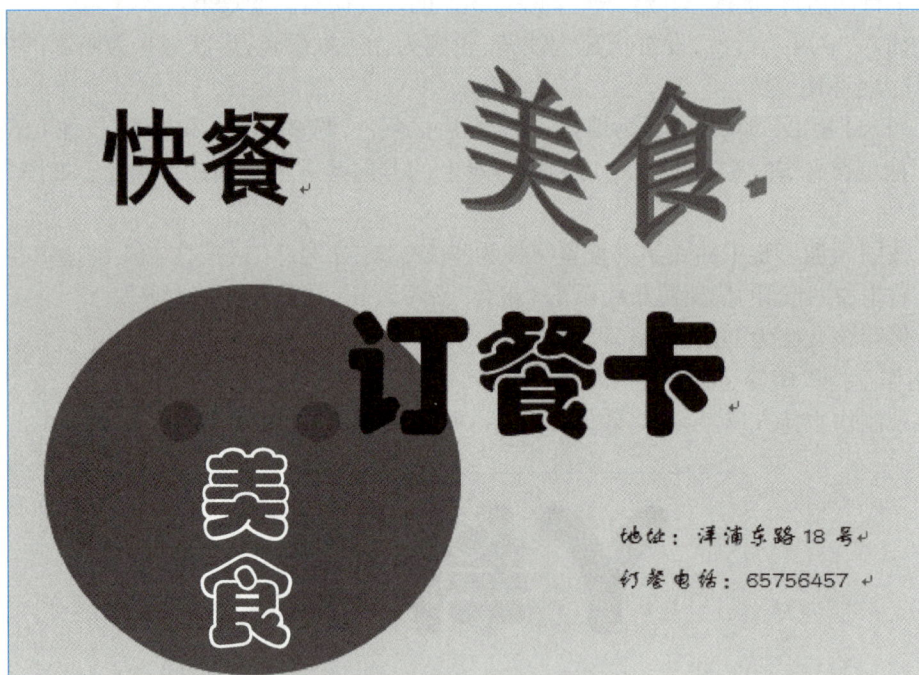

图 3-5　美食快餐厅订餐卡

（4）右击笑脸，输入文字"美食"，选中文字并设置为"双行合一"，设置字体为华文琥珀，字号为 48 号，字体颜色为白色。

（5）右击"订餐卡"文本框，在弹出的快捷菜单中单击"置于顶层"。

（6）保存该文档为"订餐卡 .wps"。

4. 设计美文赏析页面

按要求编辑文档"美文赏析 .wps",页面效果如图 3-6、图 3-7 所示,保存为"美文赏析页面效果 .wps"。

教学资源:
美文赏析 .wps

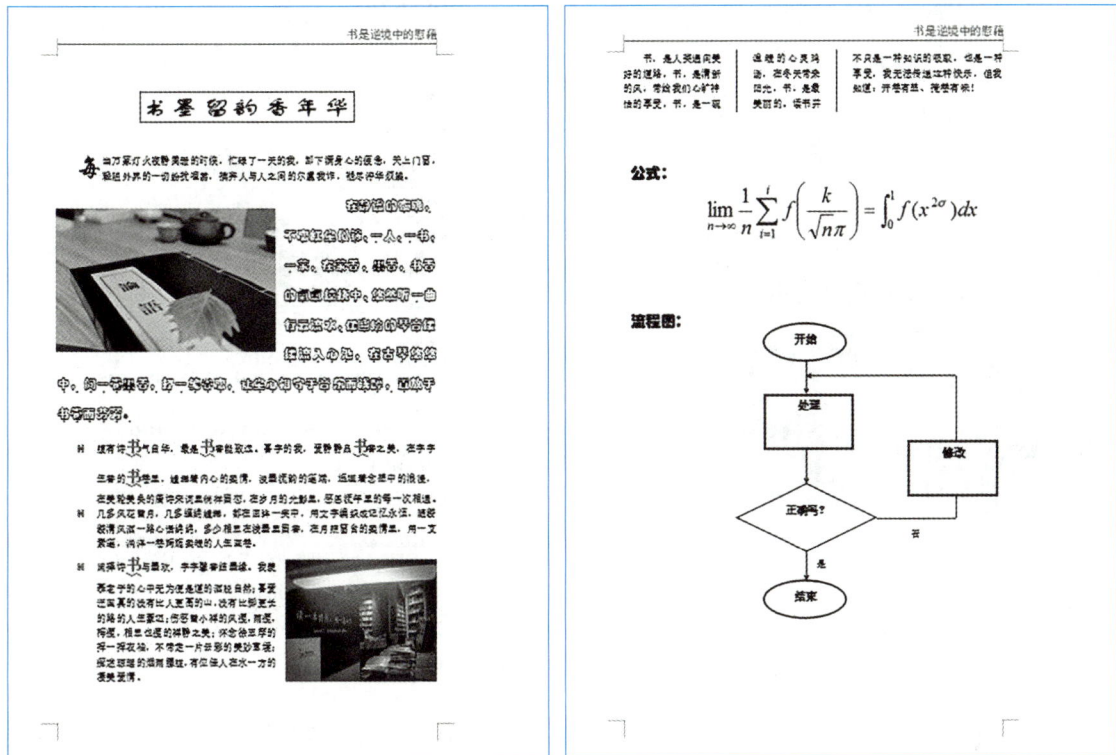

图 3-6　美文赏析页面效果 1

（1）打开"美文赏析 .wps"文档,设置页边距上、下各 2.5 cm,左、右各 3.3 cm;设置页眉文字为"书是逆境中的慰藉",黑体,小四号,左对齐。

教学资源:
书之香 .jpg

（2）将标题设置为方正舒体、二号、居中,字符缩放 150% 并加 2.25 磅红色实线阴影边框。

（3）将"在静谧的夜晚……"另起一段,正文各段首行缩进 2 字符。

教学资源:
书之味 .jpg

（4）将正文第 1 段设置为段前 10 磅、段后 10 磅,首字设置为首字下沉,字体为华文行楷,下沉 2 行。

（5）将正文第 2 段设置为华文彩云、四号、加着重号。

（6）给正文第 3 至第 5 段加上项目符号,项目符号颜色为红色。

（7）将正文第 3 至第 5 段中的"书"设置为三号、加粗、绿色、加波浪线。

（8）插入图片"书之香 .jpg",文字环绕方式为四周型,调整图片大小与位置;插入图片"书之味 .jpg",图片位置为底端居右。

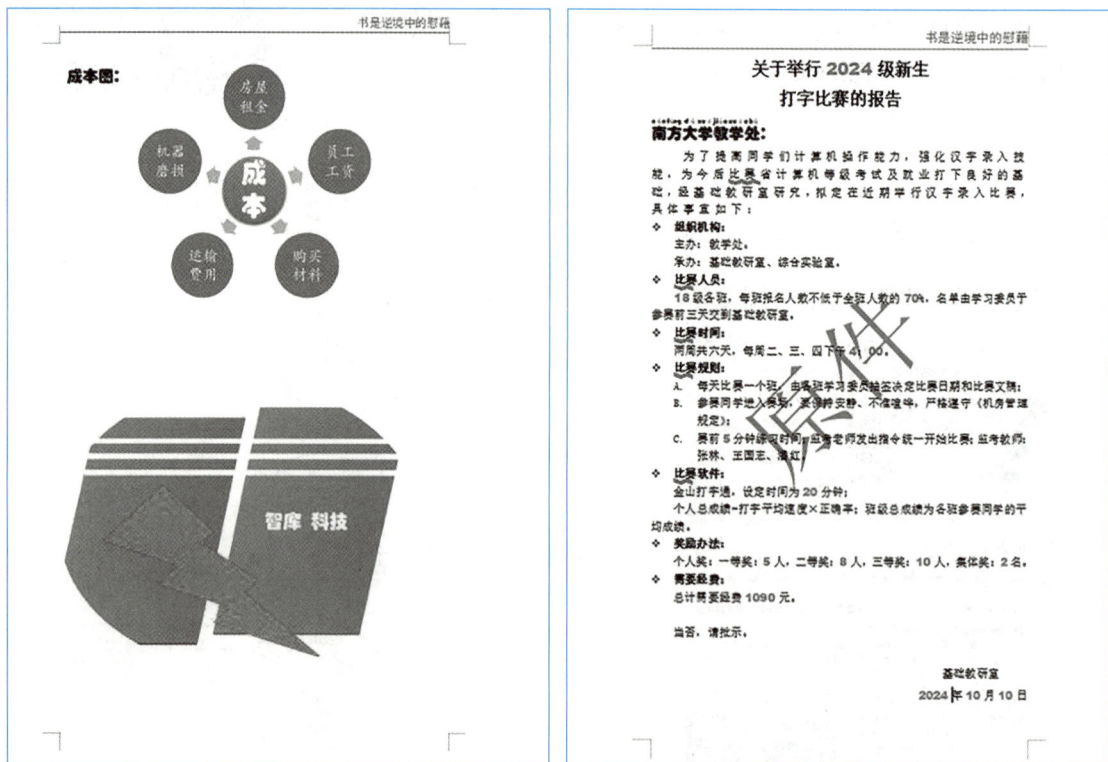

图 3-7　美文赏析页面效果 2

（9）将正文第 6 段分为 3 栏,第 1、第 3 栏宽度设为 10 字符,第 2 栏宽度设为 7 字符,并加分隔线。

【提示】选中第 6 段时不选段落标记。

（10）将光标定位于正文后,插入数学公式。

（11）插入如图 3-6 所示的流程图。

（12）如图 3-7 所示,使用智能图形制作成本图:中心圆点形状样式为强烈效果——橙色;文本设置为华文琥珀,28 号;四周文本设置为华文楷体,16 号。

【提示】插入智能图形,单击"插入"→"智能图形",在打开的窗口中选择"循环"→"分离射线图"选项,可直接在图中形状处单击输入编辑文本。

（13）插入前面制作保存的"LOGO.wps"文档中的 LOGO 截图,并裁剪为"圆形"。

（14）文件内容的插入:将前面编辑保存的"打字比赛报告效果 .wps"文档内容插入到本文档的最后。

【提示 1】把光标定位在新的一页起始位置,页面布局→分隔符→下一页分节符,这样水印仍然存在。

【提示 2】选择"插入"→组中单击"对象"按钮右侧的下拉按钮,"附件""文件中的文字"选项。

（15）将该文档另存为"美文赏析页面效果 .wps"。

3.3 表格的制作

一、实验目的

1. 掌握斜线表头的制作，熟练掌握表格的绘制方法。
2. 掌握表格的编辑和美化技巧。

二、实验内容

1. 制作课程表。
2. 制作个人简历表。
3. 制作客户信息表。

三、实验步骤

1. 制作课程表

如图 3–8 所示制作课程表，保存为“课程表 .wps”。

课　程　表

科目 日期 节数		星期一	星期二	星期三	星期四	星期五
上午	第一节					
	第二节					
	第三节					
	第四节					
下午	第五节					
	第六节					

图 3–8　课程表

2. 制作个人简历表

如图 3–9 所示制作个人简历表，保存为“个人简历表 .wps”。

3. 制作客户信息表

将下列第一个表格（如图 3–10 所示）嵌入第二个表格（如图 3–11 所示）中，制作嵌套表格，如图 3–12 所示，保存为“客户信息表 .wps”。

（1）按图 3–10、图 3–11 所示绘制第一个表格和第二个表格。

（2）复制第一个表格，在第二个表格中需嵌入表格的位置右击，在弹出的快捷菜单中单击“粘贴”选项。

（3）当表格跨页时，如果希望表格的表头部分显示在每一页的第一行，可将光标置于表头行的任意位置，在“表格工具”选项卡中单击“标题行重复”按钮。

个人简历表

姓名		性别		年龄		照片
出生日期		籍贯		民族		
学历		毕业院校				
政治面貌		专业				
联系电话		电子邮箱				
家庭住址						
受教育经历	时间		地点		备注	
社会实践经历						
技能水平						
自我评价						

图 3-9　个人简历表

姓名↵		性别↵		出生年月↵	
民族↵		籍贯↵		出生地↵	

图 3-10　第一个表格

编号	姓名	客户资料	备注

图 3-11　第二个表格

编号	姓名	客户资料						备注
1	赵高	姓名		性别		出生年月		
		民族		籍贯		出生地		
2	钱米多	姓名		性别		出生年月		
		民族		籍贯		出生地		
3	孙默默	姓名		性别		出生年月		
		民族		籍贯		出生地		
4	李夺克	姓名		性别		出生年月		
		民族		籍贯		出生地		
5	周铭感	姓名		性别		出生年月		
		民族		籍贯		出生地		

图 3-12 客户信息表

3.4 编辑长文档

一、实验目的

1. 熟练掌握页眉和页脚的设置方法。
2. 掌握样式的使用方法。
3. 学会使用大纲视图和设置大纲级别。
4. 熟练掌握目录的创建和更新方法。
5. 掌握分节的应用方法。
6. 学会字符的双行合一的注释方法,掌握脚注、尾注、题注的插入方法。

二、实验内容

按实验步骤要求编辑长文档“长文档处理 .wps”。

三、实验步骤

按要求编辑文档“长文档处理 .wps”,目录效果如图 3-13 所示,保存为“长文档处理效果 .wps”。

（1）打开“长文档处理 .wps”,设置页眉和页脚。第一页页眉为“电子表格软件”,以后各页页眉为“数据的输入”,字体均为楷体,四号,右对齐；页脚起始页码为 16,居中。

教学资源：
长文档处理 .wps

目录

第 5 章 输入数据 16
　5.1 激活单元格 16
　　5.1.1 使用鼠标激活单元格 16
　　5.1.2 使用键盘激活单元格 16
　5.2 单元格的选择 16
　　5.2.1 选择连续的单元格 16
　　5.2.2 选择不连续单元格区域的方法 17
　5.3 数据输入 17
　　5.3.1 输入文本 17
　　5.3.2 数值型数据的输入 19
　　5.3.3 输入日期和时间 19

图 3-13 文档目录效果

（2）新建样式。按照图 3-14 所示，以正文为基准样式，新建“重点段落”样式，字体为方正舒体，字号为二号、加粗，段前和段后均为 0.5 行，行距为固定值 18 磅，应用在正文第 4、第 5 段。

（3）修改样式。更改正文第 4 段的格式：字体为华文彩云，字号为四号、倾斜，观察正文第 5 段的格式随第 4 段的格式变化而变化；任意修改新建的“重点段落”样式中的格式，观察应用了该样式的第 4、第 5 段的格式变化。

（4）创建文档目录，如图 3-13 所示。

【提示 1】先设置要放入目录中的各标题的大纲级别或标题样式，再在文档前插入目录。

【提示 2】目录创建完成后，由于目录和章节之间建立了链接关系，所以只要按住 Ctrl 键单击目录中的某个标题条目，就可以跳转到该标题条目所在的页面。

【提示 3】调出“视图”选项卡中的导航窗格，学会导航窗格的使用。

（5）使用分节（下一页）的方法，使正文另起一页；按图给目录页面和正文页面设置不同格式的页码，目录页面的页码为罗马数字，正文页面的页码用“马赛克 2”格式，如图 3-14 所示。

（6）更新文档目录。改变 5.3.2 节的页码为第 19 页，并把 5.3.2 节的标题改为“数值型数据的输入”，然后更新目录，效果如图 3-13 所示。

（7）如图 3-14 和图 3-15 所示，为首页中的“Excel”增加双行合一的注释效果；为 5.1 节标题中的“单元格”增加尾注；为 5.1.1 节标题中的“鼠标”增加脚注。

（8）为文档中的图形插入题注。

（9）在保持目录页和正文页的页眉、页脚不改变的前提下，在目录页前插入封面页，封面页删除页眉、页脚和页眉横线。

（10）将该文档另存为“长文档处理效果 .wps”。

电子表格软件

第5章 输入数据

使读者能够掌握激活单元格的方法，并能够在单元格中正确地输入文本、数字及其他特殊的数据；学会定制输入数据的有效性，并能够在输入错误或超出范围的数据时显示错误信息；掌握几种快速输入数据的方式。以前对 Excel 一词并不熟悉，通过金山词霸得知其含义，注释在旁边：$Excel\left(\begin{array}{c}超出，超\\过；胜过\end{array}\right)$

5.1 激活单元格[i]

在一个新的工作表中，只有活动的单元格才能向其中输入数据。例如：A1 单元格被粗边框包围，与别的单元格有所不同，表明单元格 A1 已被激活，是活动单元格。

5.1.1 使用鼠标激活单元格

鼠标在单元格中移动，将鼠标指针指向任您一个单元格，单击鼠标左键就可以使这个单元格成为活动单元格。由于 Excel 的工作表由超过 256 列*65536 行组成，屏幕上只能看到工作表的一小部分。如果要将激活的单元格不在屏幕上显示，可以使用垂直滚动条和水平滚动条调整使其出现在窗口内。操作方法如下：

1. ▨▨

2. ▨▨

5.1.2 使用键盘激活单元格

当在进行数据输入，有时使用键盘来激活单元格可能比鼠标更方便，但是你一定要先清楚这些按键的功能。

图5-1 选中单元格

5.2 单元格的选择

在使用 Excel 进行工作的时候，有时需要选择一个单元格或一定区域范围的单元格。

5.2.1 选择连续的单元格

如果想使用鼠标选择一个单元格区域，方法如下：

1. 鼠标单击要定义区域左上角的单元格，此时鼠标指针为 形状；
2. 按住鼠标左键并拖动鼠标到要定义区域的右下角；
3. 松开鼠标左键盘，选择的区域将反白显示。其中，只有第一个单元格维持正常显示，表

---

[i] 常用的输入设备

16

图 3-14 长文档处理效果 1

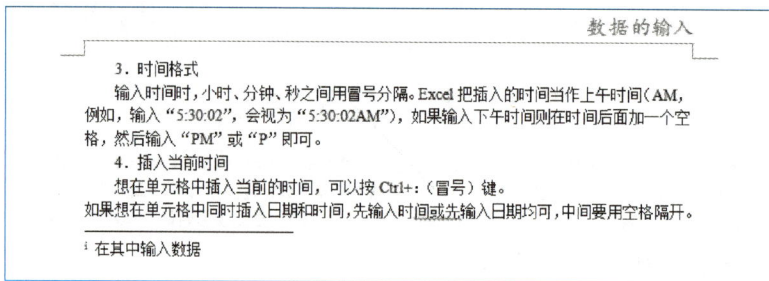

图 3-15　长文档处理效果 2

3.5　使用模板和邮件合并

一、实验目的

1. 学会自定义模板，并能利用 WPS 文字提供的模板创建文档。
2. 掌握邮件合并功能。

二、实验内容

1. 自定义模板和使用已有模板。
2. 制作邀请函。
3. 制作成绩通知单。

三、实验步骤

1. 自定义模板和使用已有模板

（1）自定义信签模板：新建一个文档，输入并编辑信纸模板的内容，保存，文件名为"信纸 .wpt"。

（2）在"文件"选项卡中选择"新建"选项，在模板列表中选择需要使用的模板，如"样本模板"里的"基本报表"，单击"创建"按钮，WPS 会创建一个基于该模板的新文档，在该文档的相关栏目中输入内容即可创建自己的报表，保存为"报表 .wpt"。

（3）在"文件"选项卡中选择"新建"选项，在模板列表中选择需要使用的模板类型，如"人资行政"，此时 WPS 显示该类模板列表，如选择"考勤记录"，单击"下载"按钮，WPS 在下载该模板的同时会创建一个基于该模板的新文档，在该文档的相关栏目中输入内容即可，保存为"考勤表 .wpt"。

（4）创建书法字帖。

① 在"文件"选项卡中选择"新建"选项，在"教学工具"列表中选择"书法字帖"模板，单击"创建"按钮打开"增减字符"对话框，同时 WPS 会创建一个基于该模板的新文档。

② 在对话框的"书法字体"下拉列表中选择需要使用的书法字体，如"汉仪唐隶繁"，在

"可用字符"列表中按住 Ctrl 键选择需要使用的字符,单击"添加"按钮将其添加到右边"已用字符"列表中,添加完字符后,单击"关闭"按钮,此时新文档中将插入选择的字符。

③ 选择"书法"选项卡,单击"网格样式"按钮,选择字帖网格的样式,如"九宫格"。

④ 选择"书法"选项卡,单击"选项"按钮,在打开的"选项"对话框的"字体"选项卡中,选择文字颜色为"红色",效果为"空心",再选择"网格"选项卡,设置网格的样式,随后选择"常规"选项卡,设置字帖每页的行列数、字符数和纸张方向,单击"确定"按钮。

⑤ 保存该新文档为"书法字帖 .wpt",打印文档即可获得自己的字帖。

2. 制作邀请函

按要求制作邀请函,保存为"邀请函 .wps"。

(1)分别创建如图 3-16、图 3-17 所示的"邀请函主文档 .wps""邀请函数据源.wps"。

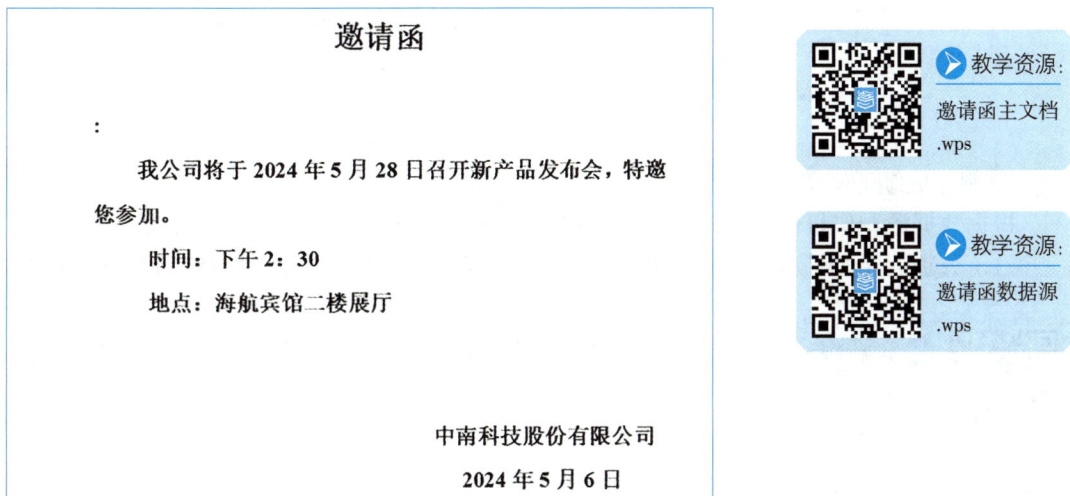

邀请函

:

　　我公司将于 **2024 年 5 月 28 日**召开新产品发布会,特邀您参加。

　　　　时间:下午 **2:30**

　　　　地点:海航宾馆二楼展厅

　　　　　　　　　　　　中南科技股份有限公司

　　　　　　　　　　　　2024 年 5 月 6 日

图 3-16　邀请函主文档

名字	称谓	
李浩	先生	
张珊珊	女士	
苏天如	女士	
王博	先生	

图 3-17　邀请函数据源

(2)打开"邀请函主文档 .wps",选择"引用"→"邮件合并"→"打开数据源"按钮,打开"打开数据源"对话框,选择数据源为"邀请函数据源 .et",单击"打开"按钮。

(3)单击"插入合并域"按钮,插入"«名字»""«称谓»"合并域。

(4)单击"合并到新文档"按钮,在"合并到新文档"对话框中选择"全部"选项。

(5)保存"文字文稿 1"文档为"邀请函 .wps",如图 3-18 所示。

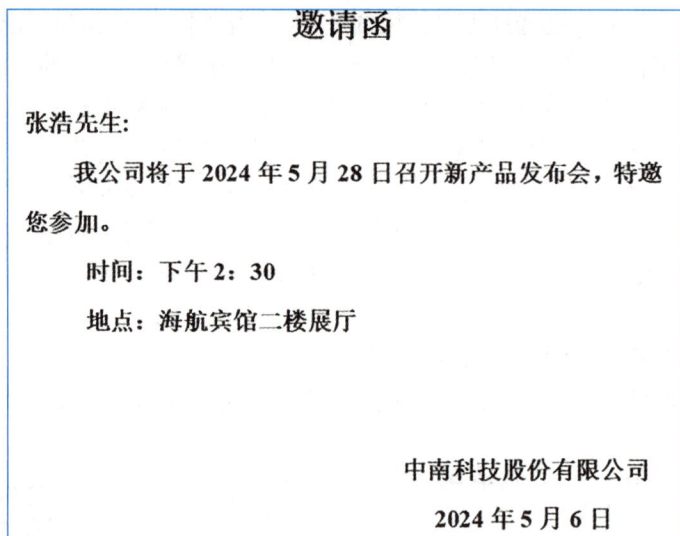

邀请函

张浩先生：

　　我公司将于 2024 年 5 月 28 日召开新产品发布会，特邀
您参加。

　　时间：下午 2：30

　　地点：海航宾馆二楼展厅

中南科技股份有限公司

2024 年 5 月 6 日

图 3-18　邀请函

3. 制作成绩通知单

根据数据源制作每位考生的成绩通知单，要求根据情况提示考生是否获得复试资格。

（1）分别创建如图 3-19、图 3-20 所示的"成绩通知单主文档 .wps""成绩通知单数据源 .et"。

教学资源：
成绩通知单主
文档 .wps

教学资源：
成绩通知单数
据源 .et

南海科技大学 2023 年硕士生入学考试成绩通知单

考生编号：　　　　　　　　　　考生姓名：

专业方向：计算机科学与技术　　报考院系：信息工程学院

考试科目	分　数	复试分数线
政治		60
英语		51
数学		60
数据结构		60
总分		296

南海科技大学

2023 年 3 月 1 日

图 3-19　成绩通知单主文档

考生编号	姓名	政治	英语	数学	数据结构	总分	录取提示
1012001	陈 怡	77	53	85	79	294	很抱歉，您未能获得复试资格。欢迎再次报考，谢谢！
1012002	杜文昊	69	64	94	81	308	恭喜你！请于 2023 年 3 月 29 日 8：00 持准考证前往惟实楼3301参加复试
1012003	李明	86	51	83	80	300	恭喜你！请于 2023 年 3 月 29 日 8：00 持准考证前往惟实楼3301参加复试
1012004	刘胜君	85	52	80	73	290	很抱歉，您未能获得复试资格。欢迎再次报考，谢谢！
1012005	罗胜刚	79	50	88	81	298	恭喜你！请于 2023 年 3 月 29 日 8：00 持准考证前往惟实楼3301参加复试
1012006	孟翔	80	65	74	76	295	很抱歉，您未能获得复试资格。欢迎再次报考，谢谢！
1012007	赵玲玲	77	58	80	79	294	很抱歉，您未能获得复试资格。欢迎再次报考，谢谢！
1012008	郑广智	82	53	95	76	306	恭喜你！请于 2023 年 3 月 29 日 8：00 持准考证前往惟实楼3301参加复试

图 3-20　成绩通知单数据源

（2）打开"成绩通知单主文档 .wps"，选择"引用"→"邮件合并"→"打开数据源"按钮，打开"打开数据源"对话框，选择数据源为"成绩通知单数据源 .et"，单击"打开"按钮。

（3）单击"插入合并域"按钮，插入"《考生编号》""《姓名》""《政治》""《英语》""《数学》""《数据结构》""《总分》""《录取提示》"合并域。

（4）单击"合并到新文档"按钮，在"合并到新文档"对话框中选择"全部"选项。

（5）保存"文字文稿 1"文档为"成绩通知单 .wps"，如图 3-21 所示。

南海科技大学 2023 年硕士生入学考试成绩通知单

考生编号：1012001　　　　　　考生姓名：陈　怡

专业方向：计算机科学与技术　　报考院系：信息工程学院

考试科目	分　数	复试分数线
政治	77	60
英语	53	51
数学	85	60
数据结构	79	60
总分	294	296

很抱歉，您未能获得复试资格。欢迎再次报考，谢谢！

南海科技大学

2023 年 3 月 1 日

图 3-21　成绩通知单

4.1　工作表的基本操作

一、实验目的

1. 了解并熟悉 WPS 表格的启动与退出、窗口组成。
2. 了解 WPS 表格基本概念（工作簿、工作表、单元格、行、列）。
3. 掌握工作表中数据的输入和编辑、单元格格式、数据有效性、填充数据、特殊数字格式的使用方法。
4. 掌握在工作表中插入行或列、移动行或列、选择行列或区域的方法。
5. 掌握工作表的重命名、插入、复制、移动、删除、保存的方法。
6. 掌握数据查找、替换、排序、筛选。

二、实验内容

1. 了解并熟悉 WPS 表格的窗口组成（窗口界面、工作簿、工作表、单元格）。
2. 掌握工作表的操作技巧。
3. 掌握工作表中各种类型数据的输入方法及技巧。
4. 掌握工作表格式化设置。
5. 掌握数据的有效性设置。
6. 掌握工作表的美化技巧。

三、操作步骤

1. WPS 工作表操作技巧

教学资源:

4-1-1.xlsx

（1）打开 4-1-1.xlsx 文件。[①]

（2）设置工作表个数。设置默认包含的工作表数为 3，并设置"用户名"为用自己姓名。

【提示】单击"文件"→"选项"→"常规与保存"，设置"新工作簿内的工作表数"为 3，设置"用户名"为自己姓名。

（3）工作表之间的切换。快速定位切换到"第六周"这个工作表。

（4）批量删除工作表。删除多余的空白工作表。

（5）重命名工作表名称。将"第一周"工作表名称重命名为"1 月"。

（6）设置工作表标签颜色。将"第二周""第三周""第五周"的工作表标签颜色填充为蓝色。

---

① 本章表格内容均为虚构。

（7）隐藏／取消隐藏工作表。隐藏"第二周"和"第四周"的工作表,然后取消隐藏"第二周"工作表。

（8）完成后将该文件另存为"S4-1-1WPS.xlsx"。

2. 通过数据验证避免数据输入错误

（1）打开 4-1-2.xlsx 文件。

（2）保护工作簿结构,使其不能添加、删除工作表。

教学资源:
4-1-2.xlsx

单击"审阅"→"保护工簿",设置密码后,工作簿将不可以进行新建、删除、重命名等操作。如果想取消工作簿保护,执行"审阅"→"撤销工作簿保护"。

（3）打开"源数据表"工作表,分别选中有灰色填充色的列,对"参数表"工作表做数据验证设置,不在参数表里面的内容输入提示错误。

① 对"货主地区"列进行有效性设置。

【提示】单击"数据"→"有效性",打开"有效性"对话框的"设置"选项卡,在"允许"中选择"序列",在"来源"中输入"华北,华东,东北,华中,华南,西南,西北",内容来自参数表中货主地区中的数据。注意,各个选项之间的逗号必须是在英文输入状态下输入,也可以跨工作表选择范围来替代序列的输入。

② 对"销售代表"列进行有效性设置。

③ 对"运货商公司名称"列进行有效性设置。

④ 对订货日期、到货日期、发货日期进行日期格式的设置。

【提示】同时选中"订货日期""到货日期""发货日期"列,在区域上右击→"设置单元格格式"→"数字"→"自定义",在"类型"中输入"yyyy/mm/dd"。

（4）带有淡蓝色填充色的列需要设置单元格保护,所在列的内容不能被删除、不能被选中、隐藏单元格内部公式。

① 设置"产品 ID"列的数据有效性,把"产品名称"列数据恢复出来。

【提示】单击"数据"→"有效性",打开"有效性"对话框的"设置"选项卡,在"允许"中选择"序列",在"来源"中单击范围选择按钮,在"参数表"工作表中选择产品 ID 的数据范围来替代序列的输入。此时只需要在"产品 ID"列中选择数据,"产品名称"列中将显示参数表中对应产品。

② 单击"审阅"→"保护工作表",注意需要勾选"选定锁定单元格"选项,此时锁定和隐藏功能才能生效。

③ 选中"产品名称"列右击→"设置单元格格式"→"保护",勾选"锁定"选项,去除"隐藏"选项的勾选。

（5）完成后将该文件另存为"S4-1-2.xlsx"。

3. 工作表数据输入与格式设置

教学资源:
4-1-3.xlsx

（1）启动 WPS 表格,打开文件 4-1-3.xlsx,编辑工作表使之如图 4-1 所示。

（2）在 Sheet1 工作表中输入数据。

（3）自动填充数据。"序号"列使用填充柄填充序号,注意:自动填充手柄下拉选项中选择"以序列方式填充"选项。

（4）设置数据有效性。"性别"和"政治面貌"列使用"数据有效性"功能输入数据。

图 4-1　工作表数据输入与格式设置

【提示】选中 D2：D46 区域，单击"数据"→"有效性"，在"数据有效性"对话框中设置"允许"为"序列"，设置"来源"为"男,女"。注意：男女之间的逗号必须是英文输入状态下的逗号。同理把政治面貌的"来源"设置为"群众,团员,预备党员,党员"。

（5）设置单元格格式。

① 设置"学费"列的数值格式为货币类型并带有两位小数。

② 将"出生日期"列数据类型更改为"××××年××月××日"。

③ 设置"学号"列的单元格格式为"自定义"格式。

【提示】选中 B2：B46 区域，在上面右击→"设置单元格格式"→"数字"，设置"分类"为"自定义"，在"类型"内输入"202110540000"后确定，然后在每个单元格内输入后面不相同的数字即可。

（6）新增列。在"学费"列前插入"建档立卡户"列并输入数据。

（7）设置标题行。在字段名称行前插入一行，此时在 A1 单元格中输入"信息工程学院物联网班学生基本信息"，将 A1：K1 区域合并，内容居中，字体颜色为黑色，字体为宋体，字号 16 磅，加粗，单元格填充色为浅蓝色（R181，G198，B234）。

（8）选中 A2：K47 区域，套用蓝色表格样式"表样式 2"。

（9）给 A2：K47 区域添加"所有框线"，边框颜色为黑色。

（10）设置行高。将行 1 和行 2 的行高设为 30 磅，将行 3 到行 47 的行高设为 25 磅。

（11）手动调整列宽。

（12）调整列的对齐方式。

① 设置"序号""性别""政治面貌""建档立卡户""是否挂科"列的对齐方式为居中对齐。

② 设置"学号""身份证""出生日期""联系电话""学费"列的对齐方式设置为左对齐。

③ 把姓名列水平对齐方式调整为"分散对齐"。

【提示】隔行或隔列选择整行或整列需按住 Ctrl 键。

（13）利用"查找"中的"定位"功能批量填充。在"是否挂科"列中的空白单元格内批量填充"无"。

【提示】选中 K3：K47 区域→单击"开始"→"查找"→"定位"，在"定位"对话框中选择"空值"后定位空白单元格，然后输入"无"字再按 Ctrl+Enter 组合键即可。

（14）重命名工作表名称。将工作表名称更改为"学生基本信息表"。

（15）设置纸张方向为横向。

（16）设置打印参数。设置打印缩放为 90%、打印网络线、重复打印标题行、页边距。

【提示】

① 单击"页面"→"打印预览"→"缩放"设置为 90%。

② 单击"页面"→勾选"打印网格线"选项。

③ 单击"页面"→"打印标题行"→设置"顶端标题行"选项范围。

④ 单击"页面"→"页边距"→"宽"。

（17）完成后将该文件另存为"S4-1-3.xlsx"。

4. 查找与替换、排序和筛选

（1）打开 4-1-4.xlsx 文件。

（2）在工作表中进行"查找和替换"操作。

① 查找院系为"外语学院"的单元格数据。

② 在"院系"列中替换"外语学院"为"外国语言交流学院"。

③ 在"籍贯"列中将"昆明"替换为"昆明市"。

【提示】打开"替换"对话框，单击"选项"按钮后勾选"单元格匹配"选项。

④ 将 C 列姓王的员工都改为"优秀团员"。

【提示】在"查找"处输入"王 *"，在"替换"处输入"优秀团员"。

⑤ 将 D 列姓杨且名字为三个字的员工都改为"优秀党员"。

【提示】在"查找"处输入"杨？？"，在"替换"处输入"优秀党员"，并勾选"单元格匹配"选项。注意：问号一定在英文状态下输入。

⑥ 将 E 列姓名为"杨 *"的员工都改为"董事长"。

【提示】在"查找"处输入"杨 *"，在"替换"处输入"董事长"。

（3）在工作表中进行"排序"操作。

① 按总分进行降序排列，找出总分前六名的人员。

② 将总分作为第一排序依据，数学成绩作为第二排序依据，语文成绩作为第三排序依据（都按降序）进行排序。

③ 按颜色排序（红色→蓝色→黄色）。

④ 按班级名称进行排序规整（一班→二班→三班→四班）。

【提示】第一步：添加自定义排序的内容（一班→二班→三班→四班），通过"文件"→"选项"→"自定义序列"→"添加"条件。

第二步：在"排序"对话框中设置，"次序"为"自定义序列"→"一班,二班,三班,四班"。

（4）在工作表中进行"筛选"操作。

① 筛选一车间的数据。

② 筛选发生额大于 500 且小于 1 000 的数据。

【提示】"开始"→"筛选"→"数字筛选"→"介于"。

③ 筛选一车间的邮寄费。

④ 筛选所有车间的数据。

【提示】"开始"→"筛选"→"文本筛选"→"包含"。

⑤ 筛选出"科目划分"字段中的不重复值，在原有区域显示筛选结果。

【提示】"数据"→"筛选"→"高级筛选"→"条件区域"不填,指定"科目划分"列为"列表区域"的范围,勾选"选择不重复的记录"选项。

⑥ 筛选出财务部或发生额大于 3 000 的数据。

⑦ 筛选出经理室或二车间中发生额大于 3 000 或 01 月中发生额大于 10 000 的数据记录。

【提示】

➢ 制作高级筛选条件时,字段名称需要与原来表格保持一致。

➢ 高级筛选条件的位置需要与源数据位置之间至少保持一行的空行。

➢ 高级筛选条件之间的关系如果需要同时具备即并且的关系,条件则放在同一行上,高级筛选条件之间的关系如果是或者,条件则不放在同一行上。

(5)完成后将该文件另存为"S4-1-4.xlsx"。

4.2   公式和函数的应用

一、实验目的

1. 掌握公式的创建、编辑及应用方法。
2. 掌握常用函数的应用。
3. 掌握函数嵌套的方法。

二、实验内容

1. 掌握公式的创建、编辑及应用。

2. 掌握常用函数 SUM( )、MAX( )、MIN( )、AVERAGE( )、COUNT( )、COUNTIF( )、IF( )、RANK( )、PV( )、PMT( )、SUMIF( )、SUMIFS( )、AVERAGEIF( )、COLUMN( )、ROW( )等的应用。

3. 掌握函数嵌套的使用。

三、实验步骤

教学资源:

4-2-1.xlsx

1. 简单四则混合运算

(1)打开素材 4-2-1.xlsx 文件中的"书籍销售信息"工作表,编辑工作表使之如图 4-2 所示。

	A	B	C	D	E	F	G	H	I
1			二月书籍销售信息						
2	序号	书籍名	进货量	进货单价	销售量	销售单价	剩余库存量	销售额	销售利润
3	1	信息科学基础	4500	¥31.20	4300	¥45.50	200	¥195,650.00	¥61,490.00
4	2	教育技术应用	200	¥21.50	180	¥39.00	20	¥7,020.00	¥3,150.00
5	3	C语言程序设计	360	¥30.20	200	¥40.10	160	¥8,020.00	¥1,980.00
6	4	教学系统设计理论与实践	200	¥25.20	170	¥35.00	30	¥5,950.00	¥1,666.00
7	5	多媒体设计案例教材	500	¥31.60	350	¥38.60	150	¥13,510.00	¥2,450.00
8	6	视频编辑技术基础	330	¥40.50	300	¥64.50	30	¥19,350.00	¥7,200.00
9	7	音频处理技术	150	¥24.60	120	¥32.90	30	¥3,948.00	¥996.00
10	8	数据库	450	¥29.80	320	¥46.90	130	¥15,008.00	¥5,472.00
11	9	图形图像处理技术	650	¥35.60	460	¥52.60	190	¥24,196.00	¥7,820.00

图 4-2   书籍销售信息

（2）设置 D 列、F 列、H 列、I 列为货币格式,保留两位小数。

（3）对每本书的剩余库存量、销售额和销售利润进行计算。

【提示】"剩余库存量＝进货量－销售量""销售额＝销售量＊销售单价""销售利润＝销售量＊（销售单价－进货单价）"。

（4）计算完成后,将该文件另存为"S4-2-1.xlsx"。

▶ 教学资源:

4-2-2.xlsx

2. 常用函数运用

（1）打开素材 4-2-2.xlsx 文件中的"学生成绩"工作表,编辑工作表使之如图 4-3 所示。

	A	B	C	D	E	F	G	H	I	J	K
1	学号	姓名	班级	语文	数学	英语	物理	化学	总分	名次	通过否
2	210419410009	朱颖	1班	88	80	78	86	89	421	1	是
3	210419410003	蔡思琪	1班	84	81	73	82	72	392	2	是
4	210419430008	汪宇果	3班	90	96	67	58	79	390	3	是
5	210419450006	郑香融	5班	82	90	63	75	78	388	4	是
6	210419420007	王淼	2班	59	90	88	79	68	384	5	是
7	210419430002	王思佳	3班	66	77	81	78	69	371	6	否
8	210419410005	晏毕	1班	79	57	86	85	59	366	7	否
9	210419450001	李梦迪	5班	92	72	76	69	57	366	7	否
10	210419420004	尚泓妤	2班	69	50	82	76	82	359	9	否
11	平均分			78.78	77.00	77.11	76.44	72.56			
12	最高分			92	96	88	86	89			
13	最低分			59	50	63	58	57			
14	及格率			88.89%	77.78%	100.00%	88.89%	77.78%			

图 4-3 学生成绩

（2）利用"条件格式"功能将各科不及格分数标注为"浅红填充色深红色文本"。

【提示】选中 D2:H10 区域,单击"开始"→"条件格式"→"突出显示单元格规则"→"小于"对话框,在"为小于以下值的单元格设置格式"内输入"60",在"设置为"选择"浅红填充色深红色文本"。

（3）在"班级"列用 MID（）函数提取班级信息,班级信息是对应学号第 8 位。

【提示】在 C2 单元格内输入公式:=MID（A2,8,1）。

（4）在"班级"列内数值后面都添加上"班"字样。

【提示】选中 C2:C10 区域,在上面右击→"设置单元格格式"→"数字"选项卡,在"分类"中选择"自定义",在"类型"中输入"@"班""。注意:班字上面的双引号需要在英文状态下输入。

（5）在"总分"列用函数 SUM（）计算各人的总分。

（6）在"名次"列用 RANK（）函数排名。

（7）在"平均分"行用 AVERAGE（）函数计算各门课的平均分并保留两位小数。

（8）在"最高分"行用 MAX（）函数计算各门课的最高分。

（9）在"最低分"行用 MIN（）函数计算各门课的最低分。

（10）在"及格率"行用 COUNT（）函数和 COUNTIF（）函数计算各科不及格率并保留两位小数。

【提示】在 D14 单元格内输入公式:=COUNTIF（D2:D10,">=60"）/COUNT（D2:D10）。

（11）在"通过否"列利用 IF（）函数判断总分与380之间的关系,大于或等于 380 的单元格显示"是",小于 380 的单元格显示"否"。

【提示】在 K2 单元格内输入公式：=IF（I2>=380,"是","否"）。

（12）将 A1:K10 区域按各人总分由高到低降序排序,总分相同的按物理成绩降序排序。

（13）计算完成后,另存为"S4-2-2.xlsx"。

▶教学资源：
4-2-3.xlsx

3. 函数嵌套使用

（1）打开"4-2-3.xlsx"文件中的"选手得分情况"工作表,编辑工作表使之如图 4-4 所示。

	A	B	C	D	E	F	G	H	I	J	K	L
1	编号	姓名	评委1	评委2	评委3	评委4	评委5	评委6	评委7	选手得分	选手名次	获奖等级
2	1	鲁纤蕃	9.00	8.80	8.90	8.40	8.30	9.10	8.90	44.00	4	三等奖
3	2	魏忠粉	5.80	6.80	5.90	6.00	6.90	6.90	6.40	32.00	14	
4	3	张树青	8.00	7.50	7.30	7.40	7.90	8.20	8.00	38.80	12	
5	4	唐彩艳	8.60	8.20	8.90	9.00	7.90	8.30	8.50	42.50	8	三等奖
6	5	杨洁	8.20	8.10	8.80	8.90	8.40	9.00	8.50	42.80	7	三等奖
7	6	何俞萲	8.00	7.60	7.80	7.50	7.90	7.80	8.00	39.10	11	
8	7	刘子彦	9.00	9.20	8.50	8.70	8.90	9.50	9.10	44.90	2	二等奖
9	8	刘姣莲	9.60	9.50	9.40	8.90	8.80	9.90	9.50	46.90	1	一等奖
10	9	孙敏君	9.20	9.00	8.70	8.30	9.00	8.80	9.10	44.60	3	二等奖
11	10	孙亚拿	8.80	8.60	8.90	8.80	9.00	8.30	8.40	43.50	5	三等奖
12	11	赵媛	8.60	8.70	7.70	9.00	8.00	7.00	8.80	41.80	9	
13	12	周丽萍	7.70	8.00	8.50	7.80	8.90	8.00	7.90	40.20	10	
14	13	洪学艺	6.50	7.00	690	7.50	7.80	8.00	8.10	38.40	13	
15	14	任光吉	8.10	9.10	8.5	8.60	8.10	9.00	8.80	43.00	6	三等奖

图 4-4　选手得分情况

（2）在"选手得分"列用 SUM（）函数、MAX（）函数和 MIN（）函数计算选手得分,先算总分,去掉一个最高分和一个最低分,得到选手得分。

【提示】在 J2 单元格内输入公式：=SUM（C2:I2）–MAX（C2:I2）–MIN（C2:I2）。

（3）在"选手名次"列用 RANK（）函数排名。

【提示】在 K2 单元格内输入公式：=RANK（J2,$J$2:$J$15,0）。

（4）在"获奖等级"列中利用 IF（）函数嵌套得出获奖等级。其中第一名为"一等奖",第二、第三名为"二等奖",第四、第五、第六、第七、第八名为"三等奖",其他名次不标注。

【提示】在 L2 单元格内输入公式：=IF（K2=1,"一等奖",IF（K2<=3,"二等奖",IF（K2<=8,"三等奖",""）））。

（5）计算完成后,另存为"S4-2-3.xlsx"。

▶教学资源：
4-2-4.xlsx

4. 财务函数运用

（1）打开"4-2-4.xlsx"文件中的"财务函数"工作表,编辑工作表使之如图 4-5 所示。

（2）利用 PV（）函数计算现需投资存款。

【提示】在 E3 单元格内输入公式：=PV（C3,B3,0,–D3,0）。

（3）利用 FV（）函数计算最终取款总额。

【提示】在 G3 单元格内输入公式：=FV（C3,B3,0,–F3,0）。

（4）计算销售总价。

	A	B	C	D	E	F	G	H	I	J	K	L
1	PV函数计算存款和FV函数取款											
2	姓名	期限	复利年利率	目标存款（元）	现需投资存款（元）	现存款（元）	最终取款总额					
3	何元群	3	4.20%	100000	￥88,388.72	80000	￥90,509.29					
4	马成蓬	5	5.20%	200000	￥155,221.29	150000	￥193,272.45					
5	孙菁艳	4	4.30%	150000	￥126,751.77	220000	￥260,351.40					
6	帅婷	3	5.10%	300000	￥258,412.26	320000	￥371,499.41					
7	王亭容	6	4.80%	100000	￥75,480.07	1500000	￥1,987,279.51					
8												
9												
10	PMT函数计算贷款											
11	姓名	购房面积	单价	销售总价/万元	税收率	总价/万元	首付/万元	贷款/万元	年利率	年限	每月月供	实际支付总价/万元
12	张雪	120	12000	144	0.015	146.16	28.8	117.36	4.50%	20	7424.77	206.99
13	张利琴	143	8800	125.84	0.03	129.6152	25.168	104.4472	4.90%	15	8205.31	222.10
14	张娜	95	7500	71.25	0.015	72.31875	14.25	58.06875	4.20%	10	5934.53	156.68
15	李泽军	88	20000	176	0.01	177.76	35.2	142.56	5.20%	18	10177.05	279.45
16	马浩天	150	16000	240	0.03	247.2	48	199.2	4.30%	30	9857.84	284.59
17	普龙成	75	6500	48.75	0.01	49.2375	9.75	39.4875	5.10%	20	2627.86	72.82
18	马天才	68	4500	30.6	0.01	30.906	6.12	24.786	4.80%	10	2604.78	68.63
19	李瑞双	102	7900	80.58	0.015	81.7887	16.116	65.6727	4.60%	30	3366.67	96.92

图 4-5　存款、取款和月供

【提示】在 D12 单元格内输入公式：=B12*C12/10 000。

（5）利用 IF（）函数求出税收率。

【提示】90 m^2 以下按购房价 1% 缴纳，90~140 m^2 按房价 1.5% 缴纳，140 m^2 以上按房价 3% 缴纳。

在 E12 单元格内输入公式：=IF（B12>=140，"0.03"，IF（B12>=90，"0.015"，"0.01"））。

（6）计算总价、首付、贷款。

【提示】在 F12 单元格内输入公式：=D12+D12*10 000*E12/10 000。

首付最低支付总价的 20%，所以在 G12 单元格内输入公式：=D12*0.2。

在 H12 单元格内输入公式：=F12-G12。

（7）利用 PMT（）函数计算每月月供。

【提示】在 K12 单元格内输入公式：=-PMT（I12/12，J12*12，H12*10 000，0，0）。

（8）计算实际支付总价。

在 L12 单元格内输入公式：=G12+K12*20*12/10 000。

（9）计算完成后，另存为"S4-2-4.xlsx"。

5. 条件求和

（1）打开"4-2-5.xlsx"文件中的"条件求和"工作表，编辑工作表使之如图 4-6 所示。

教学资源：

4-2-5.xlsx

（2）利用 SUMIF（）函数求初一各班的总分。

【提示】在 F3 单元格内输入公式：=SUMIF（B2：B37，F2，D2：D37）。

（3）利用 SUMIF（）函数、COUNTIF（）函数、AVERAGEIF（）函数求各年级的平均分。

【提示】方法一：在 F7 单元格内输入公式：=SUMIF（B2：B37，"初一*"，D2：D37）/COUNTIF（B2：B37，"初一*"）。

方法二：在 G7 单元格内输入公式：=AVERAGEIF（B2：B37，"初二*"，D2：D37）。

（4）利用 SUMIF（）函数求所有男生的总分和所有女生的总分

【提示】在 F11 单元格内输入公式：=SUMIF（C2：C37，F10，D2：D37）。

（5）利用 SUMIF（）函数求两个年级的所有 1 班同学的总分。

【提示】在 F14 单元格内输入公式：=SUMIF（B2：B37，"*1*"，D2：D37）。

（6）利用 SUMIF（）函数求所有分数大于或等于 80 分的同学的总分。

	F	G	H	I
1	求初一各班的总分			
2	初一（1）班	初一（2）班	初一（3）班	初一（4）班
3	312	428	468	373
4				
5	求各年级的平均分			
6	初一年级	初二年级		
7	75.29	74.60		
8				
9	求所有男生的总分和所有女生的总分			
10	男	女		
11	1177	1523		
12				
13	求两个年级的所有1班同学的总分			
14	518			
15				
16	求所有分数大于或等于80分的同学的总分			
17	1197			
18				
19	求1班男生及格的总分数			
20	433			
21				
22	求所有分数大于80分的女同学的总分			
23	734			

图 4–6 条件求和

【提示】在 F17 单元格内输入公式：=SUMIF（D2：D37，">=80"，D2：D37）。

（7）利用 SUMIFS（ ）函数求 1 班男生及格的总分数。

【提示】在 F20 单元格内输入公式：=SUMIFS（D2：D37，B2：B37，"*1*"，C2：C37，" 男 "，D2：D37，">=60"）。

（8）利用 SUMIFS（ ）函数求所有分数大于 80 分的女同学的总分。

教学资源：4–2–6.xlsx

【提示】在 F23 单元格内输入公式：=SUMIFS（D2：D37，D2：D37，">80"，C2：C37，" 女 "）。

（9）计算完成后，另存为“S4–2–5.xlsx”。

6. 利用函数制作乘法表

（1）打开“4–2–6.xlsx”文件中的“乘法表”工作表，编辑工作表使之如图 4–7 所示。

	A	B	C	D	E	F	G	H	I
1	乘法表								
2	1×1=1								
3	1×2=2	2×2=4							
4	1×3=3	2×3=6	3×3=9						
5	1×4=4	2×4=8	3×4=12	4×4=16					
6	1×5=5	2×5=10	3×5=15	4×5=20	5×5=25				
7	1×6=6	2×6=12	3×6=18	4×6=24	5×6=30	6×6=36			
8	1×7=7	2×7=14	3×7=21	4×7=28	5×7=35	6×7=42	7×7=49		
9	1×8=8	2×8=16	3×8=24	4×8=32	5×8=40	6×8=48	7×8=56	8×8=64	
10	1×9=9	2×9=18	3×9=27	4×9=36	5×9=45	6×9=54	7×9=63	8×9=72	9×9=81

图 4–7 乘法表

（2）在 A2 单元格内输入公式：=COLUMN（A1）&"×"&ROW（A1）&"="&COLUMN（A1）*ROW（A1）。

（3）利用自动填充手柄往下和往右拖动。

（4）在 A2：A10 区域内删除列号大于行号的单元格内容。

【提示】在 A2 单元格内修改输入公式为：=IF（COLUMN（A1）>ROW（A1），""，COLUMN（A1）&"×"&ROW（A1）&"="&COLUMN（A1）*ROW（A1））。

（5）重新利用自动填充手柄往下和往右拖动一遍即可。

（6）计算完成后，另存为"S4-2-6.xlsx"。

4.3 图表的创建及编辑

一、实验目的

1. 掌握 WPS 表格中图表的创建及编辑的方法。
2. 练习美化图表的方法。

二、实验内容

1. 制作簇状柱形图。
2. 制作饼图。
3. 制作条形图。
4. 制作折线图。
5. 制作组合图。
6. 制作动态雷达图。

三、实验步骤

1. 制作簇状柱形图

根据 4-3-1.xlsx 文件中的"销售统计表"工作表创建如图 4-8 所示效果的簇状柱形图。

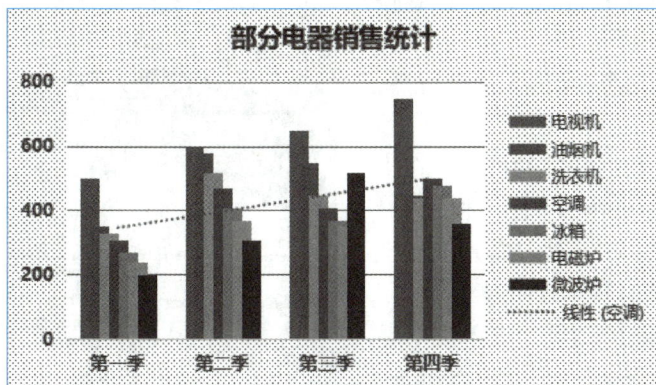

图 4-8　部分电器销售统计

（1）打开"4-3-1.xlsx"文件中的"销售统计表"工作表,选中 A2：E9 区域后插入簇状柱形图。调整图的大小嵌入 G1：M12 区域。

（2）更改图表标题为"部分电器销售统计",字体为微软雅黑,字号为 14 磅,加粗,字体颜色为灰色（R64,G64,B64）。

（3）以"商品名称"为图例,并把图例放在靠右位置。

（4）设置"垂直（值）轴"参数,主要单位为"200",字体为微软雅黑,字号为 10 磅,加粗,字体颜色为灰色（R64,G64,B64）。

（5）设置"水平（类别）轴"参数,字体为微软雅黑,字号为 10 磅,加粗,字体颜色为灰色（R64,G64,B64）。

（6）设置"垂直（值）轴 主要网格线"参数,线条颜色为蓝色（R79,G129,B189）,宽度为 1 磅。

（7）设置"图表区"参数,20% 图案填充。

（8）设置"绘图区"参数,选择纯色"白色"填充。

（9）设置"系列'电视机'"参数,系列重叠为 50%,分类间距为"150%"。

（10）添加"系列'空调'"线性趋势线。

（11）另存文件为"S4-3-1.xlsx"。

2. 制作饼图

根据 4-3-2.xlsx 文件中"饼图"工作表创建如图 4-9 所示效果的饼图。

【教学资源】

4-3-2.xlsx

（1）打开 4-3-2.xlsx 文件中的"饼图"工作表,插入三维饼图,调整图形的大小与位置嵌入 A1：D16 区域。

（2）在图表中选中"图表标题",更改为"农产品产量统计图",更改图表标题字体为微软雅黑,字号为 22,黑色,加粗。

（3）在图表中选中"图例",按 Delete 键删除图例。

（4）在图表中选中"图表区",纯色填充,颜色设置为浅紫色（R218,G227,B245）。

（5）在图表中选中"系列 1 数据标签",单击"图表工具"→"设置格式":

① 设置"标签位置"为"数据标签内"。

②"标签选项"包括显示"类别名称""值""显示引导线"这三项,把"分隔符"设置为"分行符",把"标签位置"设置为"居中"。

③ 设置数据标签字体颜色为白色,字体为微软雅黑,加粗,字号为 14。

④ 调整牛肉产量和猪肉产量数据标签的位置。在牛肉产量数据标签上双击后并拖动至外侧,并把字体颜色设置为黑色,同理,在猪肉产量数据标签上双击后并拖动至外侧,并把字体颜色设置为黑色,此时将出现引导线。

（6）设置"系列 1"中各个模块的颜色。在羊肉产量饼图上双击,设置颜色为（R114,G60,B52）。依次类推,把鸡蛋产量饼图颜色设置为（R142,G95,B84）,把鸭蛋产

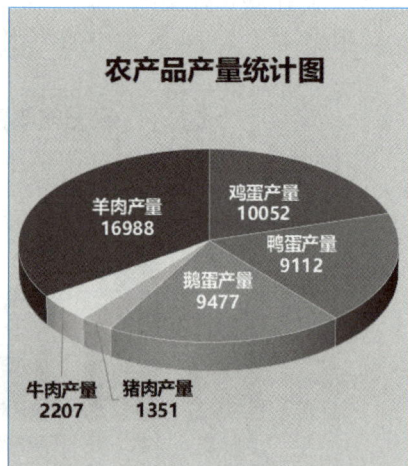

图 4-9　农产品产量统计图

量饼图颜色设置为（R167，G123，B118），把鹅蛋产量饼图颜色设置为（R189，G156，B151），把猪肉产量饼图颜色设置为（R217，G191，B189），把牛肉产量饼图颜色设置为（R243，G221，B215）。

（7）选中"绘图区"，设置"效果"选项中"三维旋转"下取消"自动缩放"选项的勾选，设置"高度（原始高度百分比）"为50%。

（8）另存文件为"S4-3-2.xlsx"。

3. 制作条形图

根据4-3-3.xlsx文件中的"条形图"工作表创建如图4-10所示效果的条形图。

教学资源：4-3-3.xlsx

（1）打开4-3-3.xlsx文件中的"条形图"工作表，选中A2：B7区域，插入条形图，调整图形大小与位置嵌入A1：I16区域。

（2）选中图例，按Delete键删除图例。

（3）在图表中选中"图表标题"，更改为"各地区投资收益情况（单位：万元）"，图表标题字体为微软雅黑，字号为14，字体颜色为灰色（R89，G89，B89），加粗。

（4）在图表中选中"垂直（类别）轴"，单击"图表工具"→"设置格式"：

① 设置字体颜色为灰色（R89，G89，B89），字体为微软雅黑，加粗，字号为12。

② 设置"垂直（类别）轴"选项中"横坐标轴交叉"为"最大分类"。

（5）在图表中选中"水平（值）轴"，设置字体颜色为灰色（R89，G89，B89），字体为微软雅黑，加粗，字号为10。

图4-10　各地区投资收益情况

（6）在图表中选中"系列1"，单击"图表工具"→"设置格式"：

① 设置"填充与线条"的"纯色填充"，颜色为（R10，G81，B107）。

② 设置"系列"选项中"系列选项"下"分类间距"为50%。

（7）在图表中选中"垂直（类别）轴"，设置字体颜色为灰色（R89，G89，B89），字体为微软雅黑，加粗，字号为12。

（8）在图表中选中"水平（值）轴 主要网格线"，设置"填充与线条"的"线条"为"实线"，颜色为（R255，G192，B10）。

（9）在图表中选中"图表区"，设置纯色填充为浅灰色（R242，G242，B242）。

（10）另存文件为"S4-3-3.xlsx"。

4. 制作折线图

根据4-3-4.xlsx文件中的"折线图"工作表创建如图4-11所示效果的折线图。

教学资源：4-3-4.xlsx

（1）打开4-3-4.xlsx文件中的"折线图"工作表，选中A2：F14区域，插入折线图，调整图形的大小与位置嵌入J1：P20区域。

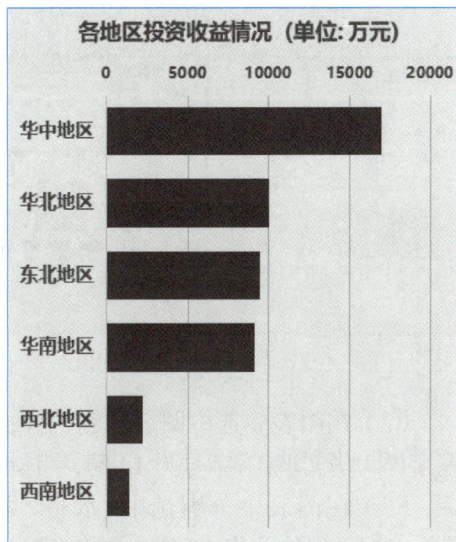

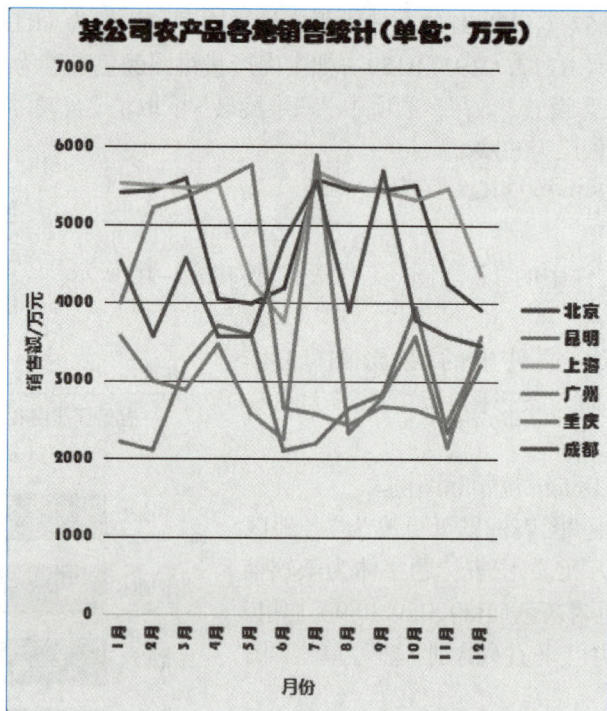

图 4-11　某公司农产品各地销售统计

（2）在图表中选中图表标题，更改为"某公司农产品各地销售统计（单位：万元）"，图标标题字样为华文琥珀，字号为 14 磅，字体颜色为灰色（R64，G64，B64），加粗。

（3）在图表中分别选中"水平（类别）轴"和"垂直（类别）轴"，字体颜色为灰色（R64，G64，B64），字体为华文琥珀，加粗，字号为 10 磅。

（4）在图表中选中"水平（类别）轴"，在"大小与属性"下设置"文字方向"为"所有文字旋转 270°"。

（5）添加轴标题。添加"主要横向坐标轴"并更改为"月份"，并设置字体颜色为灰色（R64，G64，B64），字体为微软雅黑，加粗，字号为 10。同理，更改纵向坐标轴标题为"销售额 / 万元"，并设置字体颜色为灰色（R64，G64，B64），字体为微软雅黑，加粗，字号为 10。

（6）在图表中选中"图例"，设置"图例位置"为"靠右"。设置图例字样为华文琥珀，字号为 10，字体颜色为灰色（R64，G64，B64），加粗。

（7）在工作表中添加 H 列的数据到折线图中。选中图表，单击菜单"图表工具"→"选择数据"，打开"编辑数据源"对话框，单击添加按钮 ⊞ ，在"编辑数据系列"对话框中设置"系列名称"为"= 折线图 !H2"，设置"系列值"为"= 折线图 !H3：H14"。

（8）在图表中选中"图表区"，单击"图表工具"→"设置格式"：

① 设置"线条"为"实线"，颜色设置为深红色（R181，G24，B23），"宽度"为 5.00 磅，"复合类型"为" ▭ "，"端点类型"和"联接类型"都设置为"圆形"。

② 选择"纯色填充"，颜色设置为淡粉色（R253，G242，B238）。

（9）在图表中选中"垂直（值）轴 主要网格线"，设置"线条"为"实线"，颜色设置为黑色

（R0，G0，B0）。

（10）另存文件为"S4-3-4.xlsx"。

5. 制作组合图

根据4-3-5.xlsx文件中的"组合图"工作表创建如图4-12所示效果的组合图。

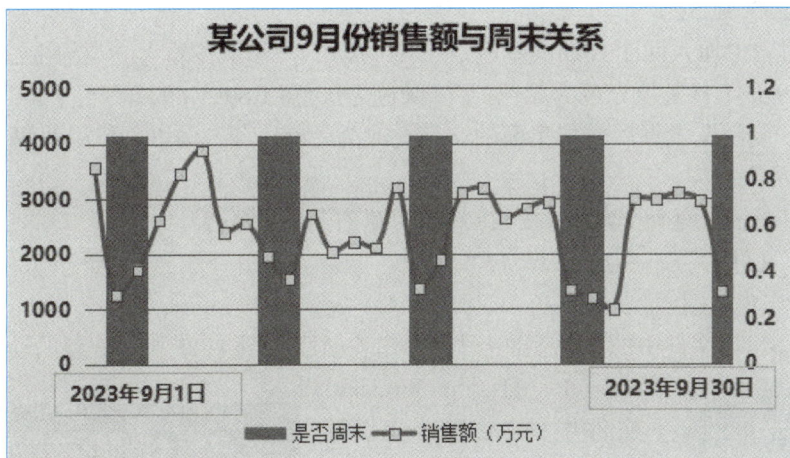

图4-12 某公司9月份销售额与周末关系

（1）打开4-3-5.xlsx文件中的"组合图"工作表，选中A2：C32区域，插入组合图，在组合图对话框中设置系列名称"销售额"的图表类型为"带数据标记的折线图"，设置系列名称"是否周末"的图表类型为"簇状柱形图"并勾选"次坐标轴"选项，单击"插入图表"按钮。

（2）在图表中选中"图表标题"，更改为"某公司9月份销售额与周末关系"，更改图表标题字样为微软雅黑，字号为14，字体颜色为灰色（R64，G64，B64），加粗。

（3）在图表中选中系列"是否周末"柱状图，单击菜单"图表工具"→"设置格式"：

① 设置"系列"选项下"系列选项"中"分类间距"为0%。

② 设置纯色填充，颜色设置为灰色（R126，G132，B130）。

（4）在图表中选中水平（类别）轴，单击"图表工具"→"设置格式"：

① 设置"线条"为"实线"并设置"颜色"为红色（R255，G20，B20）。

② 设置"坐标轴"→"数字"→"类别"为"日期"，设置"类型"为"三"，同时设置字体颜色为淡蓝色（R199，G235，B251）。

（5）在图表中选中"垂直（值）轴"，在右侧的"属性"对话框中设置"坐标轴"→"坐标轴选项"→"单位"→"主要"为"1000"。同时设置字体颜色为灰色（R89，G89，B89），字体为微软雅黑，字号为10，加粗。

（6）在图表中选中"次要垂直（值）轴"，设置字体颜色为灰色（R89，G89，B89），字体为微软雅黑，字号为10，加粗。

（7）在图表中选中系列"销售额（万元）"折线图，单击"图表工具"→"设置格式"：

① 设置"系列"→"系列选项"→勾选"平滑线"。

② 设置"填充与线条"→"线条"→"颜色"为深红色（R183，G97，B95）。

③ 设置"填充与线条"→"标记"→"数据标记选项"→"内置"的"类型"为正方形,颜色为黄色(R254, G217, B97)。

（8）在图表中选中"垂直（值）轴 主要网格线",设置"填充和线条"→"线条"→"纯色填充",颜色设置为红色(R255, G20, B20)。

（9）在图表中选中"图表区",设置"填充和线条"→"填充"→"纯色填充",颜色设置为深红色(R199, G235, B251)。

（10）在图表中加入两个日期文本框。单击"插入"→"文本框"→"横向文本框",在里面输入"2023 年 9 月 1 日",填充色为无色,字体颜色为灰色(R89, G89, B89),字体为微软雅黑,字号为 10,加粗。复制文本框后并把里面的文字更改为"2023 年 9 月 30 日"。把两个文本框拖入水平坐标的起始位置。

（11）选中图表和两个文本框（按住 Ctrl 键）后右击→"组合"。

（12）另存文件为"S4-3-5.xlsx"。

6. 制作动态雷达图

根据 4-3-6.xlsx 文件中的"动态雷达图"工作表创建如图 4-13 所示效果的动态雷达图。

教学资源:

4-3-6.xlsx

（1）打开 4-3-6.xlsx 文件中的"动态雷达图"工作表。

（2）设置 A12 单元格的数据有效性。选中 A12 单元格,单击"数据"→"有效性",在"数据有效性"对话框中把"允许"设置为"序列",在"来源"内输入"1, 2, 3, 4, 5, 6, 7, 8",注意:数字之间的逗号必须在英文状态下输入。

（3）在 A15 单元格内利用 OFFSET( ) 函数获取数据。在 A15 单元格内输入"=OFFSET(A2, $A$12, 0)",利用自动填充手柄获取 B15：G15 区域的数据。此时如果选择 A12 单元格内的数据,B15：G15 区域的数据会相应改变。

（4）选中 B15 单元格,单击"插入"→"图表"→"雷达图"。

（5）更改雷达图的风格。

① 设置"图表区"背景色为灰色(R86, G86, B86)。

② 更改图表标题为"高一（4）班综合能力 PK 雷达图",字体为微软雅黑,字号为 14,加粗,颜色为白色。

③ 删除图例。

④ 选中"分类标签",设置字体为微软雅黑,字号为 12,加粗,颜色为白色。

⑤ 选中"雷达轴（值）轴",设置坐标轴选项中的主要单位为 20。

⑥ 设置"雷达轴（值）轴 主要网格线"颜色为黄色(R254, G230, B149)。

（6）单击"插入"→"窗体"→"组合框",在工作表中拖曳鼠标建立组合框按钮。在组合框

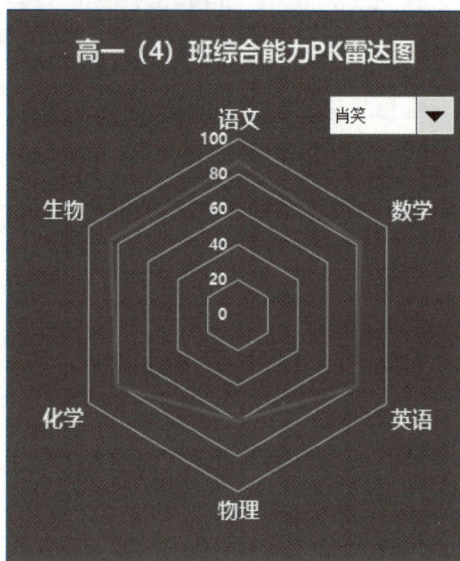

图 4-13 高一（4）班综合能力 PK 雷达图

按钮上右击→"设置对象格式"→"控制"→设置"数据源区域"为"=$A$3：$A$10"，设置"单元格链接"为"=$A$12"，即把组合框按钮与 A12 单元格相关联，最后把组合框按钮拖入雷达图上。此时，雷达图将根据组合框下拉菜单的改变而改变。

（7）选中雷达图和组合框按钮（按住 Ctrl 键）后右击→"组合"。

（8）另存文件为"S4-3-6.xlsx"。

4.4 分类汇总、数据透视表、数据透视图与模拟分析

一、实验目的

1. 熟练运用分类汇总功能。
2. 掌握数据透视表和透视图功能。
3. 熟练运用单变量求解功能。
4. 掌握规划求解功能。

二、实验内容

1. 根据需求运用分类汇总功能对数据进行分析。
2. 利用数据透视表与透视图分析数据。
3. 运用模拟分析中的单变量求解和规划求解功能进行计算数据。

三、实验步骤

1. 分类汇总

（1）打开"4-4-1.xlsx"文件中的"源数据"工作表，创建副本并更改名称为"销售资料"。在"销售资料"工作表中进行以下的操作。

① 将 B 列（"日期"列）中不规范的日期数据修改为可识别的日期格式，数字格式为"January 1, 2014"，并调整 B 列列宽为 20，将数据水平右对齐。

►教学资源：
4-4-1.xlsx

【提示】设置 B2：B117 区域单元格格式类型为"mmmm d!, yyyy"。

② 在 H 列（"产品价格"列）中填入每种产品的价格，具体价格信息可在"产品信息"工作表中查询，并调整为货币格式，货币符号为人民币，保留 0 位小数。

【提示】在 H2 单元格内输入公式：=VLOOKUP（G2，产品信息 !$B$2：$C$26，2，FALSE）。

③ 在 J 列（"订购金额"列）中计算每个订单的金额，公式为"订购金额 = 产品价格 × 订购数量"，并调整为货币格式，货币符号为人民币，保留 0 位小数。

④ 冻结工作表的首行。

（2）简单分类汇总。

① 对 D 列（"销往地区"列）进行排序。

② 对销往地区进行简单分类汇总。在"分类汇总"对话框中将"分类字段"设置为"销往地区"，"汇总方式"设置为"求和"，"选定汇总项"勾选"订购数量"与"订购金额"。

③ 选择 2 级显示方式 [1 2 3] ,此时将只显示汇总结果行,定位可见单元格后复制表格到新建表格"简单分类汇总"中,去除空列并调整列宽,效果如图 4-14 所示。

【提示 1】 删除分类汇总,选中汇总行中任何一个单元格后单击"数据"→"分类汇总"→"全部删除"按钮。

【提示 2】 定位可见单元格,单击"开始"→"查找"→"定位"→"可见单元格"。

	A	B	C
1	销往地区	订购数量	订购金额
2	北美洲 汇总	26988	¥1,188,215
3	南美洲 汇总	5899	¥469,652
4	欧洲 汇总	32928	¥2,142,118
5	亚洲 汇总	30040	¥1,524,000
6	总计	95855	¥5,323,985

图 4-14　销往地区汇总

(3)多级分类汇总。

① 对 D 列("销往地区"列)和 F 列("商品类别"列)进行多条件排序。

② 对销往地区进行分类汇总。在"分类汇总"对话框中将"分类字段"设置为"销往地区","汇总方式"设置为"求和","选定汇总项"勾选"订购数量"与"订购金额"。

③ 对商品类别进行简单分类汇总。在"分类汇总"对话框中将"分类字段"设置为"商品类别","汇总方式"设置为"求和","选定汇总项"勾选"订购数量"与"订购金额"。特别需要注意,应去除"替换当前分类汇总"勾选。

④ 选择 3 级显示方式 [1 2 3 4] ,定位可见单元格后复制到新建表格"多级分类汇总"工作表中,去除空列并调整列宽,效果如图 4-15 所示。

	A	B	C	D
1	销往地区	商品类别	订购数量	订购金额
2		服饰配件 汇总	5519	¥216,304
3		日用品 汇总	12951	¥498,632
4		自行车款 汇总	1293	¥271,161
5		自行车配件 汇总	7225	¥202,118
6	北美洲 汇总		26988	¥1,188,215
7		服饰配件 汇总	1186	¥85,611
8		日用品 汇总	1456	¥87,360
9		自行车款 汇总	1306	¥268,282
10		自行车配件 汇总	1951	¥28,399
11	南美洲 汇总		5899	¥469,652
12		服饰配件 汇总	6364	¥319,449
13		日用品 汇总	17217	¥766,110
14		自行车款 汇总	3366	¥872,110
15		自行车配件 汇总	5981	¥184,449
16	欧洲 汇总		32928	¥2,142,118
17		服饰配件 汇总	6902	¥287,541
18		日用品 汇总	7964	¥304,263
19		自行车款 汇总	2169	¥592,026
20		自行车配件 汇总	13005	¥340,170
21	亚洲 汇总		30040	¥1,524,000
22	总计		95855	¥5,323,985

图 4-15　多级分类汇总

教学资源:
4-4-2.xlsx

(4)另存文件为"S4-4-1.xlsx"。

2. 分类汇总与图表

(1)打开"4-4-2.xlsx"文件中的"生活开销"工作表,在第一行添加表标题"2023年生活开支明细",并根据内容将标题合并居中。将标题设置为幼圆,20号,A2:L15区域套用浅蓝色表格式"样式2"。

（2）将每月各类支出及总支出对应的单元格数据类型都设为"货币"类型,保留0位小数,货币符号为人民币。

（3）通过函数计算每个月的总支出、各个类别月均支出。

在C15单元格内输入公式:=AVERAGE(C3:C14)。

在L3单元格内输入公式:=SUM(C3:K3)。

（4）利用"条件格式"功能,将月单项开支(C3:K14)金额中大于2 000元的数据所在单元格设置为"浅红填充色深红色文本"。

（5）在"生活开销"工作表后面新建一个工作表"按季度汇总",将"2023年生活开支明细"表中A2:K14区域的数据(不带格式)复制到该工作表中,自A1单元格开始存放。

（6）通过分类汇总功能,按季度升序求出每个季度各类开支的月均支出金额,结果数值保留2位小数。在分类汇总对话框中,"分类字段"为"季度","汇总方式"为平均值,"选定汇总项"除去"年月"和"季度"外都勾选。

（7）根据"按季度汇总"工作表中的汇总结果,创建一个带数据标记的折线图,图表标题为"季度开销分析",如图4-16所示。

		年月	季度	服装服饰	饮食	水电气房租	交通	通信	社交应酬	医疗保健	休闲旅游	个人兴趣
	1											
	2	2023年1月	第1季度	1800	1000	2500	580	88	1500	580	1060	350
	3	2023年2月	第1季度	1200	2500	2400	680	99	3200	320	6523	360
	4	2023年3月	第1季度	300	1500	2600	590	88	1850	680	350	350
	5		第1季度 平均值	1100.00	1666.67	2500.00	616.67	91.67	2183.33	526.67	2644.33	353.33
	6	2023年4月	第2季度	500	1200	2800	620	99	600	780	150	450
	7	2023年5月	第2季度	700	1400	2600	520	88	800	980	230	300
	8	2023年6月	第2季度	500	1300	2800	360	88	560	500	320	500
	9		第2季度 平均值	566.67	1300.00	2733.33	500.00	91.67	653.33	753.33	233.33	416.67
	10	2023年7月	第3季度	600	1250	3200	450	99	780	650	7850	350
	11	2023年8月	第3季度	900	1050	3210	302	99	900	820	320	580
	12	2023年9月	第3季度	1100	1030	2870	306	88	850	1020	450	300
	13		第3季度 平均值	866.67	1110.00	3093.33	352.67	95.33	843.33	830.00	2873.33	410.00
	14	2023年10月	第4季度	300	1520	2650	500	88	680	895	1060	350
	15	2023年11月	第4季度	2200	1630	3250	450	88	790	685	253	420
	16	2023年12月	第4季度	300	1650	3025	465	88	2800	650	1650	400
	17		第4季度 平均值	933.33	1600.00	2975.00	421.67	88.00	1423.33	743.33	987.67	390.00
	18		总平均值	866.67	1419.17	2825.42	472.75	91.67	1275.83	713.33	1684.67	392.50

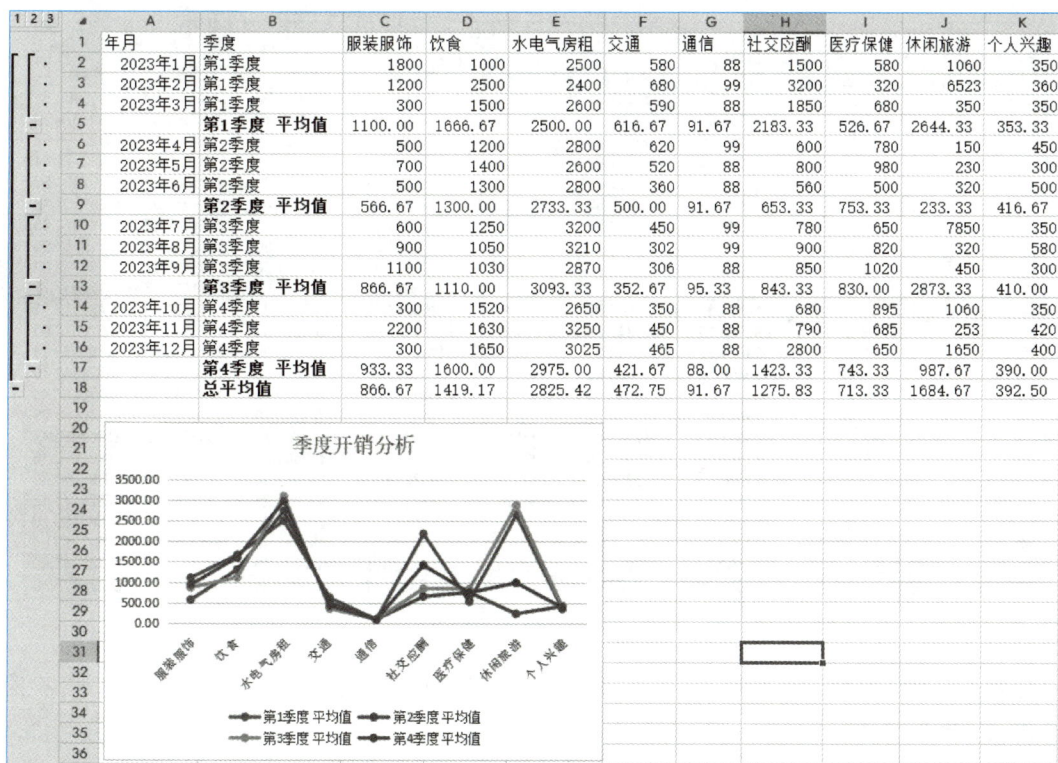

图4-16　分类汇总与图表

【提示】按住Ctrl键同时选中第1、第5、第9、第13、第17行后插入带数据标记的折线图。

（8）保存文件为"S4-4-2.xlsx"。

3. 数据透视表

（1）打开"4-4-3.xlsx"文件，新建"销售透视表"工作表，选中 A1 单元格，单击"数据"→"数据透视表"按钮，单击"请选择单元格区域"后面的"🔲"按钮，在"源数据"工作表内选择 A1:I2441 区域，即输入"'源数据'!$A$1:$I$2441"。设置"请选择设置数据透视表的位置"选项为"现有工作表"，即相当于输入"'销售透视表'!$A$1"。

【提示】选择 A1:I2441 区域，选中 A1 单元格后，按 Shift 键的同时再选择 I2441 单元格。

（2）设置"数据透视表"对话框。把"销售部门"和"所属区域"拖入行内，把"产品类别"拖入列中，把"金额"拖入值中。

（3）数据保留 2 位小数。在数据 C3:I26 范围上右击→选中"单元格格式"→"数字"→"分类"设置为"数值"，即 2 位小数。

（4）按销售部门排列顺序。选中"一科"单元格后上移到"二科"单元格上方。

（5）把销售部门居中显示。选中数据透视表，单击"分析"→"选项"→"布局和格式"→勾选"合并且居中排列带标签的单元格"选项。

（6）显示汇总数据行。选中数据透视表，单击"设计"→"报表布局"→"以表格形式显示"命令，如图 4-17 所示。

	A	B	C	D	E	F	G	H	I
1	求和项:金额		产品类别						
2	销售部门	所属区域	彩盒	宠物用品	服装	警告标	暖靴	睡袋	总计
3		常德	570531.34	1056917.31	284896.98	261861.05	322512.93	3038688.97	5535408.58
4		娄底	598597.01	781395.23	481148.67	48203.89	90265.45	2907469.07	4907079.32
5	一科	永州	810155.40	80681.05	49975.68	210121.61	1556724.75	714608.12	3422266.62
6		岳阳	89019.18	410514.62		358302.20		2124936.05	2982772.04
7		长沙	362796.18	133683.48		48255.81	191800.73	25468.38	762004.57
8	一科 汇总		2431099.12	2463191.68	816021.33	926744.56	2161303.86	8811170.59	17609531.13
9		常德	14504.19	103.86		21503.32		74947.47	111058.85
10	二科	娄底				3024.28	103.86	16525.82	19653.95
11		永州				77901.87	85851.58	105493.37	269246.82
12		岳阳				667.64		21685.07	22352.72
13	二科 汇总		14504.19	103.86		103097.12	85955.44	218651.73	422312.33
14		常德	269999.50	1089040.77	33499.70	1014285.85	601234.31	1570513.73	4578573.85
15		娄底	521024.62	1330414.94	91498.36	1040493.50	487374.99	1411166.99	4881973.41
16	三科	永州	2159436.86	2155628.80	398118.37	2595906.32	2026813.83	1388438.52	10724342.70
17		岳阳	415467.35	228315.80		543792.71	272967.79	1215943.76	2676487.41
18		长沙	73643.62	538834.54		147530.71	273976.36	1106672.83	2140658.05
19	三科 汇总		3439571.95	5342234.85	523116.43	5342009.08	3662367.27	6692735.83	25002035.42
20		常德	374568.86	1154941.76	26157.40		419561.06	1625851.10	3601080.18
21		娄底	2083644.12	222718.57		233889.51	130682.41	427919.79	3098854.39
22	四科	永州	597976.92	162460.00	255866.42	737252.13	957057.23	217860.39	2928473.10
23		岳阳	695049.89	523584.85			270352.73	96168.31	1585155.78
24		长沙	554269.33	149248.07		680083.11	830818.35	1313364.77	3527783.64
25	四科 汇总		4305509.12	2212953.26	282023.82	1651224.75	2608471.78	3681164.36	14741347.09
26	总计		10190684.38	10018483.64	1621161.58	8023075.51	8518098.34	19403722.51	57775225.98

图 4-17 销售透视表

注意：如果想去除汇总行数据，则选中数据透视表，单击"设计"→"分类汇总"→"不显示分类汇总"命令即可。

（7）另存文件为"S4-4-3.xlsx"。

4. 数据透视表和透视图

（1）打开"4-4-4.xlsx"文件中的"源数据"工作表，创建副本并更改名称为"课时费"，创建如图 4-18 所示效果。

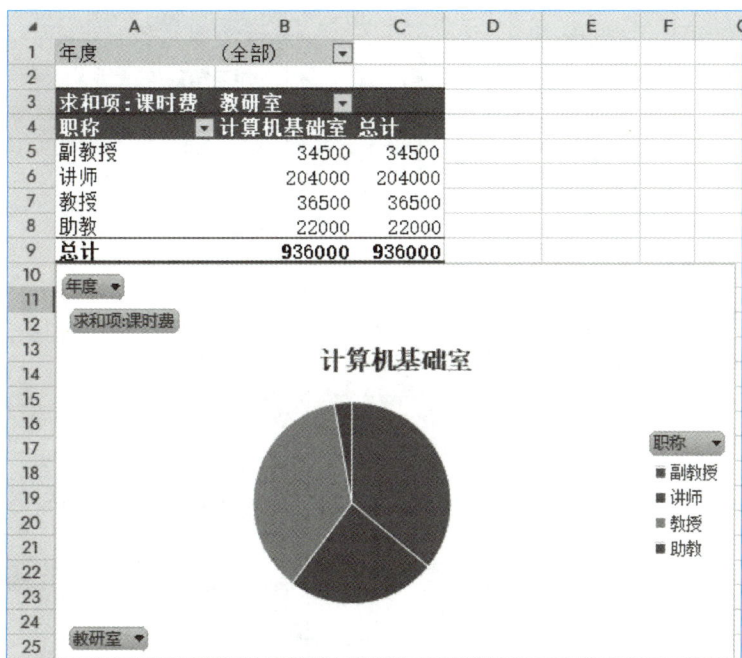

图 4-18 计算机基础室透视表和透视图

（2）将"课时费"工作表标签颜色更改为红色,将第一行根据表格情况合并居中,并设置为华文行楷,18 号,使其成为该工作表的标题。对 A2:I22 区域套用表格样式橙色"样式 7"。前 6 列对齐方式设为居中;其余与数值和金额有关的列,字段名称为居中,值为右对齐,学时数为数值型整数,课时费为人民币样式并保留 2 位小数。

（3）利用自动填充功能输入"课时费"工作表中 A 列序号,格式为 001,002,…。

（4）输入"课时费"工作表中的 F 至 I 列中的数据,其中 G、H、I 列中的空白内容必须采用公式或函数计算结果。

① 根据"教师基本信息"工作表和"课时费标准"工作表计算"职称"和"课时标准"列内容。

【提示】建议对"授课信息表"中的数据按姓名排序,并通过 VLOOKUP 查询"课程基本信息"表获得相应的值。

在 F3 单元格中输入公式:=VLOOKUP（E3,教师基本信息 !$D$3: $E$22, 2, FALSE）。

在 G3 单元格中输入公式:=VLOOKUP（F3,课时费标准 !$A$3: $B$6, 2, FALSE）。

② 根据"授课信息表"和"课程基本信息"工作表计算"学时数"列内容,最后完成"课时费"列的计算。

【提示】在 H3 单元格中输入公式:

=SUMIF（授课信息表 !$D$3: $D$72, E3,授课信息表 !$F$3: $F$72）。

在 I3 单元格中输入公式:=G3*H3。

（5）为"课时费"工作表创建一个数据透视表,保存在新工作表"数据透视"中。其中报表筛选条件为"年度",列标签为"教研室",行标签为"职称",求和项为"课时费",如图 4-19 所示。

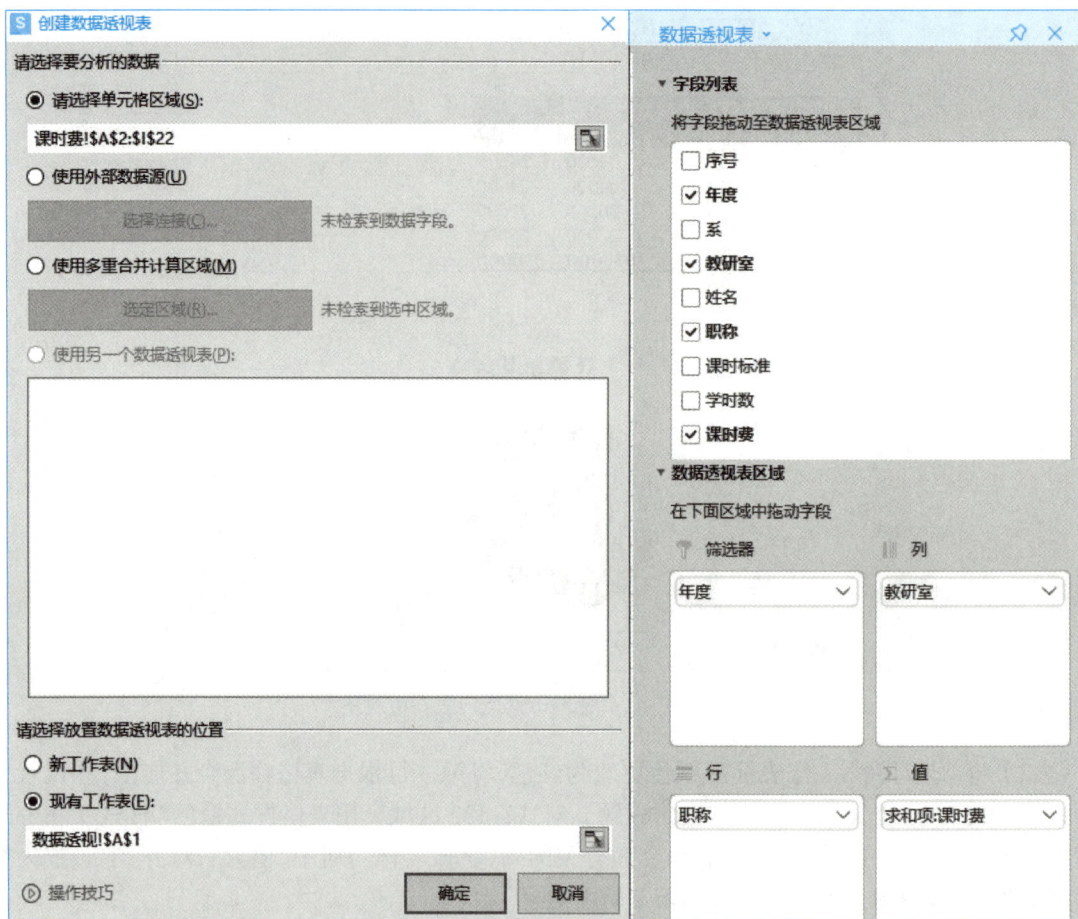

图 4-19　数据透视表对话框设置图

（6）在该透视表下方的 A12∶F25 区域内插入一个饼图,显示计算机基础室课时费与职称的分布情况。饼图标题为"计算机基础室"。

【提示】选中 A1∶C9 区域后插入饼图即可。

（7）另存文件为"S4-4-4.xlsx"。

5. 模拟分析

（1）单变量求解——期末成绩。

假设一门课程的总评成绩由平时成绩 ×40%+ 期末成绩 ×60% 构成,已知平时成绩为 85 分,如果不想挂科,即总评成绩为 60 分,那么期末成绩至少需要考到多少分。

① 建立总评成绩、平时成绩和期末成绩三个变量关系的工作表。打开"4-4-5.xlsx"文件中的"单变量求解"工作表,在 E3 单元格内输入公式:=E1*40%+E2*60%。

② 三个变量中,已知两个变量求解另一个变量,可利用单变量求解功能。单击"数据"→"模拟分析"→"单变量求解",设置"目标单元格"为"$E$3"即总评成绩,设置"目标值"为"60",设置"可变单元格"为"$E$2"即期末成绩。

教学资源∶

4-4-5.xlsx

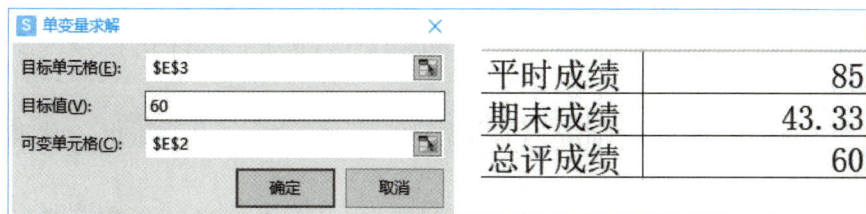

图 4-20　单变量求解——期末成绩

③ 结论：如果平时成绩为 85 分，要想获得总评成绩为 60 分，则期末至少需要考到 43.33 分，如图 4-20 所示。

（2）单变量求解——可贷款额。

假设一个职工需要贷款买房，自己年偿还额为 10 万元，咨询银行后，目前年利率为 4.50%，打算贷款 15 年，那么银行可以给该职工贷款多少钱？

① 建立变量之间关系的工作表，利用年利率、贷款年限和可贷款额三个变量计算出可贷款额一个变量，四个变量之间的换算关系使用 PMT（）函数。打开"4-4-5.xlsx"文件中的"单变量求解"工作表，在 B2 单元格内输入公式：=-PMT（B1，B3，B4）。

② 利用模拟分析中的单变量求解可贷款额。单击"数据"→"模拟分析"→"单变量求解"，设置"目标单元格"为"$B$2"即年偿还额，设置"目标值"为"10"，设置"可变单元格"为"$B$4"即可贷款额。

③ 结论：年利率为 4.50%、贷款 15 年，如果每年有 10 万元的偿还能力，银行可以给贷款 107.395 457 万元，如图 4-21 所示。

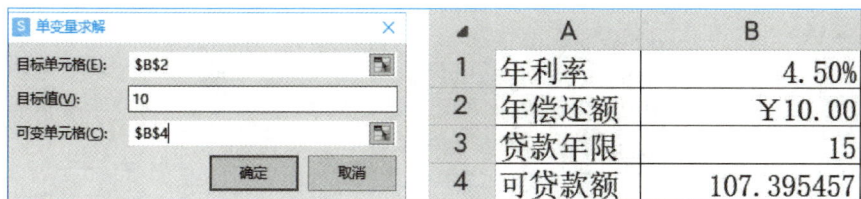

图 4-21　单变量求解——可贷款额

（3）规划求解。

某会计师事务所承担了三家企业的审计任务，要将三位审计员分别派去三家企业，由于这三位审计员的经验与专长不同，他们所需要的天数各不相同，具体数据如图所示，要求找到最佳人员派出方案，使得所需审计总天数达到最少。

① 建立三家企业和三位审计员之间的数据关系表，如图 4-22 所示。

图 4-22　审计员与企业数据关系

② 打开 "4-4-5.xlsx" 文件中 "规划求解" 工作表,利用 SUMPRODUCT( ) 函数求解目标单元格内数值,在 C13 单元格内输入公式: =SUMPRODUCT(C2 : E4, C8 : E10)。

③ 建立约束条件。

约束条件一: C8 : E10 区域单元格内的数据只能是 1 或者 0,1 代表派出,0 代表不派出,即规定 C8 : E10 区域单元格内只能出现二进制。

约束条件二: 纵向灰色单元格内数值和都只能为 1。利用 SUM( ) 函数求解 C2 : C4 区域、D2 : D4 区域、E2 : E4 区域的数值和只能为 1,即一家企业只能派去一位审计员,在 C11 单元格内输入公式: =SUM(C8 : C10)。

约束条件三: 横向灰色单元格内数值和都只能为 1。利用 SUM( ) 函数求解 C2 : E4 区域、C3 : E3 区域、C4 : E4 区域内的数值和只能为 1,即一位审计员只能派去一家企业,在 F8 单元格内输入公式: =SUM(C8 : E8)。

④ 设置规划求解对话框中的各项参数。单击 "数据" → "模拟分析" → "规划求解","设置目标" 设置为 "$C$13";"通过更改可变单元格" 设置为 "$C$8 : $E$10";添加 "遵守约束" 条件,如图 4-23 所示设置参数。

图 4-23　规划求解——添加约束条件

⑤ 结论:将审计员 1 派去企业 2,将审计员 2 派去企业 1,将审计员 3 派去企业 3,这样就可以使得所需审计总天数达到最少的 64 天。

（4）另存文件为 "S4-4-5.xlsx"。

4.5　综合案例

一、实验目的

熟练运用各种数据输入技巧、函数的使用、图表的美化、分类汇总、数据透视表、透视图等功能。

二、实验内容

1. 运用函数输入数据：MID（）、SUMIF（）、SUMIFS（）、AVERAGEIF（）、ISODD（）、IF（）、TEXT（）、LETT（）、RIGHT（）、FIND（）、LEN（）、SEARCH（）、REPLACE（）、OFFSET（）、VLOOKUP（）等。

2. 分类汇总与图表结合使用图表制作。

3. 利用透视表与透视图分析数据。

4. 利用透视表与图表分析数据。

三、实验步骤

1. 综合案例一：利用函数输入数据案例

（1）打开"4-5-1.xlsx"文件中的"利用函数录入数据"工作表。

（2）利用自动填充手柄输入"序号"列数据。

（3）利用 MID（）函数输入"班级"列数据，班级号是学号列的第 8 位。

教学资源：

4-5-1.xlsx

（4）利用 MID（）函数从身份证数据列中提取出生年月日，数据显示类型为"****/**/**"。

【提示】

在 F2 单元格中输入公式：=MID（E2,7,4）&"/"&MID（E2,11,2）&"/"&MID（E2,13,2）。

（5）利用 ISODD（）函数、MID（）函数、IF（）函数从"身份证"数据列中提取性别，身份证中第 17 位代表性别，奇数为男，偶数为女。

【提示】在 G2 单元格内输入公式：=IF（ISODD（MID（E2,17,1）），" 男 "," 女 "）。

（6）利用 TEXT（）函数从"出生年月日"列求出在星期几出生。

【提示】在 H2 单元格内输入公式：=TEXT（F2, "aaaa"）。

（7）利用 LEFT（）函数、RIGHT（）函数、SEARCH（）函数、LEN（）函数从"籍贯"列求出"省份"列、"县区"列。

【提示】在 J2 单元格内输入公式：=LEFT（I2,SEARCH（" 省 ",I2））。

在 L2 单元格内输入公式：=RIGHT（I2,LEN（I2）–FIND（" 市 ",I2））。

（8）利用 MID（）函数、FIND（）函数从"籍贯"列求出"州市"列。

在 K2 单元格内输入公式：=MID（I2,FIND（" 省 ",I2）+1,FIND（" 市 ",I2）–FIND（" 省 ",I2））。

（9）利用 REPLACE（）函数将"联系电话"列中第 4 位到第 7 位用 * 号代替。

【提示】在 N2 单元格内输入公式：=REPLACE（M2,4,4, "****"）。

（10）另存文件为"S4-5-1.xlsx"。

2. 综合案例二：动态柱形图制作案例

根据 4-5-2.xlsx 文件中的"动态柱形图"工作表创建如图 4-24 所示效果。

（1）打开"图表制作 .xlsx"文件中的"动态柱形图"工作表，制作如"动态柱形图"所示效果。

教学资源：

4-5-2.xlsx

（2）设置 A9 单元格的数据有效性。选中 A9 单元格，单击"数据"→"有效性"，在"数据有效性"对话框中把"允许"设置为"序

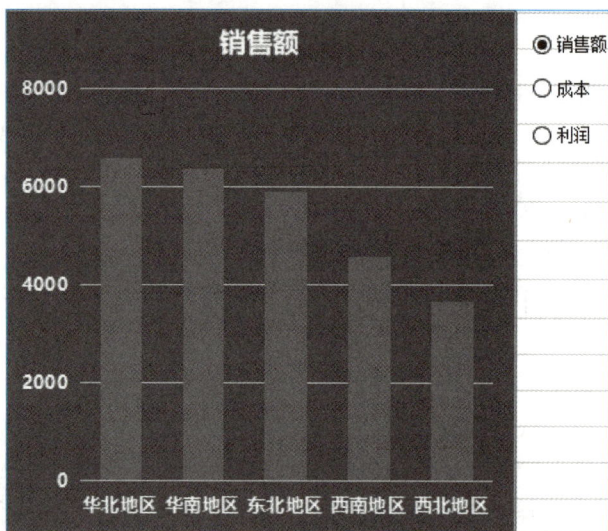

图 4-24   动态柱形图

列",在"来源"内输入"1,2,3"。注意:数字之间的逗号必须在英文状态下输入。

（3）在 B11 单元格内利用 OFFSET（）函数获取数据。在 B11 单元格内输入"=OFFSET（A2,0,$A$9）",利用自动填充手柄获取 B12:B16 区域的数据。此时如果选择 A9 单元格内的数据,B11:B16 区域的数据会相应改变。

（4）选中 B11 单元格,单击"插入"→"全部图表"→"柱形图"。

（5）更改柱形图的风格,如图 4-24 所示。

① 删除图例。

② 设置图表区背景色为灰色（R86,G86,B86）。

③ 设置"垂直（值）轴 主要网格线"颜色为黄色（R255,G192,B10）。

④ 设置"垂直（值）轴"字体为微软雅黑,字号 10,加粗,颜色为白色。坐标轴选项的主要单位设为 2 000。

⑤ 设置"水平（值）轴"字体为微软雅黑,字号 10,加粗,颜色为白色。线条颜色为黄色（R255,G192,B10）。

⑥ 设置系列柱状图的分类间距为 100%,颜色为蓝色（R72,G116,B203）。

（6）单击"插入"→"窗体"→"选项按钮",在工作表中拖曳鼠标创建按钮并修改名称为"销售额",在按钮上右击→"设置对象格式"→"控制"→"单元格链接"为"=$A$9",即把按钮与 A9 单元格相关联。同理制作"成本"按钮和"利润"按钮。把三个按钮排列整齐。此时,柱状图将根据单选按钮的改变而改变。

（7）选中柱形图和选项按钮（按住 Ctrl 键）后右击→"组合"。

（8）另存文件为"S4-5-2.xlsx"。

3. 综合案例三:函数、条件格式、分类汇总、条形图

（1）打开"4-5-3.xlsx"文件中的"期末成绩"工作表,制作如图 4-25 所示效果。

教学资源:

4-5-3.xlsx

1 2 3		A	B	C	D	E	F	G	H	I	J	K	L
	1	学号	姓名	班级	数学	语文	英语	物理	化学	政治	历史	总分	平均分
	2	20230104	杜凯雄	01	112.00	110.00	114.00	64.00	48.00	58.00	59.00	565.00	80.71
	3	20230103	齐飞	01	112.00	103.00	105.00	62.00	43.00	56.00	52.00	533.00	76.14
	4	20230105	苏放	01	97.00	96.00	86.00	52.00	42.00	56.00	52.00	481.00	68.71
	5			01 平均值	107.00	103.00	101.67	59.33	44.33	56.67	54.33		
	6	20230203	孙冬旭	02	120.00	112.00	108.00	70.00	48.00	56.00	58.00	572.00	81.71
	7	20230206	李小北	02	115.00	112.00	114.00	63.00	49.00	60.00	58.00	571.00	81.57
	8	20230204	刘康	02	96.00	98.00	102.00	68.00	50.00	59.00	58.00	531.00	75.86
	9	20230201	刘东明	02	102.00	103.00	112.00	70.00	50.00	60.00	54.00	551.00	78.71
	10	20230202	孙玉玲	02	86.00	98.00	85.00	62.00	41.00	57.00	54.00	483.00	69.00
	11			02 平均值	103.80	104.60	104.20	66.60	47.60	58.40	56.40		
	12	20230305	杨万年	03	119.00	108.00	117.00	69.00	50.00	60.00	60.00	583.00	83.29
	13	20230301	李佳林	03	112.00	98.00	87.00	56.00	32.00	58.00	56.00	499.00	71.29
	14	20230306	胡一杨	03	98.00	100.00	99.00	62.00	45.00	60.00	46.00	510.00	72.86
	15	20230302	李娜	03	89.00	95.00	95.00	62.00	42.00	52.00	56.00	491.00	70.14
	16	20230304	倪冬声	03	78.00	88.00	76.00	56.00	41.00	52.00	53.00	444.00	63.43
	17			03 平均值	99.20	97.80	94.80	61.00	42.00	56.40	54.20		
	18			总平均值	102.77	101.62	100.00	62.77	44.69	57.23	55.08		

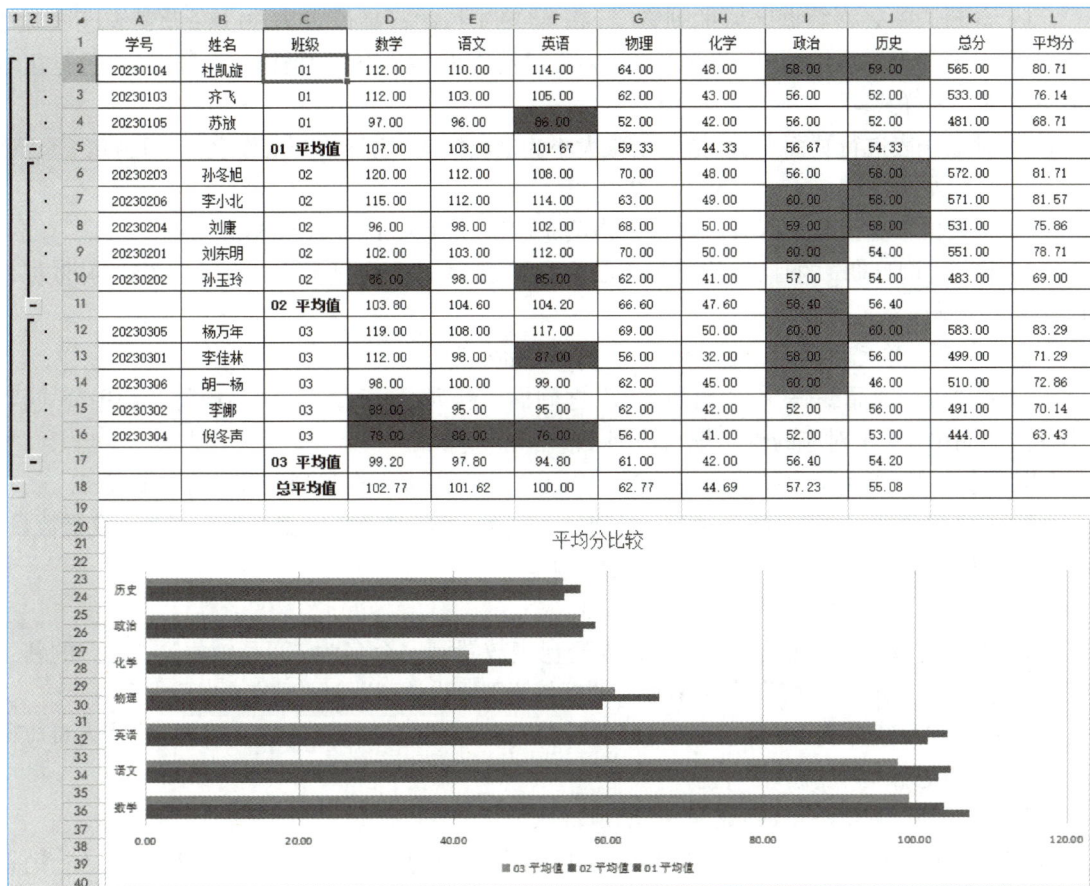

图 4-25 学生平均分比较图

（2）利用"条件格式"功能进行下列设置：将数学、语文和英语科目中低于90分的成绩所在的单元格以红色填充，政治和历史科目中大于或等于58分的成绩以绿色填充。

（3）将第一列"学号"的格式设置为文本，设置成绩 D 到 L 列为保留两位小数的数值。设置数据区域行高为 20、列宽为 10，为数据区域设置所有框线，文字水平居中对齐。

（4）利用 SUM（）和 AVERAGE（）函数计算每一个学生的总分以及平均成绩。

（5）学号列的第 5 位和第 6 位是班级，请使用函数，根据学号列内容提取班级号，填入 C 列对应单元格中。

【提示】在 C3 单元格内输入公式：=MID（A2，5，2）。

（6）通过分类汇总功能求出每个班各科的平均成绩，并将每组结果分页显示。

（7）创建一个簇状条形图，对每个班各科平均成绩进行比较，图表标题为"平均分比较"，将图表存放在 A20：L40 单元格中。

（8）将期末成绩工作标签颜色设置为紫色，删除其他工作表。

（9）另存文件为"S4-5-3.xlsx"。

4. 综合案例四：表格美化、数据录入、数据透视表、透视图

（1）打开"4-5-4.xlsx"文件中的"销售情况表"工作表。

▶ 教学资源：

4-5-4.xlsx

（2）自动调整表格数据区域的列宽、行高,将第 1 行的行高设置为 30 磅;设置表区域各单元格内容水平垂直均居中、并更改文本"龙兴公司销售表"的字体为楷体、20 号字;将数据区域套用表样式"表样式 4"。

（3）对工作表进行页面设置,指定纸张大小为 A4、横向,调整整个工作表为 1 页宽、1 页高,并在整个页面水平居中。

（4）将表格数据区域中所有空白单元格填充数字 0。（共 11 个单元格。）

（5）将"咨询日期"的月、日均显示为 2 位,如"2014/1/5"应显示为"2014/01/05",并依据日期、时间先后顺序对工作表排序。

【提示】设置单元格格式"自定义"为"yyyy/mm/dd"。

（6）在"咨询商品编码"与"预购类型"之间插入新列,列标题为"商品单价",利用公式,将工作表"商品单价"中对应的价格填入该列。

【提示】在 F3 单元格内输入公式:=VLOOKUP（E3,商品单价 !$A$3：$B$7,2,FALSE）。

（7）在"成交数量"与"销售经理"之间插入新列,列标题为"成交金额",根据"成交数量"和"商品单价",利用公式计算并填入"成交金额"。

【提示】在 J3 单元格内输入公式:=I3*F3。

（8）为销售数据插入数据透视表,数据透视表放置到一个名为"商品销售透视表"的新工作表中,透视表行标签为"咨询商品编码",列标签为"预购类型",对"成交金额"求和。

（9）打开"月统计表"工作表,利用公式计算每位销售经理每月的成交金额,并填入对应位置,同时计算"总和"列、"总计"行。

【提示】使用 SUMIFS（）函数和 SUM（）函数。

在 B3 单元格内输入公式:=SUMIFS（销售情况表 !J3：J33,销售情况表 !K3：K33,A3,销售情况表 !C3：C33,">=2014/01/01",销售情况表 !C3：C33,"<=2014/01/31"）。

在 C3 单元格内输入公式:=SUMIFS（销售情况表 !J3：J33,销售情况表 !K3：K33,A3,销售情况表 !C3：C33,">=2014/02/01",销售情况表 !C3：C33,"<=2014/02/28"）。

在 D3 单元格内输入公式:=SUMIFS（销售情况表 !J3：J33,销售情况表 !K3：K33,A3,销售情况表 !C3：C33,">=2014/03/01",销售情况表 !C3：C33,"<=2014/03/31"）。

（10）在工作表"月统计表"的 G3：M20 区域中,插入"销售经理成交统计表"数据对应的簇状条形图,采用样式 2。

（11）另存文件为"S4-5-4.xlsx"。

5. 综合案例五: 函数与透视表

教学资源:
4-5-5.xlsx

（1）打开"4-5-5.xlsx"文件中的"档案"工作表。

（2）请对"档案"工作表进行格式调整,将所有工资列设为保留两位小数的数值,将所有行高设置为 17。

（3）根据身份证号,请在"档案"工作表的"出生日期"列中,使用 MID（）函数提取员工出生日期（格式显示样例: 1979 年 07 月 22 日）,将该列的列宽设置为 17。

（4）根据入职时间,请在"档案"工作表的"工龄"列中,使用 TODAY（）函数和 INT（）函数计算员工的工龄,工作满一年才计入工龄。

【提示】在 J3 单元格内输入公式:=INT（（TODAY（）-I3）/365）。

（5）引用"工龄工资"工作表中的数据来计算"档案"工作表员工的工龄工资,在 L3 单元格中输入公式:=J3*工龄工资!$B$3,在"基础工资"列中,计算每个人的基础工资。（基础工资 = 基本工资 + 工龄工资。）

（6）根据"档案"工作表中的工资数据,统计所有人的基础工资总额,并将其填写在"统计"工作表的 B2 单元格中。

【提示】在 B2 单元格内输入公式:=SUM（"档案"!M3:M31）。

（7）根据"档案"工作表中的工资数据,统计职务为项目经理的基本工资总额,并将其填写在"统计"工作表的 B3 单元格中。

【提示】在 B3 单元格内输入公式:=SUMIF（"档案"!E3:E31,"档案"!E7,"档案"!M3:M31）。

（8）根据"档案"工作表中的数据,统计东方公司本科生平均基本工资,并将其填写在"统计"工作表的 B4 单元格中,结果数值型保留两位小数。

【提示】在 B4 单元格内输入公式:=AVERAGEIF（"档案"!H3:H31,"档案"!H30,"档案"!M3:M31）。

（9）为"档案"工作表插入数据透视表,数据透视表放置到一个名为"数据透视表"的新工作表中,透视表行标签为"职务",计算基础工资的平均值。

（10）另存文件为"S4-5-5.xlsx"。

6. 综合案例六:商业销售数据分析实战案例

（1）打开"4-5-6.xlsx"文件中的"源数据表"工作表,制作出如图所示的数据透视表。

（2）在"2006 年第二季度销售最好的产品前 10 名"工作表中建立如图 4-26 所示的透视表。

注意:选择较长有效数据单元格时,先选中 A1 单元格,横纵拖动滚动条到最后一个单元格,按住 Shift 键的同时单击最后一个单元格。

在新建的透视表对话框中设置如下:

① 在数据透视表对话框中把"到货日期"拖入行内,在 A 列中选择一个日期,在上面右击→"组合",在弹出的组合对话框的"步长"中同时选中"季度"和"年"。

② 在数据透视表对话框的行中把"年"和"到货日期"拖入筛选器内,在筛选器内选中把年这一行筛选为"2006 年",把到货日期这一行筛选为"第二季度"。

③ 在数据透视表对话框中把"产品名称"拖入行中,把"总价"拖入值中。

④ 在数据透视表中选择任何一个产品名称,在上面右击→"筛选"→"前 10 个"。

⑤ 在数据透视表中选择总价列的所有数据,在上面右击→"设置单元格格式"→分类中选择"货币"。

⑥ 在数据透视表中选择总价列的任何一个数据,在上面右击→"排序"→"降序"。

教学资源:4-5-6.xlsx

	A	B
1	年	2006年
2	到货日期	第二季
3		
4	产品名称	求和项:总价
5	绿茶	¥19,130.10
6	白米	¥9,040.20
7	光明奶酪	¥8,200.50
8	鸭肉	¥6,951.12
9	花奶酪	¥5,621.90
10	猪肉干	¥5,278.80
11	牛肉干	¥5,268.00
12	柳橙汁	¥5,158.90
13	桂花糕	¥4,252.50
14	烤肉酱	¥3,965.76
15	总计	¥72,867.78

图 4-26　产品前 10 名汇总

（3）在"2006 年购买力最高的前三家公司"工作表中建立如图 4-27 所示的透视表,并在新建的透视表对话框中完成设置。

① 在数据透视表对话框中把"到货日期"拖入行内,在 A 列中选择一个日期,在上面右击→"组合",在弹出的组合对话框的"步长"中选中"年"。

② 在数据透视表对话框的行中把"年"拖入筛选器内,在筛选器内把年这一行筛选为"全部"。

③ 在数据透视表对话框中把"客户.公司名称"拖入行中,把"总价"拖入值中。

④ 在数据透视表中选择任何一个产品名称,在上面右击→"筛选"→"前 10 个",把数字更改为 3。

⑤ 在数据透视表中选择总价列的所有数据设置为"货币"类型。

⑥ 在数据透视表中选择总价列的数据按降序排序。

	A	B
1	到货日期	(全部)
2		
3	客户.公司名称	求和项:总价
4	高上补习班	¥110,277.30
5	正人资源	¥104,874.98
6	大钰贸易	¥104,361.95
7	总计	¥319,514.23

图 4-27　产品前三家公司汇总

注意: 在数据透视表中如果想知道汇总后数据明细,选中数据后右击→"显示详细信息",此时将产生一个新的数据表,我们就可以再次利用数据透视表进行二次分析,层层分析后可以无限接近业务数据拐点。

（4）在"2006 年销售代表各个季度销售金额汇总"工作表中建立如图 4-28 所示的透视表,并在新建的透视表对话框中完成设置。

	A	B	C	D	E	F
1	年	2006年				
2						
3	求和项:总价	到货日期				
4	销售代表	第一季	第二季	第三季	第四季	总计
5	金士鹏	¥15,108.34	¥14,355.92	¥14,352.57	¥16,006.36	¥59,823.19
6	李芳	¥19,952.45	¥39,901.55	¥12,513.35	¥25,733.94	¥98,101.30
7	刘英玫	¥14,861.15	¥13,140.48	¥10,702.32	¥17,517.75	¥56,221.70
8	孙林	¥6,918.04	¥14,480.80	¥5,397.85	¥15,398.06	¥42,194.75
9	王伟	¥10,837.56	¥20,180.87	¥16,835.10	¥21,808.05	¥69,661.58
10	张雪眉	¥1,132.80	¥3,362.28	¥2,353.80	¥18,595.51	¥25,444.39
11	张颖	¥18,832.35	¥14,249.63	¥31,187.13	¥23,192.45	¥87,461.57
12	赵军	¥10,030.82	¥7,020.67	¥13,327.83	¥10,367.96	¥40,747.29
13	郑建杰	¥41,957.66	¥23,944.04	¥28,095.42	¥27,254.29	¥121,251.42
14	总计	¥139,631.17	¥150,636.26	¥134,765.37	¥175,874.39	¥600,907.19

图 4-28　季度销售金额汇总

① 在数据透视表对话框中把"到货日期"拖入行内,在 A 列中选择一个日期,在上面右击→"组合",在弹出的组合对话框的"步长"中同时选中"年"和"季度"。

② 在数据透视表对话框中把"年"拖入筛选器内,在筛选器内把年这一行筛选为"2006 年"。

③ 在数据透视表对话框中把"到货日期"的季度拖入列中。

④ 在数据透视表对话框中把"销售代表"拖入行中,把"总价"拖入值中。

⑤ 在数据透视表中选择删除所有数据设置为"货币"类型并保留 2 位小数。

（5）另存文件为"S4-5-6.xlsx"。

5.1　创建并美化演示文稿

一、实验目的

1. 熟练掌握演示文稿中幻灯片的基本操作。
2. 掌握设置演示文稿的设计主题效果、幻灯片背景。
3. 掌握幻灯片字体、颜色、字号、段落格式等设置。

二、实验内容

制作"班级春游活动策划书"。

三、实验步骤

制作"班级春游活动策划书"。

（1）打开 WPS 演示，新建演示文稿。

（2）选择"设计"选项卡，单击"更多设计"，在"分类"中选择"小清新、免费"中的"绿色小清新品牌推广方案"方案并单击"应用美化"。

（3）在幻灯片中输入如图 5-1 所示文本，并根据需要将标题调整字体为华文琥珀、字号为48、颜色为标准绿色；将专业和日期的字体调整为幼圆、加粗，字号为24，颜色为标准蓝色，并将文本框位置调整至合适位置，如图 5-1 所示。

（4）保存演示文稿为"班级春游活动策划书 1.pptx"。

图 5-1　设置演示文稿的主题效果

5.2   幻灯片中各种对象的插入与编辑

一、实验目的

1. 掌握在幻灯片中插入表格、图片和剪贴画的方法。
2. 掌握在幻灯片中插入表格的方法。
3. 掌握在幻灯片中插入音频、视频的方法。

二、实验内容

1. 在幻灯片中插入图片，并配文说明活动背景。
2. 在幻灯片中插入表格显示活动组织形式。
3. 在幻灯片中插入智能图形介绍活动流程。
4. 在幻灯片中插入视频或音频。

三、实验步骤

1. 在幻灯片中插入图片，并配文说明活动背景

打开实验 5.1 中的"班级春游活动策划书 1.pptx"，新建一张幻灯片，选择"插入"选项卡，单击"图片"按钮，选择"本地图片"中的"春游 .png"。在幻灯片中添加文本框，输入如图 5-2 所示标题及正文，标题字体设置为微软雅黑，字号 32，加粗，颜色为海洋绿、着色 5、深色 25%，正文设置字体为微软雅黑，字号 20，适当调整文字图片位置如图 5-2 所示。

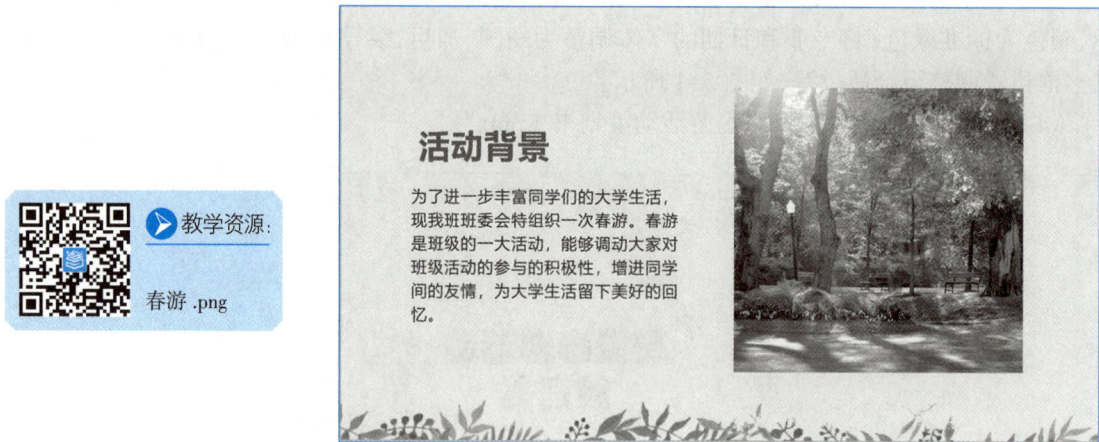

图 5-2   在幻灯片中插入图片

2. 在幻灯片中插入表格显示活动组织形式

新建一张幻灯片，在标题中输入"组织形式"，标题字体设置为微软雅黑，字号 32，加粗，颜色为海洋绿、着色 5、深色 25%；单击占位符中的"插入表格"按钮，打开"插入表格"对话框，设置列数为 2，行数为 4。调整表格大小及位置，在单元格中输入图 5-3 所示文字内容，设置字体

为微软雅黑,字号 18,字体颜色为深蓝;选中整个表格,选择"表格工具"选项卡,表格对齐方式
选择"垂直居中",再选择"开始"选项卡,单击"居中"按钮。

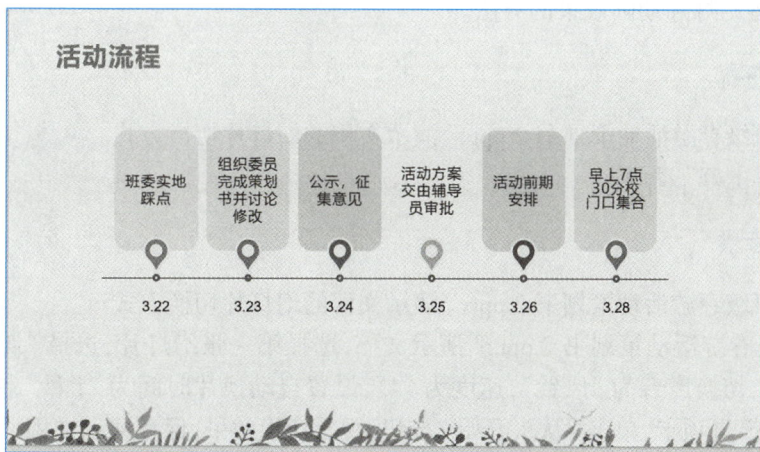

图 5-3　在幻灯片中插入表格

3. 在幻灯片中插入智能图形介绍活动流程

新建一张幻灯片,在标题中输入"活动流程",标题字体设置为微软雅黑,字号 32,加粗,颜
色为海洋绿、着色 5、深色 25%;选择"插入"选项卡,单击"智能图形"按钮,选择图 5-4 所示流
程图模板,并按图 5-4 所示填写流程图相关内容。

图 5-4　在幻灯片中插入智能图形

4. 在幻灯片中插入视频或音频

新建一张幻灯片,选择"插入"选项卡,单击"视频"按钮,选择
需要嵌入的视频"春游 .mp4",选中视频,单击"视频工具"选项卡并
按需要进行视频调整,如图 5-5 所示。插入音频方法类似,读者可参
照视频插入的方法进行操作。

5. 另存演示文稿为"班级春游活动策划书 2.pptx"。

教学资源:

春游 .mp4

图 5-5   在幻灯片中插入视频

5.3   幻灯片切换方式和动画效果的设置

一、实验目的

1. 掌握设置幻灯片切换方式的方法。
2. 掌握设置幻灯片动画效果的方法。

二、实验内容

1. 设置"班级春游活动策划书 2.pptx"演示文稿的幻灯片切换方式。
2. 制作"早上好"动画。

三、实验步骤

1. 设置"班级春游活动策划书 2.pptx"演示文稿的幻灯片切换方式

打开"班级春游活动策划书 2.pptx"演示文稿,选择第一张幻灯片,选择"切换"选项卡,单击"轮辐"方式,切换声音为"风铃",速度为"4",设置自动换片时间为"1 秒",单击"应用到全部";选择"放映"选项卡,单击"从头开始"按钮,观看切换效果,保存演示文稿。

2. 制作"早上好"动画

(1)新建一个空白演示文稿。

(2)删除占位符文本框,在幻灯片中插入"椭圆"形状绘制一个绿色的圆。

(3)为该圆设置两个动作:选中圆,选择"动画"选项卡,在"进入"效果中选择"飞入"选项,设置开始为"在上一动画之后",持续时间为"1.5 秒",单击"动画窗格"按钮,添加效果,选择"退出"效果中的"随机线条"选项,设置开始为"在上一动画之后",持续时间为"1.5 秒"。

(4)复制粘贴这个圆,使幻灯片上有 3 个圆,打开"动画窗格"按钮,可以看到 3 个圆共有 6 个动作。

（5）分别插入"早""上""好"3个艺术字,再分别拖动到3个圆上,如图5-6所示。设置3个艺术字的动画效果为"切入",开始设置为"在上一动画之后",持续时间为"2.5秒"。

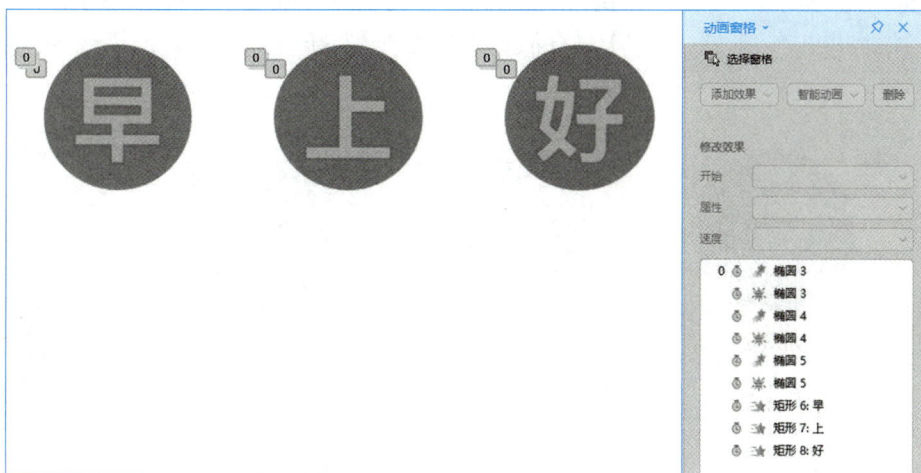

图5-6 "早上好"动画

（6）调整动画顺序,使播放效果为第一个圆升起并消失,"早"字进入,第二个圆升起并消失,"上"字进入,第三个圆升起并消失,"好"字进入,如图5-7所示。

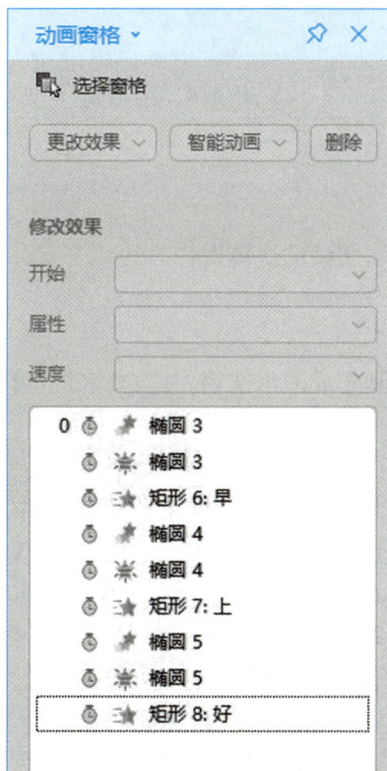

图5-7 调整动画的动作顺序

教学资源:
视频:制作"早
上好"动画

　　（7）在幻灯片中插入五角星形状,复制若干个,设置每个五角星的进入模式为"出现",开始设置为"在上一动画之后",添加"动作路径"为"三角结",开始设置为"与上一动画同时",如图 5-8 所示。

　　（8）另存演示文稿为"早上好 .pptx"。

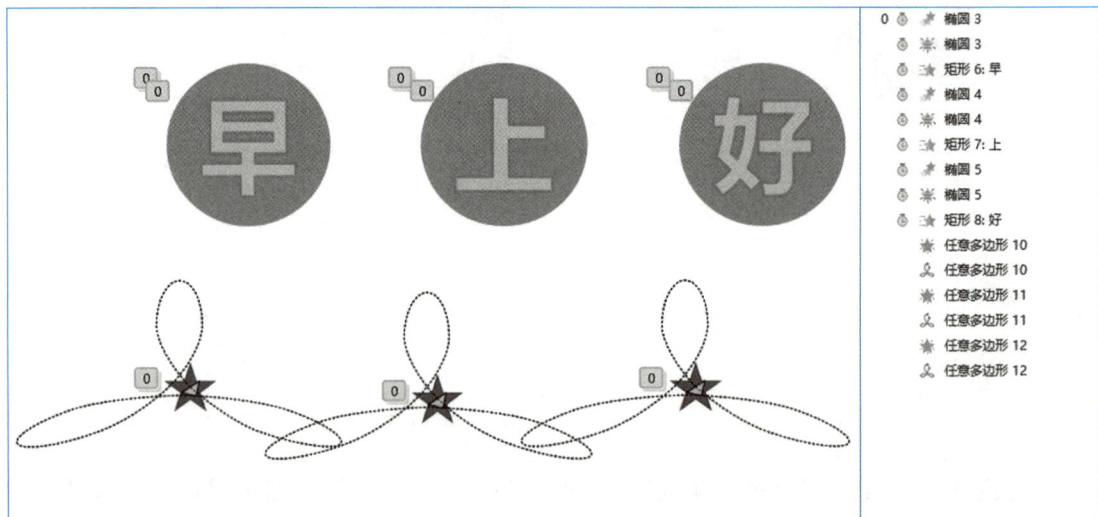

图 5-8　添加动作路径

5.4　将 WPS 文字制作成演示文稿的快捷操作

一、实验目的

掌握将 WPS 文字制作成演示文稿的快捷操作方法。

二、实验内容

根据给定素材将 WPS 文字制作成演示文稿,并按要求进行调整完善。

三、实验步骤

教学资源:
班级春游活动
策划书 .docx

　　1.　打开文档"班级春游活动策划书 .docx",单击文档左上角的"文件"选项卡,找到"输出为 PPT(X)"的命令并单击,选择"极墨空白演示"风格,单击"导出 PPT"。

　　2.　选择"视图"选项卡,单击"幻灯片浏览",可以查看演示文稿全局,如图 5-9 所示。

　3.　演示文稿的优化

（1）选择"设计"选项卡,找到"更多设计",单击"分类"按钮,在"小清新、免费专区"中选择"绿色小清新品牌推广方案",勾选"全选"之后单击"应用美化",如图 5-10 所示。

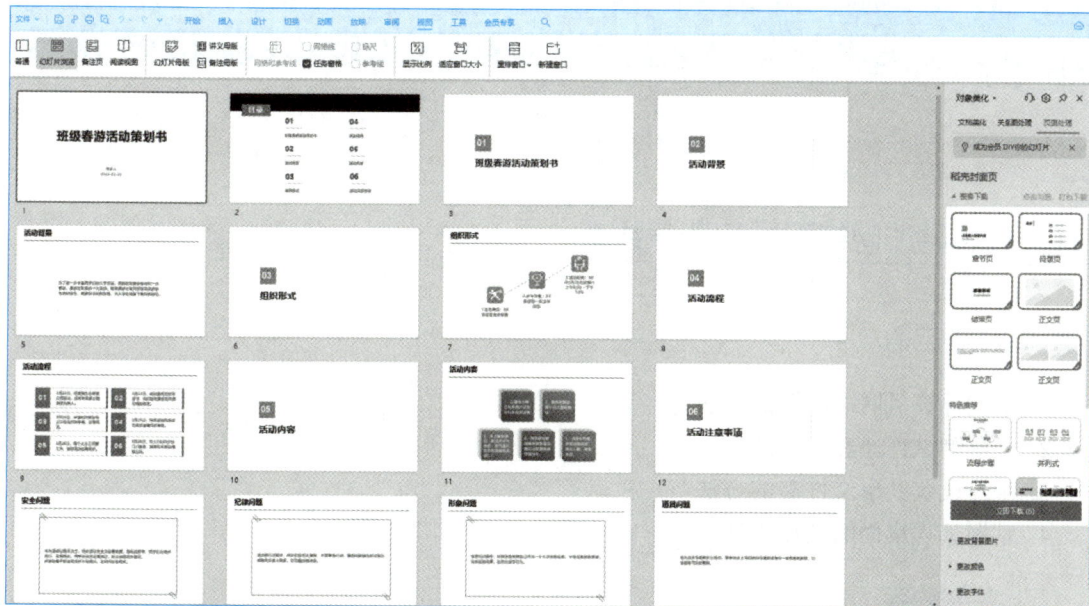

图 5-9　将 WPS 文字快速转换为演示文稿

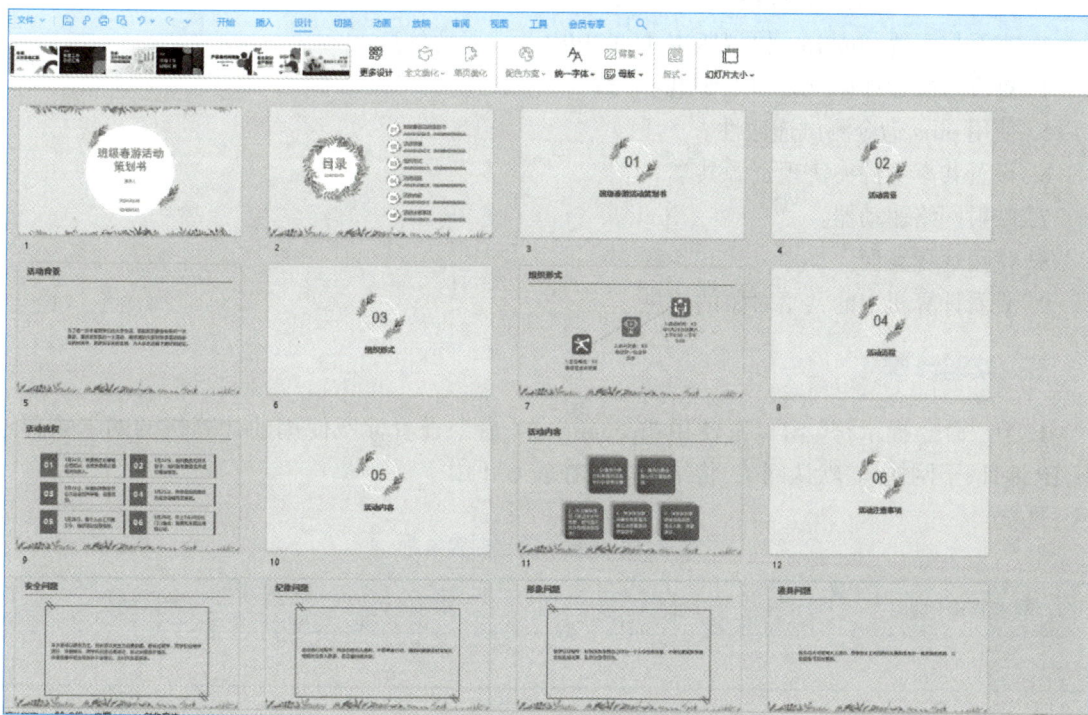

图 5-10　演示文稿的优化

（2）逐页修改瑕疵,按需要调整演示文稿中的内容,优化细节。

（3）另存演示文稿为"班级春游活动策划书 3.pptx"。

第6章 计算机网络与 Internet 应用

6.1 局域网的网络配置和资源共享

一、实验目的

1. 掌握计算机网络配置的方法。
2. 了解测试连通性的方法。
3. 掌握设置共享文件夹的方法。
4. 掌握远程桌面的使用方法。

二、实验内容

1. 查看计算机网络配置信息。
2. 查看"本地连接"属性信息。
3. 查看与配置"Internet 协议版本 4（TCP/IPv4）"属性信息。
4. 查看与配置计算机名和工作组名。
5. 使用 ping 命令测试连通性。
6. 设置共享文件夹实现资源共享。
7. 映射网络驱动器。
8. 使用远程桌面。
9. 查看计算机上的共享对象的信息。

三、实验步骤

1. 在"命令提示符"窗口下使用"ipconfig/all"命令查看你所使用的计算机的网卡物理地址、IP 地址、子网掩码、默认网关，将结果填写在表 6-1 中。

表 6–1 计算机网络配置信息

网卡物理地址	IP 地址	子网掩码	默认网关

【提示】单击"开始"→"Windows 工具"→"命令提示符"命令。

2. 右键单击桌面上的"网络"图标，在弹出的快捷菜单中选择"属性"命令，在打开的窗口中左侧单击"更改适配器设置"链接，右击"以太网"图标，在弹出的快捷菜单中选择"属性"命令，弹出如图 6-1 所示"以太网 属性"对话框。在该对话框的"此连接使用下列项目（O）："列表框内需要列出"Microsoft 网络客户端""Microsoft 网络的文件和打印机共享""Internet 协议版本 4（TCP/IPv4）"三个组件，若缺少某个组件，可以单击"安装"按钮安装所需组件。

3. 选择"Internet 协议版本 4（TCP/IPv4）"选项，单击"属性"按钮，弹出如图 6-2 所示"Internet 协议版本 4（TCP/IPv4）属性"对话框，在该对话框下可以查看和设置本机的 IP 地址等内容。

4. 用鼠标右键单击桌面上的"此电脑"图标，在弹出的快捷菜单中单击"属性"命令，然后在打开的"系统"窗口中单击左侧"高级系统设置"链接，打开"系统属性"对话框。在"系统属性"对话框中单击"计算机名"选项卡，可以查看当前计算机全名和工作组，如图 6-3 所示。

观察结果并填写表 6-2。

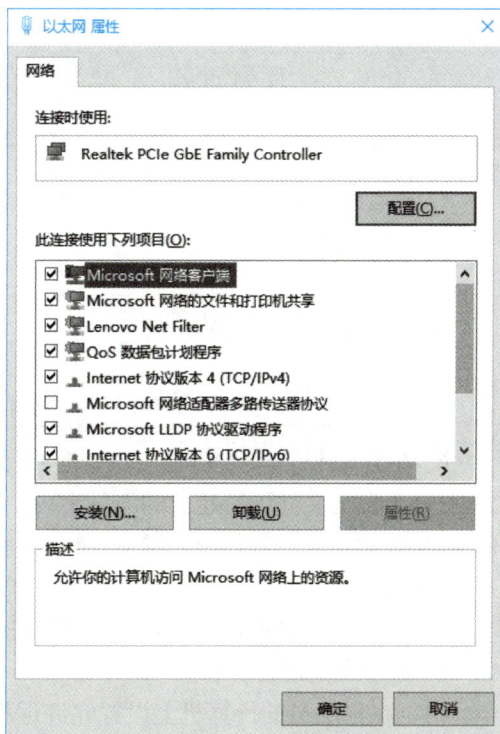

图 6-1 "以太网 属性"对话框

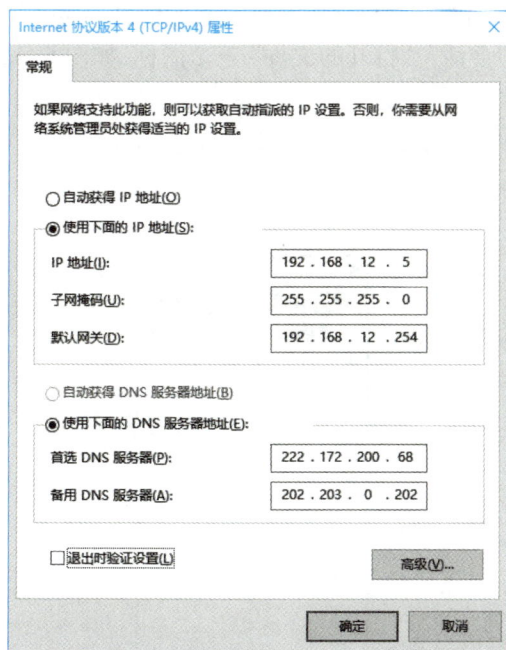

图 6-2 "Internet 协议版本 4（TCP/IPv4）属性"对话框

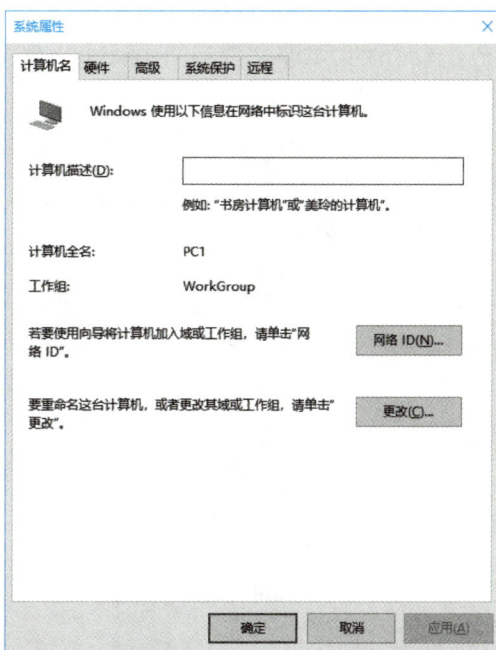

图 6-3 "系统属性"对话框

表 6–2　计算机全名和工作组

计算机全名	工作组

5. 查看你的组员的计算机的 IP 地址，使用 ping 命令测试你们两台计算机之间是否连通。你使用的命令是：

_____。

命令运行后的结果是：

6. 在 D 盘根目录上建立一个以你的姓名命名的文件夹，并复制一个图片文件、一个 Word 文档、一个文本文件到所建立的文件夹内。设置该文件夹为共享，文件夹中的文件能被网络中所有用户访问，并允许其他用户增加、更改或删除其中的内容。用你组员的计算机访问该共享文件夹，你也可以访问你组员的共享文件夹。

7. 将你组员计算机上的共享文件夹映射成网络驱动器，驱动器号设置为"Z:"。

8. 远程桌面设置。

（1）在你组员的计算机上设置允许远程连接。

（2）在你的计算机上通过"远程桌面连接"工具连接对方，并控制对方的计算机。

9. 右键单击桌面上"此电脑"图标，在弹出的快捷菜单中选择"管理"命令，打开"计算机管理"窗口，使用"计算机管理"控制台，查看你所使用的计算机上的共享对象的信息。展开"系统工具"下的"共享文件夹"图标，会出现"共享""会话""打开的文件"三个图标，如图 6-4 所示。

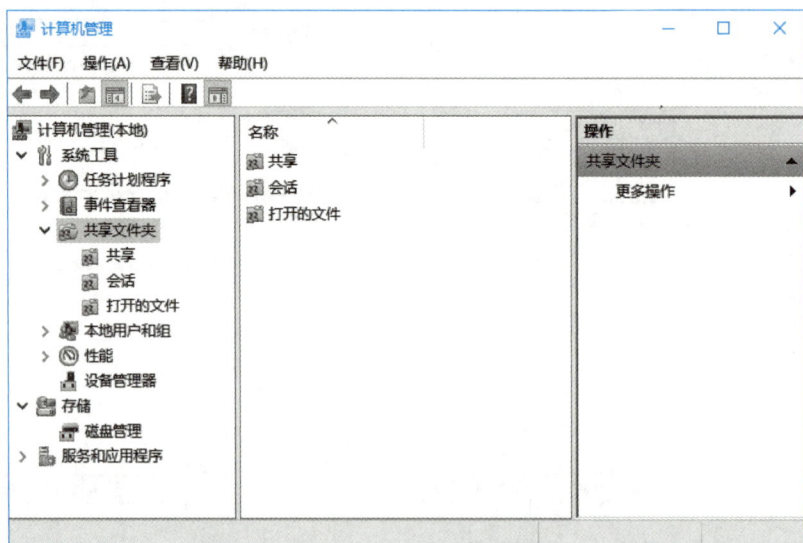

图 6-4　"计算机管理"窗口

（1）单击"共享"图标，填写表6-3。

表6-3　共 享 对 象

共享名	文件夹路径	客户端连接

（2）单击"会话"图标，填写表6-4。

表6-4　会 话 信 息

用户	计算机	打开的文件

（3）单击"打开的文件"图标，填写表6-5。

表6-5　打开的文件

打开的文件	访问者	打开模式

6.2　信息浏览和检索

一、实验目的

1. 掌握 Edge 浏览器的使用方法。
2. 掌握电子邮件的使用方法。
3. 掌握利用搜索引擎检索信息的方法。
4. 掌握期刊论文检索的方法。
5. 熟悉云存储的使用方法。

二、实验内容

1. Edge 浏览器的使用。

2. 电子邮件的使用。

3. 信息检索。

4. 出行路线设计。

5. 期刊论文检索。

6. 云存储的使用。

三、实验步骤

1. Edge 浏览器的使用

（1）访问新浪网主页。

（2）单击"新闻"超链接，打开新闻网页，将网页存储为 .mhtml 文件。

（3）单击"体育"超链接，将体育网页添加到收藏夹。

（4）将百度设置为浏览器的主页。

（5）删除浏览器的历史记录。

2. 电子邮件的使用

很多大型网站提供大空间的免费电子邮件服务，如腾讯、网易、新浪、搜狐等。

邮箱地址的格式为：用户名 @ 邮件服务器域名，例如 username@qq.com。

下面以 QQ 邮箱来操作完成电子邮件的常用功能。

（1）登录或注册 QQ 邮箱。

（2）接收发给你的电子邮件，对邮件进行阅读、回复和删除。

（3）向你的同学发送一封电子邮件，主题为：最近好吗。邮件内容中写几段话，描述自己的学习生活近况。附件为：校园照片 .jpg，附件内容请自己下载添加，参考界面如图 6-5 所示。

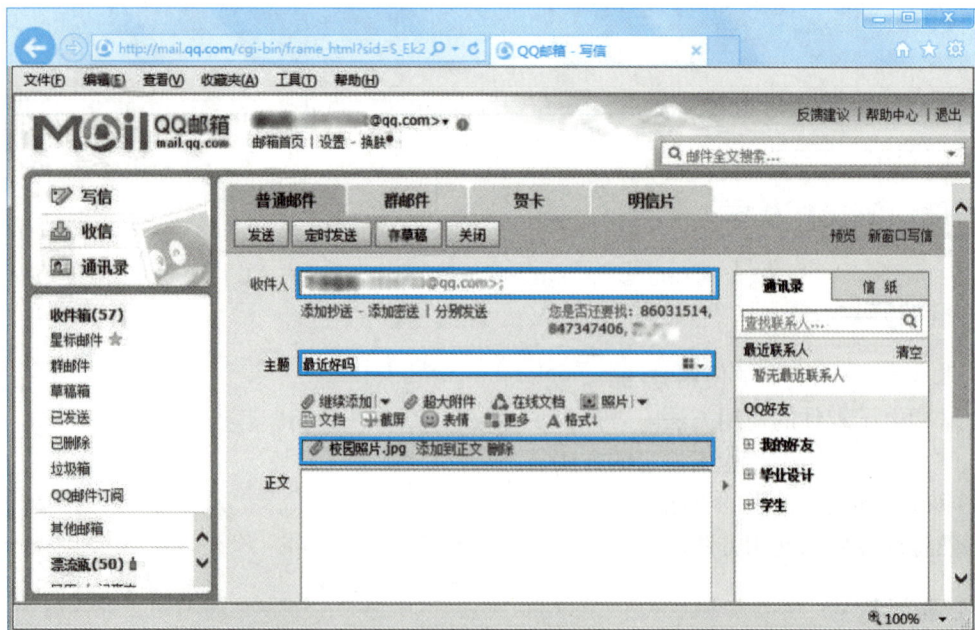

图 6-5　发送电子邮件

3. 信息检索

使用百度搜索引擎完成下列搜索。

（1）根据网站名称搜索网址，并记录在表 6-6 中。

表 6-6 搜 索 网 址

网站名称	URL 地址
中国教育和科研计算机网	
中国研究生招生信息网	
全国计算机等级考试	
清华大学	
昆明理工大学	
昆明学院 ×× 学院（你所在的学院）	

（2）搜索结果中去除指定关键词。

搜索《三国演义》小说方面的网页，但不显示电视剧方面的网页信息。

你输入的搜索关键词为_____。

（3）搜索指定类型的文件。

搜索"中图分类号"的 Word 文档，并下载到本机上查看。

你输入的搜索关键词为_____。

（4）搜索范围限定在网页标题中。

在网页标题中搜索 NCRE（全国计算机等级考试）信息。

你输入的搜索关键词为_____。

（5）搜索范围限定在指定网站中。

从天空下载网站搜索 Photoshop 图像处理软件的下载页面。

你输入的搜索关键词为_____。

4. 出行路线设计

（1）查询从学校到黑龙潭公园的公交及换乘路线。

_____

（2）查询从昆明到上海的火车车次、起始时间、卧铺票价等信息。

_____

（3）如果换乘飞机，查询航班信息、起降时间、票价（次日的最低票价）等信息。

_____

（4）如果某同学的家位于河北省石家庄市石门小区，请为他规划从学校回家的线路。

_____

5. 期刊论文检索

从校园网登录,使用 CNKI(中国知网全文数据库)检索期刊论文。

(1)检索篇名含"人工智能"的论文,按发表时间升序排序。

(2)检索 2024 年《昆明学院学报》的论文。

【提示】先设置刊名为"昆明学院学报",再设置发表年度为"2024"。

(3)检索云南大学的博士、硕士论文。

(4)检索杨义先撰写的关于信息安全的论文。

【提示】先检索作者为"杨义先"的论文,再设置篇名为"信息安全",最后单击"结果中检索"链接,检索结果如图 6-6 所示。

图 6-6　检索结果

(5)检索《计算机学报》期刊中含有"神经网络"关键词的论文,记录下载量最多的论文的篇名和作者。

下载该论文的 CAJ 格式论文到本机上,并用阅读器打开观看。

6. 云存储的使用

使用百度网盘熟悉云存储平台的功能。

(1)登录百度网盘,如没有账号,注册一个新的用户。

(2)上传一张图片到网盘。

(3)新建"学习资料"文件夹。

(4)将实验报告上传到"学习资料"文件夹中。

(5)将实验报告下载到桌面。

(6)将实验报告加密分享,参考界面如图 6-7 所示,并把链接和提取码记录下来。

可以将链接通过 QQ 等方式发送给你的好友,他们在浏览器中打开链接,输入提取码,就能提取该文件,如图 6-8 所示。

图 6-7　分享文件

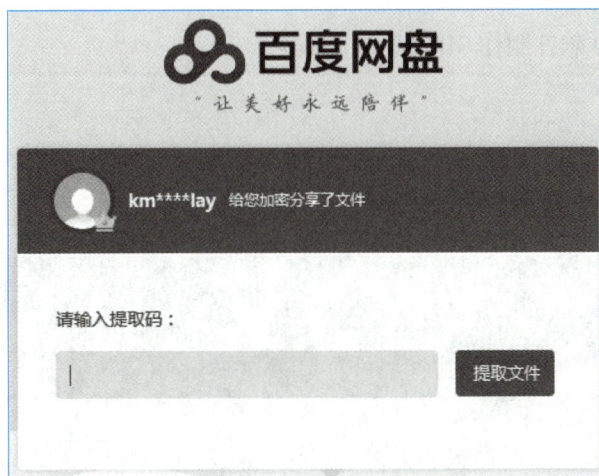

图 6-8　提取文件

7.1　文本素材的处理

一、实验目的

1. 了解 3D 设计的基本概念、原理和工具。
2. 掌握 Ulead Cool 3D 软件操作和设计技巧。
3. 提升创意和审美能力。
4. 探索文字设计的多样性和可能性。
5. 为专业应用和个人创作提供支持。

二、实验内容

使用 Ulead Cool 3D 软件制作 3D 文字动画效果。

三、实验步骤

1. 使用 Ulead Cool 3D 软件制作 "3D 文字世界" 文字案例

制作如图 7-1 所示的效果。

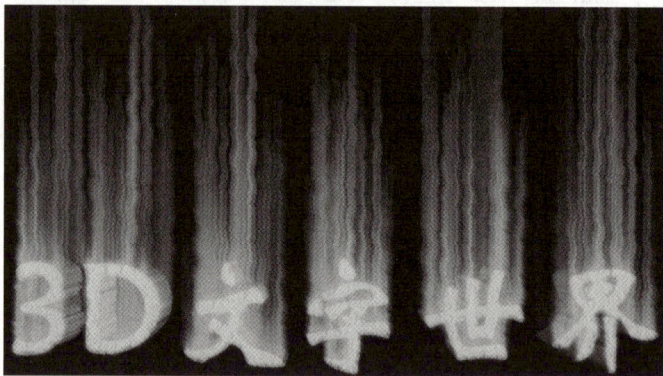

图 7-1　3D 文字世界效果

（1）启动软件并创建新项目。

打开 Ulead Cool 3D 软件，并创建一个新的 3D 项目。单击菜单 "文件" → "新建"，并根据使用需求调整文字动画的画面尺寸。单击 "图像" → "尺寸" 对话框，设置尺寸为 720 像素 × 576 像素。

（2）插入文字。

在本例中，使用了文字块 "3D 文字世界"。单击菜单 "编辑" → "插入文字"。在插入文字对话框中输入 "3D 文字世界" 四个字，设置字体为华文新魏、大小为 20 磅、加粗。

【提示】如果想重新编辑文字,执行菜单"编辑"→"编辑文字"对话框。

(3)调整文字属性。

单击"百宝箱"→"对象样式"→"纹理"中的水滴纹理 。

单击"百宝箱"→"对象样式"→"光线和色彩"中设置颜色为蓝色。

(4)应用 3D 效果。

单击"百宝箱"→"整体特效"→"火焰"中的最后一种效果 COOL。

(5)调整对象在第 30 帧的位置。

从对象列表中选择"信息科学"这个对象,将当前帧调整到第 30 帧,单击功能按钮处的"标准工具栏"上的"移动对象"工具 调整位置到文件下方。

(6)调整动画播放速度。

在"动画工具栏"上设置总帧数为 30 帧,帧速率为 15fps: 30 帧 15 fps 。

(7)输出。

单击菜单"开始"→"创建动画文件"→"GIF 动画文件",文件名保存为"3D 文字世界 .gif"。

注意:输出格式可以是 AVI、RM、TGA、GIF、SWF 等。

2. 使用 Ulead Cool 3D 软件制作 3D 文字案例:创建立体金属质感的文字

创建一个具有金属质感的 3D 文字效果,使文字看起来立体且富有光泽。

(1)启动 Ulead Cool 3D 软件并创建新项目。

打开 Ulead Cool 3D 软件,创建一个尺寸为 720 像素 ×576 像素的文件。

(2)插入文字。

插入文字"我爱中国",设置字体为华文新魏、字号为 20 磅、加粗。

(3)调整文字属性。

单击"百宝箱"→"对象样式"→"画廊"中的金属效果 。

(4)应用 3D 效果。

单击"百宝箱"→"对象特效"→"爆炸"中的倒数第二个。

(5)添加背景。

在"百宝箱"→"工作室"→"背景"中挑选一个合适的背景。

(6)调整动画播放帧数和帧速率。

在"动画工具栏"上设置总帧数为 25 帧,帧速率为 15fps。

(7)调整第 25 帧的字号大小。

使用"标准工具栏"→"大小"按钮 调整字号大小。

【提示】调整大小时需要将当前帧放在第 25 帧处。

(8)输出。

单击菜单"开始"→"创建动画文件"→"GIF 动画文件",文件名保存为"我爱中国 .gif"。

▶教学资源:

我爱中国 .gif

7.2   图像素材的处理

通过本节的系列实验,更深入地理解图像处理的原理,熟悉并掌握 Photoshop 的基本操作技能,实践各种图像处理方法,探索如何将不同的图像元素组合在一起,创造出新的视觉效果。同时,学习如何从不同的角度看待图像,发现并解决问题,创造出独特的视觉效果。

7.2.1　绘制 RGB 色彩模型图

一、实验目的

1. 快速掌握 Photoshop 图像编辑的常用操作。

2. 了解数字图像的基础知识,理解色彩的基本原理,掌握色彩的表示方法,探索色彩的合成和混合。

3. 学习和掌握如何在计算机中使用 RGB 色彩模型来表示和操作颜色。

4. 掌握 JPG 与 PNG 两种常用图像文件的不同特点和应用领域。

二、实验内容

1. 使用 Photoshop 绘制 RGB 色彩模型图。

2. 分别保存图像为 JPG 和 PNG 格式。

三、实验步骤

1. 使用 Photoshop 绘制 RGB 色彩模型图

（1）启动 Photoshop 软件,按键盘 Ctrl + N 组合键,新建一个图像文档:设定宽度为 800 像素,高度为 800 像素,分辨率为 72 像素 / 英寸（ppi）,颜色模式为 RGB 模式、8bit,背景内容为白色,如图 7-2 所示。

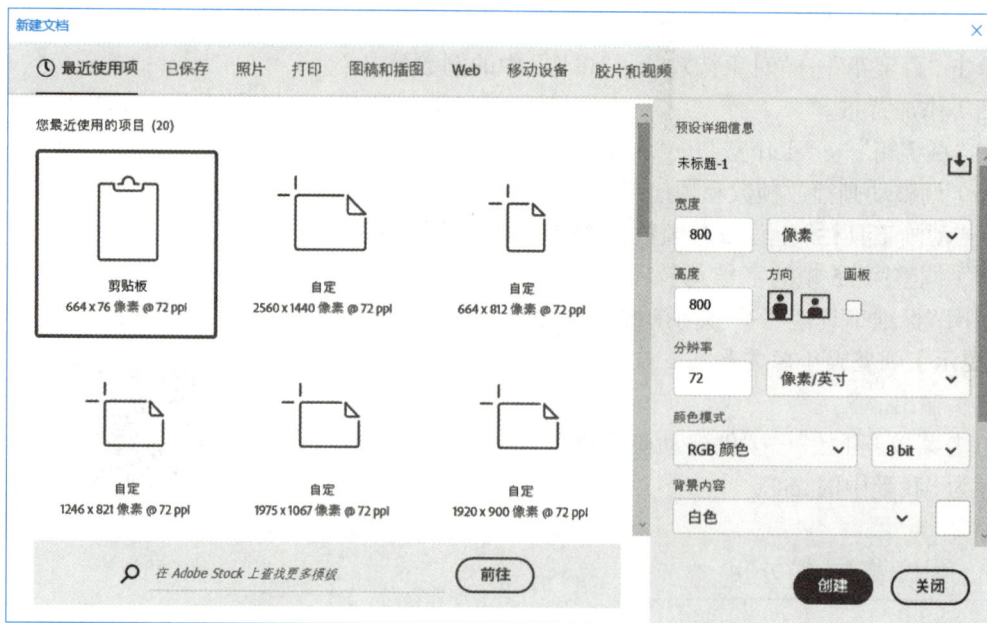

图 7-2　"新建文档"对话框

【提示1】设置图像宽度及高度时,应注意确保右侧的度量单位选项为"像素"。

【提示2】分辨率为72像素/英寸指的是每英寸有72像素。在计算机和互联网的早期,显示器和打印机的分辨率较低,为了将图像在计算机上显示出来,需要将图像的分辨率降低到72像素/英寸。这种分辨率被称为"屏幕分辨率"。虽然现在计算机性能和网络速度已经大大提高,但72像素/英寸仍然是大多数网页制作人员选择的分辨率。不过,如果需要在高分辨率屏幕上显示图像或者需要更详细的图像,那么可能需要使用更高分辨率的图像。

(2)单击"创建"按钮,完成图像的创建,Photoshop的主界面显示新创建的图像,如图7-3所示。

图7-3 新建图像文件界面

【提示1】按键盘Alt+鼠标滚轮,可以调整图像的显示大小。按键盘的空格键,配合鼠标的拖动,可以移动图像的显示区域。

【提示2】Photoshop有非常多的快捷键,注意积累常用快捷键及其使用方法,可以提高工作效率。

(3)单击左侧工具栏的"矩形工具"按钮,选择椭圆工具,如图7-4所示。

【提示】矩形工具快捷键为U。当鼠标长按"矩形工具"按钮时,会弹出此工具组里的其他工具。

(4)选择椭圆工具后,按鼠标左键,并按住Shift键,在屏幕上拖动鼠标,绘制出一个正圆形图案,默认状态下绘制的图形颜色为黑色。绘制完后可以放开Shift键,并按下Enter键进行确认。绘制完毕的图像如图7-5所示。

【提示】按住Shift键可绘制正圆,不按Shift键则可以绘制椭圆。

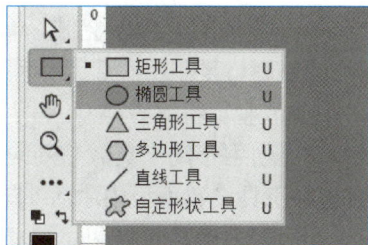

图7-4 选择矩形工具组中的椭圆工具

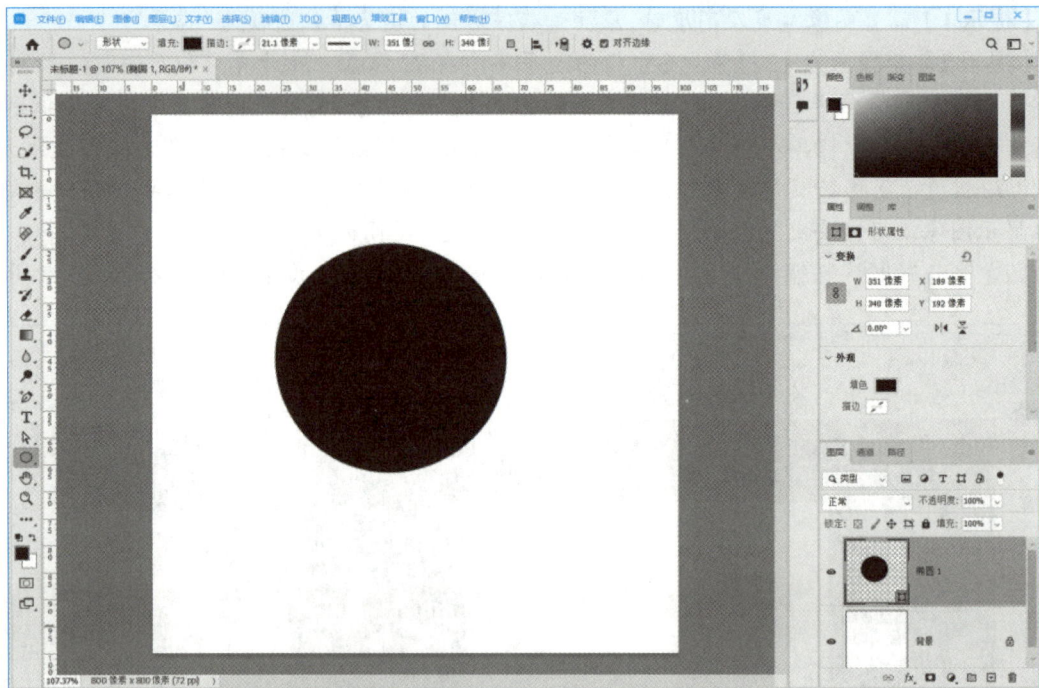

图 7-5　绘制的黑色正圆形图案

（5）单击左侧工具栏的"移动工具"按钮,选择移动工具,如图 7-6 所示。鼠标拖动,把绘
制的圆形图案的位置进行调整,放在图像上方的中央位置。同时,可以
用鼠标拖动的方式将"图层"面板放置到自己喜欢的界面位置,以方便
图像的编辑操作。使用移动工具调整图形位置后的状态如图 7-7 所示。

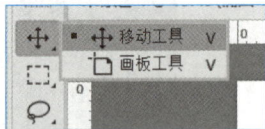

【提示 1】矩形工具快捷键为 V,使用频率较高。

【提示 2】在移动图形时,Photoshop 会自动显示必要的参考线,帮
助我们很好地确定位置。

图 7-6　选择移动工具

（6）接下来修改黑色圆形的颜色为 RGB 模型中的标准的红色。鼠标双击图层面板中的圆
形图层图标,如图 7-8 所示。在弹出的拾色器面板中,填写 R 的值为 255,如图 7-9 所示,得到
一个标准的红色。单击"确定"按钮,可以看到圆形图案变成了红色。

【提示】RGB 颜色取值主要通过三个数字来定义,这三个数字分别代表红色（R）、绿色（G）
和蓝色（B）的明度级别,每个级别的数值范围是 0 到 255。

（7）此时还需要绘制 RGB 中 G（绿）和 B（蓝）两个形状。为提高效率,可以采用复制刚才
绘制的 R 图层的方式来绘制。单击图层面板中的红色形状图层,按组合快捷键 Ctrl+J,即可实现
图层的复制。复制两次后,得到三个形状完全重合的 R 图层,如图 7-10 所示。

【提示】复制图层前,应先单击选中想要复制的图层,再按下 Ctrl+J 进行快速复制。

（8）使用移动工具调整新复制图层的图形位置,使其放置到合适的位置。在使用移动工具
时,应在工具设置面板中激活"自动选择"功能,这样可以通过鼠标来直接选择所要移动的图层,
而无须去图层面板选择图层。鼠标双击图层面板中新复制的图层的图标,在弹出的拾色器面板
中,分别填写 G（绿）的值为 255、填写 B（蓝）的值为 255,得到的效果如图 7-11 所示。

图 7-7　使用移动工具调整图形位置

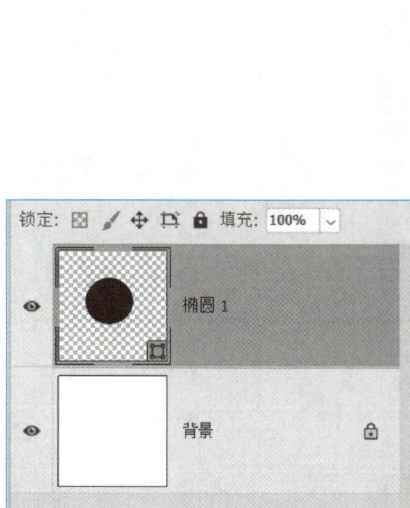

图 7-8　图层图标界面

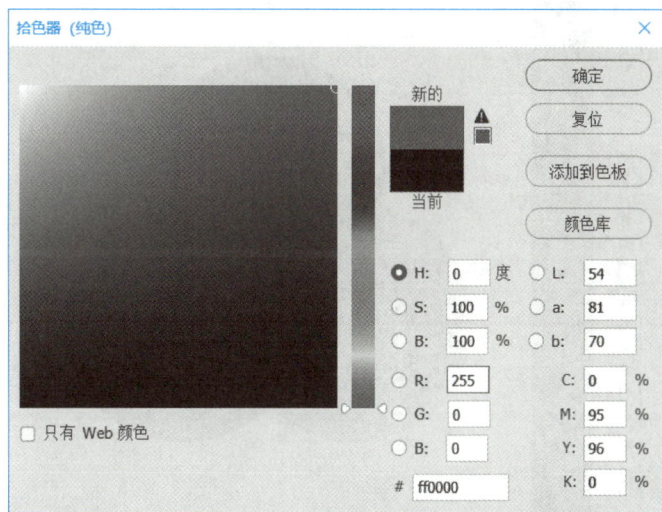

图 7-9　拾色器面板界面

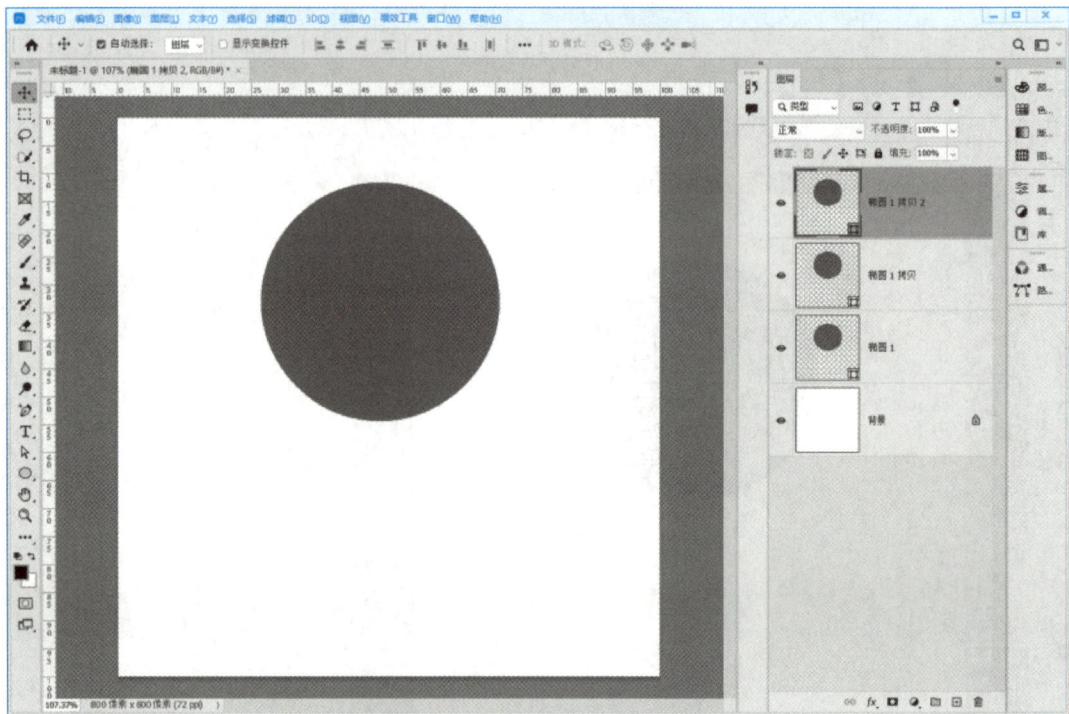

图 7-10 复制图层后的界面

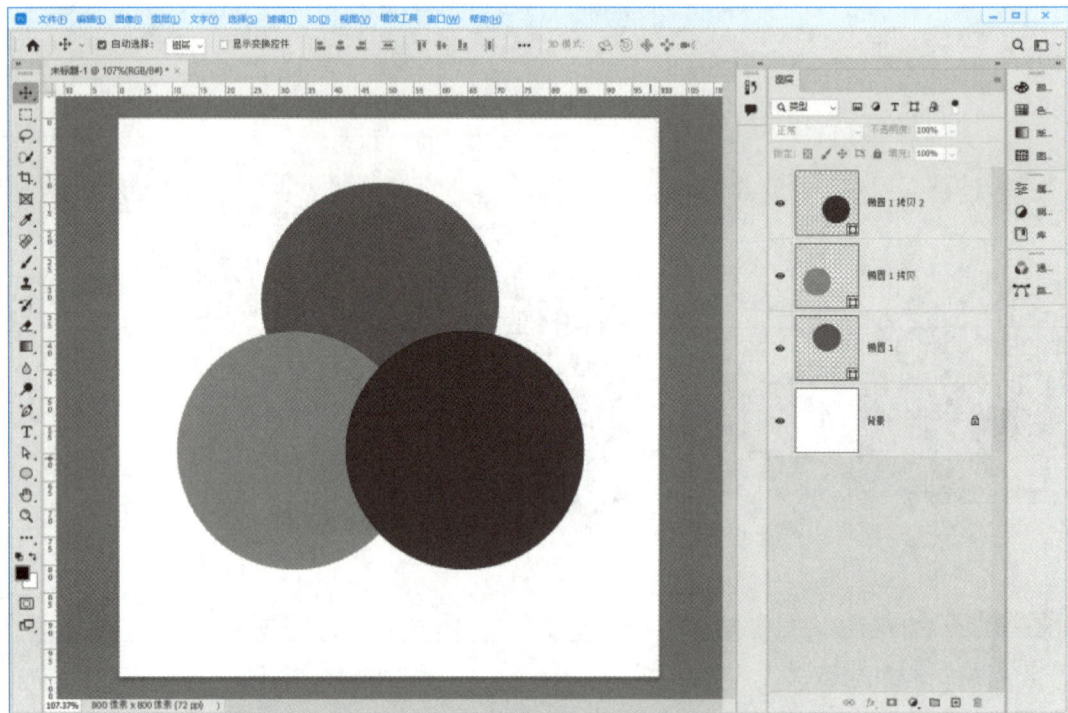

图 7-11 复制图层后的界面

【提示】设置颜色值时，为了得到标准的红、绿、蓝，注意只有一个值能为255，其他值必须设置为0。例如，设置标准绿色的取值为：R=0、G=255、B=0，设置标准蓝色的取值为：R=0、G=0、B=255。

（9）单击图层面板中最上层的蓝色图层，将图层面板中图层模式由"正常"设定为"变亮"，如图7-12所示。可以看到蓝色图层与下面的图层产生了颜色混合，但是蓝色图形与白色背景交叉的部分出现了白色，似乎消失了一样，这是由于"变亮"模式是光的叠加模式，当蓝光遇到白光混合叠加后，依然还是白光。我们可以通过单击关闭白色背景图层的"眼睛"图标（如图7-13所示），关闭白色背景的显示，去除白色背景的干扰。最后，将剩余图层都设置为"变亮"模式后，我们便得到了RGB色彩模型的原理图，如图7-14所示。

【提示】RGB色彩模型是一种加色模型，它基于红、绿、蓝三种原色的组合来生成或混合生成其他颜色。在RGB色彩模型中，每种颜色都由红、绿、蓝三种颜色的不同强度或比例混合而成。如果将红、绿、蓝三种颜色的强度或比例混合得当，就可以产生出千变万化的颜色。例如，如果把红色和绿色的强度减少到128，将蓝色的强度保持为255，将得到青色。如果将所有三种颜色的强度都保持为255，将得到白色。相反，如果将所有颜色的强度都保持为0，将得到黑色。

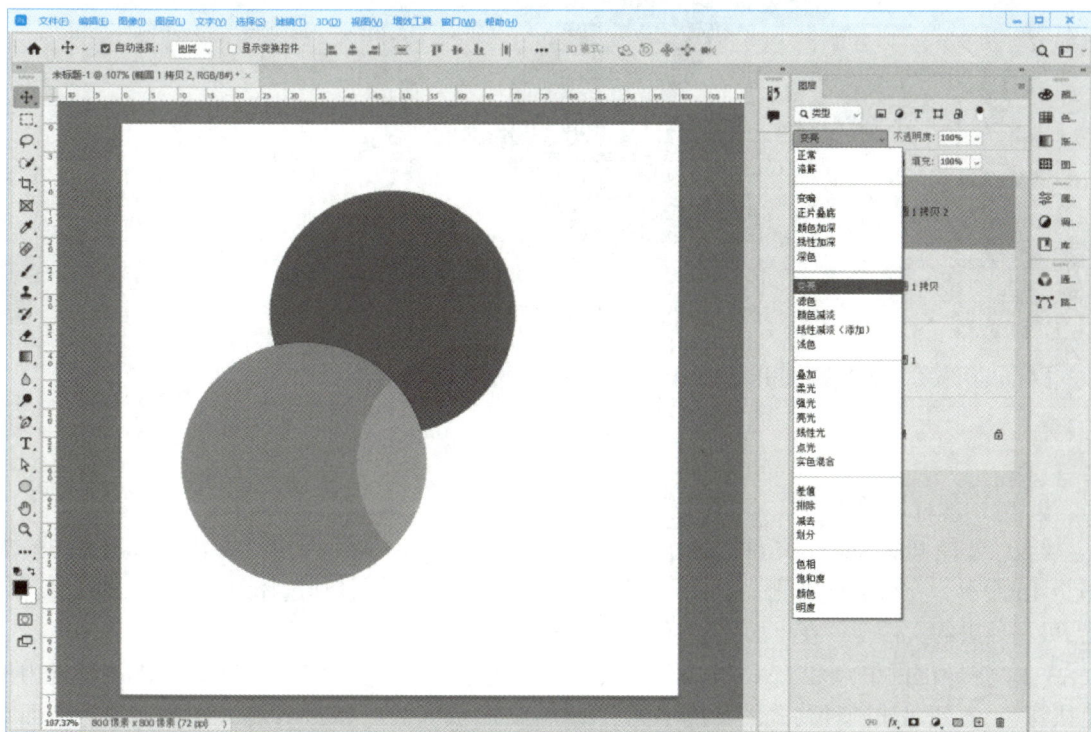

图7-12   设置图层的"变亮"模式

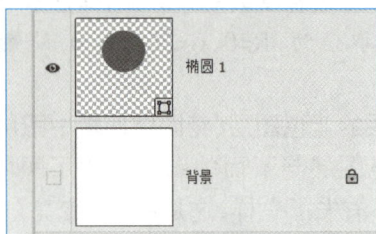

图 7-13　关闭白色背景图层的"眼睛"图标

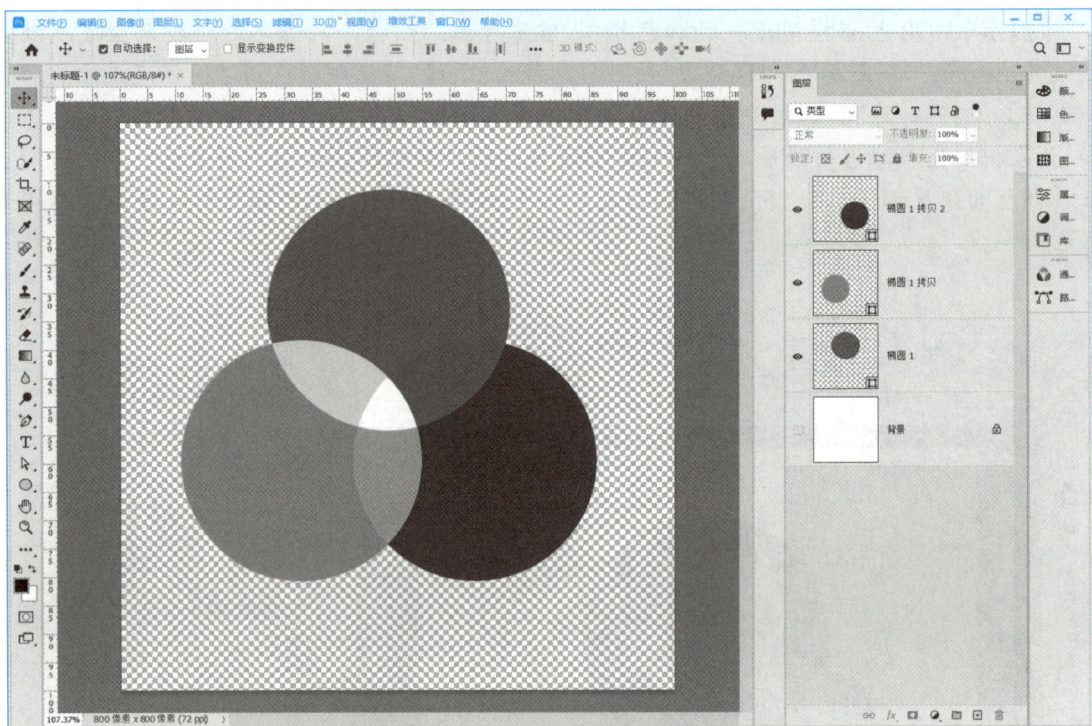

图 7-14　RGB 色彩模型的原理图

2. 分别保存图像为 JPG 和 PNG 格式

（1）选择 Photoshop "文件"菜单中的"导出"→"导出为"，弹出"导出为"对话框，如图 7-15 所示。在对话框右侧"文件设置"中（如图 7-16 所示），分别选择 JPG、PNG 格式进行导出，可将导出的文件存放在桌面上，方便之后的对比。

（2）将导出的 JPG 和 PNG 格式图像放于计算机桌面，此时可将计算机桌面背景设置为黑色或深色，方便对比两种格式图片的不同。图 7-17 展示了 JPG 和 PNG 格式图像在黑色桌面背景上的显示效果，同学们可以自行对比有何不同。

【提示】JPG 和 PNG 这两种图像格式在图像质量上有所不同。

JPG：由于是采用有损压缩，因此在保存时会丢失一些细节和精度，导致图片质量稍微有些下降。不过，JPG 格式的图片能在高度压缩率的同时展现非常生动丰富的图像。

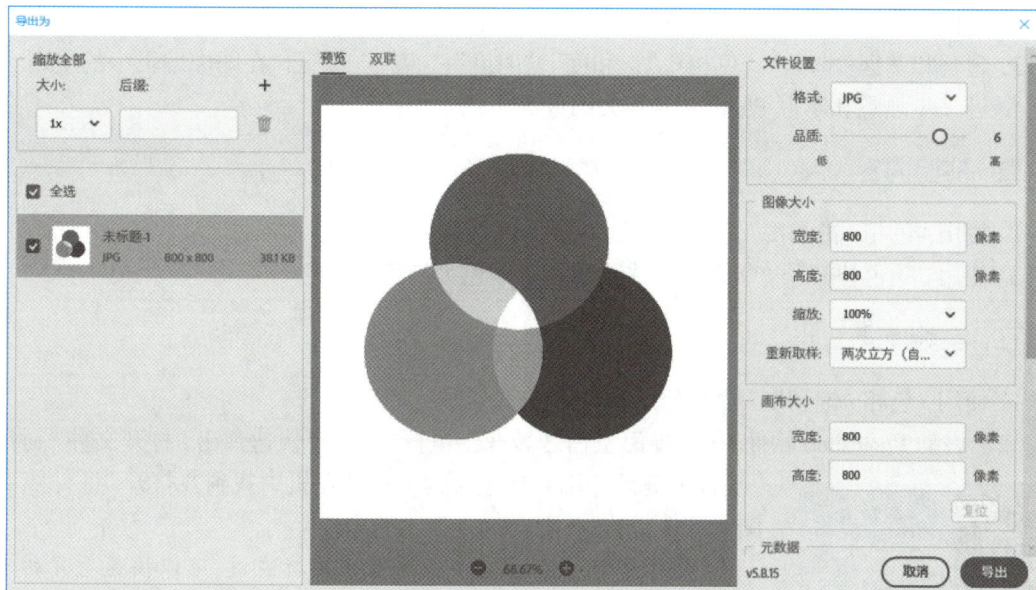

图 7-15 "导出为"对话框

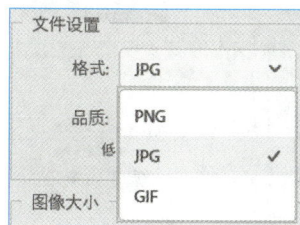

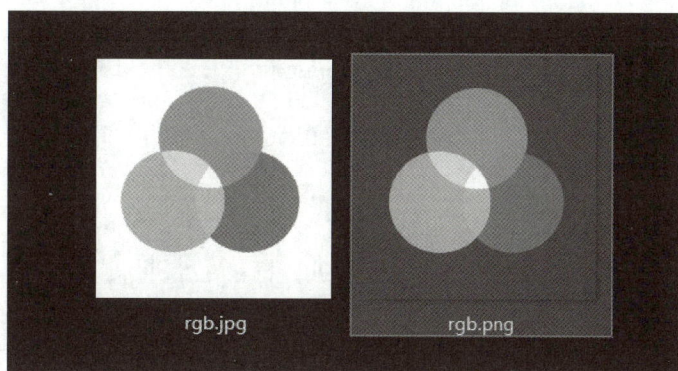

图 7-16 "导出为"对话框中的
导出文件格式设置

图 7-17 JPG 和 PNG 格式图像在黑色桌面背景上的显示效果

PNG：由于采用无损压缩，因此可以完整地保存图片的所有细节和精度，提供更高的图像质量。此外，PNG 还支持透明背景，对于复杂的图形和图像处理具有很好的效果。但是，与 JPG 相比，PNG 的图片文件大小会更大。

如果需要在网页上展示图片或传输图片，可以选择 JPG 格式，它比较小巧、适合网络传输；如果需要高质量的图片，可以选择 PNG 格式，它可以完美地保留图片的所有细节和精度。

7.2.2 "证件照"图像后期编辑

一、实验目的

1. 了解 Photoshop 图像编辑中有关"图像后期编辑"的基本工作方式及方法。

2. 掌握图像选择工具、颜色调整工具的一般使用方法。

3. 理解和掌握"选区""色相""饱和度""明度""容差"等概念在图像编辑中的应用。

4. 进一步熟悉和掌握 Photoshop 有关图像编辑的常用操作。

二、实验内容

1. 使用"色相 / 饱和度"命令修改证件照的背景颜色为红色。

2. 使用"颜色替换"命令修改证件照的背景颜色为红色和白色。

三、实验步骤

1. 使用"色相 / 饱和度"命令修改证件照的背景颜色

（1）启动 Photoshop 软件，在主界面空白区域双击鼠标左键，会快速弹出"打开文件"对话框（或者按键盘 Ctrl ＋ O 组合键），在计算机中找到并打开"证件照 .jpg"图像文件，如图 7-18 所示。

教学资源：证件照 .jpg

【提示】在主界面空白区域双击鼠标左键，可以快速打开所需的图像文件。

图 7-18　打开"证件照 .jpg"图像文件

（2）选择 Photoshop "图像"菜单中的"调整"→"色相 / 饱和度"命令，如图 7-19 所示，弹出"色相 / 饱和度"对话框，如图 7-20 所示。

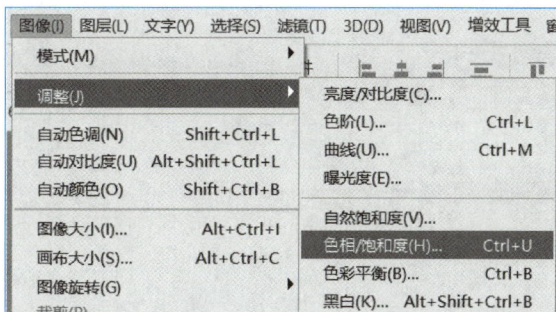

图 7-19　使用"调整"→"色相 / 饱和度"命令

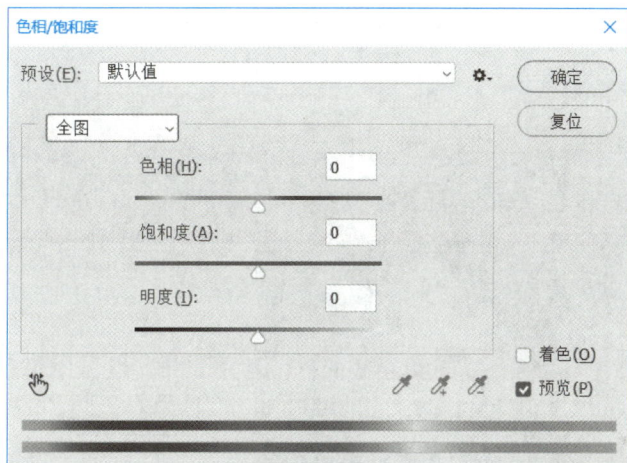

图 7-20　"色相 / 饱和度"对话框

【提示】色相、饱和度、明度是描述图像颜色的三个重要属性。

色相（hue）：色相是颜色的基本属性，表示颜色的"相貌"。色相的变化可以产生不同的颜色。

饱和度（saturation）：饱和度是颜色的纯度或强度。饱和度高的颜色通常看起来更鲜艳，而饱和度低的颜色则看起来更灰暗。

明度（lightness）：明度描述的是颜色的亮度或暗度。明度高的颜色看起来更亮，而明度低的颜色看起来更暗。

（3）由于证件照图片原始的底色为偏"蓝色"和偏"青色"，我们在"色相 / 饱和度"对话框的"全图"下拉选择列表中，首先选取"蓝色"选项，如图 7-21 所示。

【提示】尽可能选取下拉选择列表中与实际照片的背景颜色相同或相似的颜色。

（4）选取"蓝色"后，调整"色相"下的滑块向右侧拖动，色相值改变的同时图像颜色也随之发生变化。本案例中调整值为"+150"，效果如图 7-22 所示。

【提示】调整的数值应根据实际需要来确定，本例中的调整值只供参考。

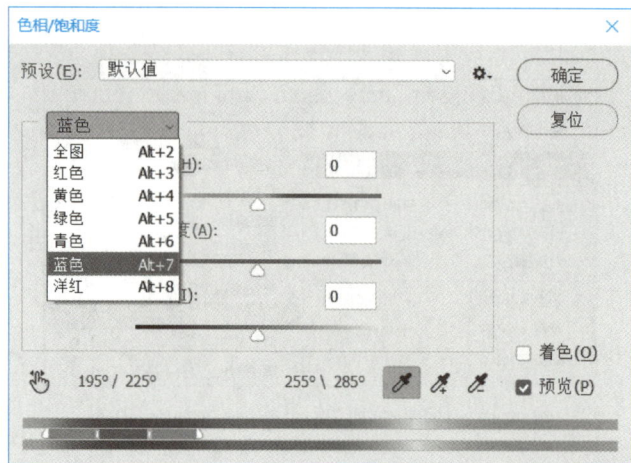

图 7-21   "色相/饱和度"对话框中选取"蓝色"

图 7-22   改变"蓝色"色相值后的效果

（5）观察此时图像背景颜色是偏"紫色"，为达到调整为红色的效果，继续在"色相/饱和度"对话框的"全图"下拉选择列表中选取"青色"，选取"青色"后，以相同的方法调整"色相"下的滑块向右侧拖动，观察色相值改变引起的图像颜色变化情况，直到调整背景为所期望的"红色"为止。本案例中调整值为"+137"，效果如图 7-23 所示。

（6）调整好后，单击"色相/饱和度"对话框中的"确定"按钮，按"Ctrl+S"保存文件，完成制作。完成效果如图 7-24 所示，其中左侧为原始图像，右侧为修改色相后的图像。

图 7-23　改变"青色"色相值后的效果

图 7-24　完成效果（左侧为原始图像，右侧为修改色相后的图像）

2. 使用"颜色替换"命令修改证件照的背景颜色为红色和白色

（1）启动 Photoshop 软件，在主界面空白区域双击鼠标左键，打开"证件照 .jpg"图像文件，如图 7-25 所示。

（2）选择 Photoshop "图像"菜单中的"调整"→"替换颜色"命令，如图 7-26 所示。弹出"替换颜色"对话框，如图 7-27 所示。

图 7-25   打开"证件照 .jpg"图像文件

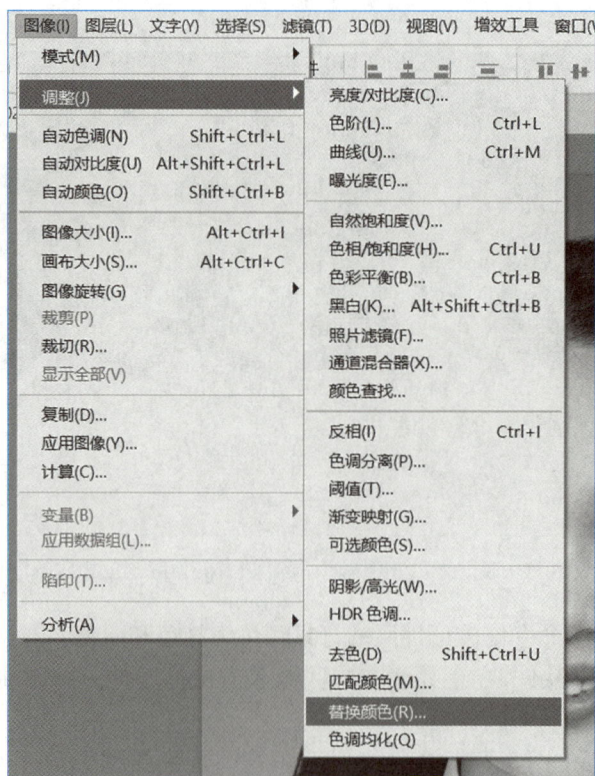

图 7-26   使用"调整"→"替换颜色"命令

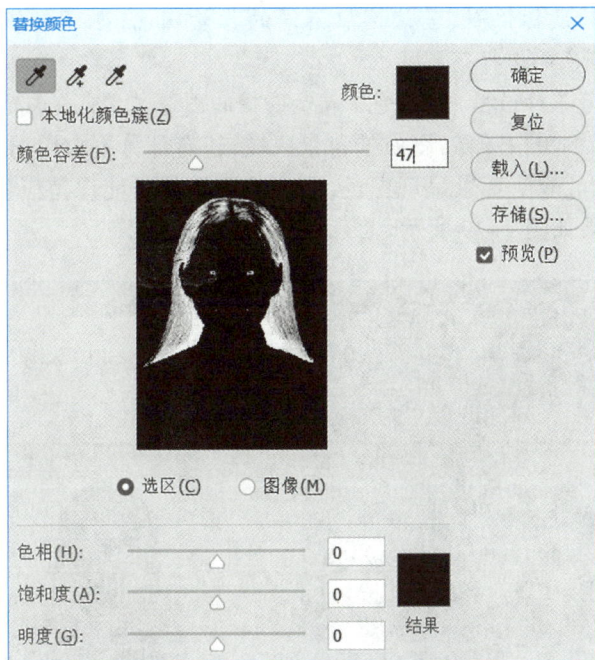

图 7-27 "替换颜色"对话框

【提示】"替换颜色"对话框是一个 Photoshop 常用于调整图像颜色的工具。在对话框中，可以用吸管工具来选择想要替换的颜色。选中吸管工具，单击想要替换的颜色，然后调整右侧的颜色调整滑块，可以更改选定颜色的色相、饱和度和明度。通过这样的操作，可以改变图片中选定颜色的色彩效果，以此来实现对图像色彩的调整和改变。

（3）在弹出"替换颜色"对话框后，Photoshop 已经为我们选择好了左上方的第一个"吸管"工具，此时将鼠标移动到图像背景区域，单击鼠标选取鼠标位置所在的背景颜色，观察对话框中的黑白图像发生了改变，其背景区域主要为白色，人像区域主要为黑色，如图 7-28 所示。

图 7-28 使用"吸管"工具吸取背景颜色

【提示1】可以移动鼠标位置,尝试选取不同的背景颜色,也可以使用第二个带"+"号的"吸管"工具增加背景颜色的选择范围。

【提示2】"替换颜色"对话框中"白色"表示选择的图像,"黑色"表示未选中的部分。

(4)观察对话框中的黑白图像,图像的背景区域,还有部分不太白的区域,此时可通过增大"颜色容差"的取值,尽可能使背景呈现白色,而人像区域尽可能保持黑色。本案例中"颜色容差"调整值为"85",效果如图7-29所示。

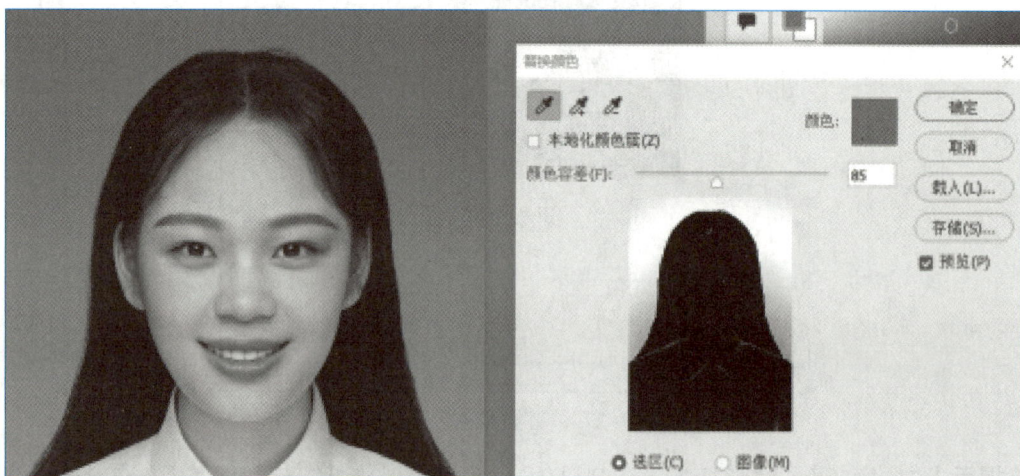

图7-29　改变"颜色容差"值后的效果

【提示1】在Photoshop中,颜色容差用于设置在选取颜色时所设置的选取范围。具体来说,颜色容差可以理解为允许像素的RGB值的偏差范围。例如,如果容差为30,那么RGB三个值的范围就是相差正负30。这意味着,在给定的容差范围内,选定的颜色会包括其邻近的RGB值相差不大的像素。值得注意的是,Photoshop中的颜色容差应用在不同的地方,其用途可能不同。例如,在"魔棒工具"中,颜色容差用于平滑选区。

【提示2】调整过程可反复进行,调整值只供参考。

(5)在弹出"替换颜色"对话框中,调整"色相"下的滑块向右侧拖动,观察色相值改变引起的图像颜色变化情况,直到调整背景为所期望的"红色"为止。本案例中调整值为"+153",效果如图7-30所示。

(6)此时,如果我们需要将背景修改为白色,只需要调整"替换颜色"对话框中"明度"的取值为"+100"即可,如图7-31所示。

(7)调整好后,单击"替换颜色"对话框中的"确定"按钮,按组合键Ctrl+S保存文件,完成制作。完成效果如图7-32所示,其中左侧为原始蓝色背景图像,中间为红色背景图像,右侧为白色背景图像。

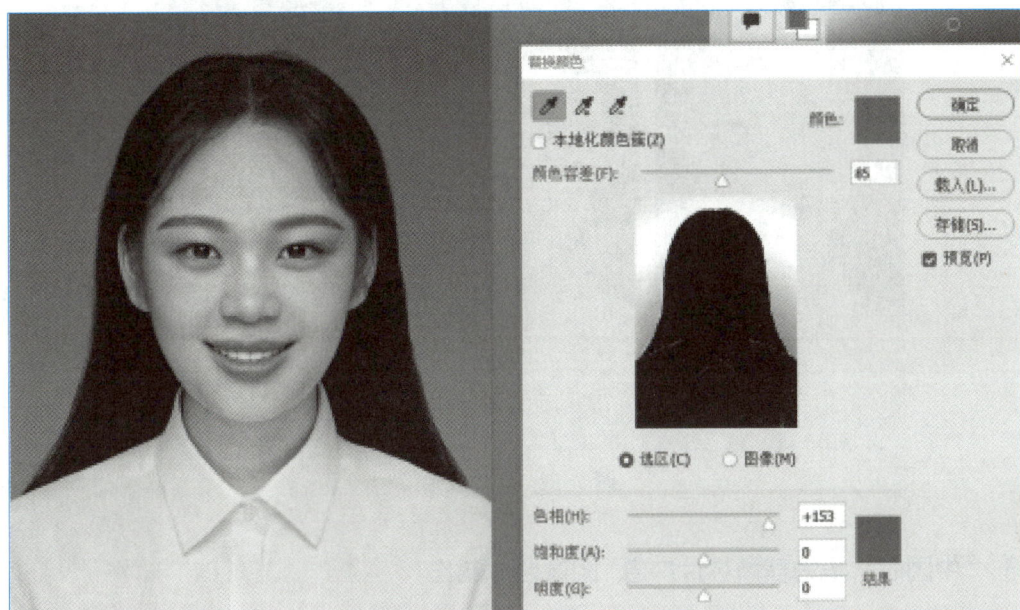

图 7-30 改变色相值后的效果

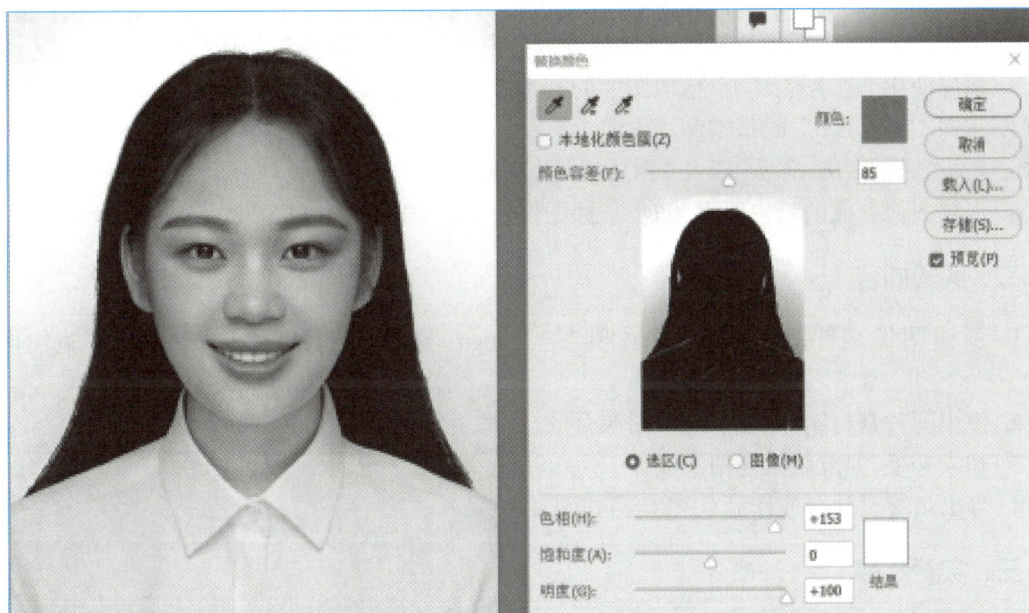

图 7-31 改变明度值后的效果

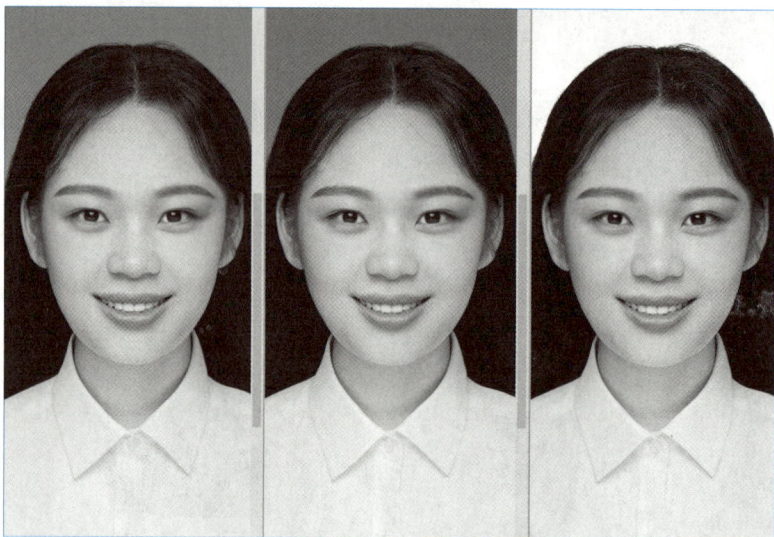

图 7-32　完成效果

7.2.3 "中国芯 · 华为麒麟芯片广告"图像合成制作

一、实验目的

1. 理解和掌握 Photoshop 图像编辑中"图层"的概念及实际应用方法。
2. 掌握 Photoshop 图像"变形工具组"中"自由变换"工具的高级使用技巧。
3. 掌握使用"魔术棒工具"抠取图像的基本方法。
4. 掌握"文字工具"的基本使用方法。
5. 初步掌握"图层蒙版"以及"图层特效"的原理及实际使用技巧。
6. 理解图像合成的基本原理,初步掌握图像合成的方法。

二、实验内容

1. 新建图像文件,加入背景素材和"华为 logo"素材,抠取华为 logo 图标,并施加图层特效。
2. 使用图片素材制作"中国芯"图像合成。
3. 加入文字,完成版面规划及设计。
4. 导出最终设计合成作品(JPEG 格式图片)。

三、实验步骤

1. 新建图像文件,加入背景素材和"华为 logo"素材,抠取华为 logo 图标,并施加图层特效

(1)启动 Photoshop,按键盘 Ctrl + N 组合键,新建一个图像文档:设定宽度为 800 像素,高度为 1 200 像素,分辨率为 72 像素/英寸,颜色模式为 RGB 模式、8bit,背景内容为白色,如图 7-33 所示。

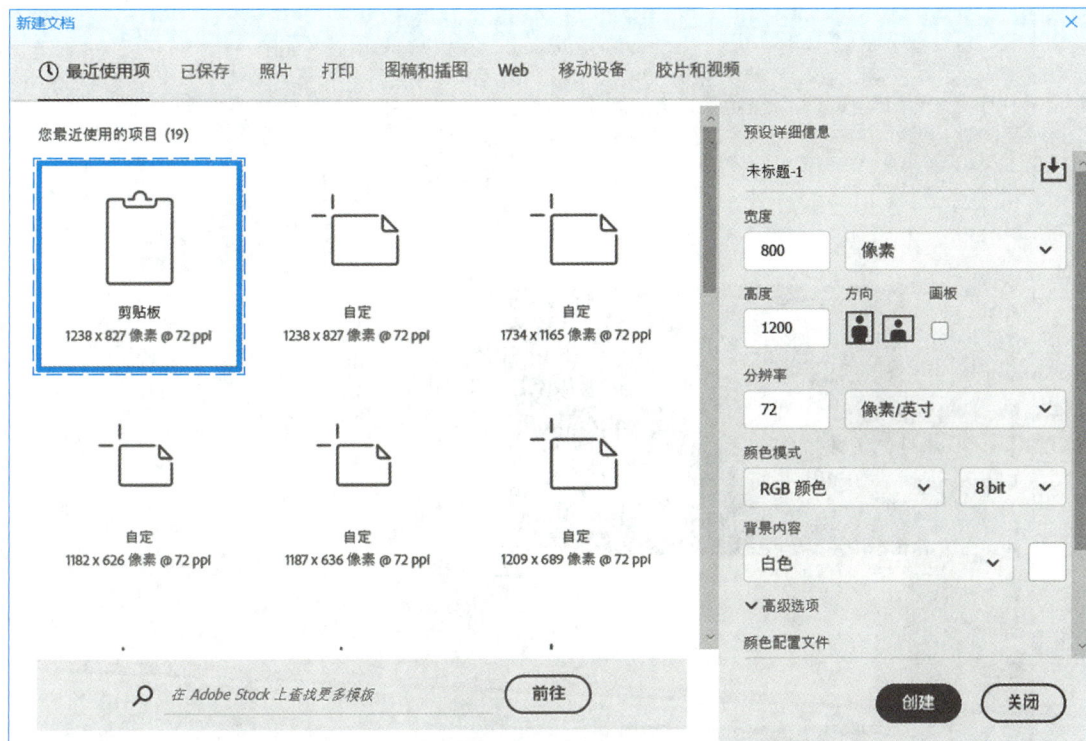

图 7-33 新建"中国芯"图像初始文件

（2）单击"文件"菜单的"置入嵌入的对象"命令，在弹出的对话框中选择"背景.jpg"文件并按"置入"按钮，如图 7-34 所示。注意导入素材后，导入的图像会自动启动"自由变形"工具，此时，需按下 Enter 键，完成素材的置入。完成背景素材的导入效果如图 7-35 所示。

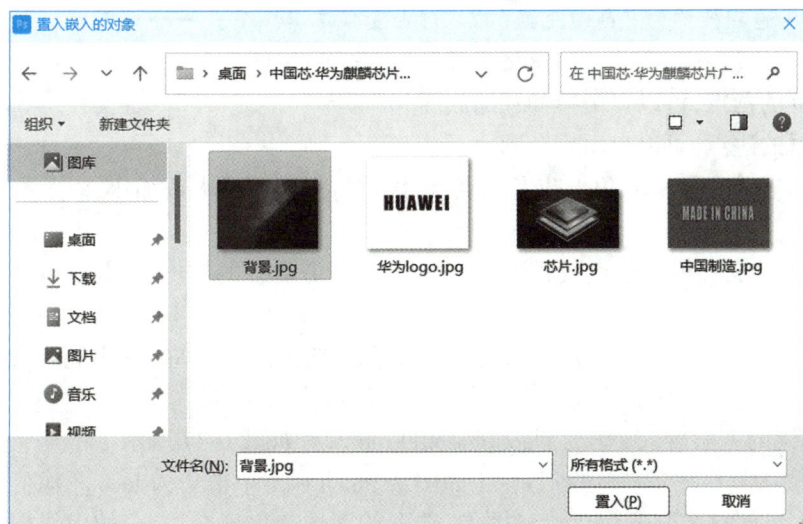

教学资源：
背景.jpg

教学资源：
华为 logo.jpg

教学资源：
芯片.jpg

教学资源：
中国制造.jpg

图 7-34 "置入嵌入的对象"对话框

图 7-35　完成背景素材的置入

【提示】也可以直接鼠标拖动文件至 Photoshop 软件窗口,实现图像文件的置入,实际设计中往往较多采用此种方式。

(3)选择"图层"面板中刚置入的背景素材图像图层,按组合键 Ctrl + T,启动"自由变形"工具,将背景素材图像旋转、放大到覆盖整个白色背景,如图 7-36 所示。

【提示】"自由变形"工具通常被称为"自由变换"或"自由变换工具",它是一个非常强大的工具,可以用于扭曲、拉伸、旋转、缩放等操作。其使用方式和技巧如下:

① 鼠标左键按住变形框的角点,可以自由拉伸和缩放图片。

② 鼠标左键按住变形框的边点,可以自由旋转图片。

③ 按下 Shift 键,用鼠标拖动变形框的角点或者边点,可以进行等比例放大或缩小,以及按照一定的角度旋转。

④ 按下 Alt 键,用鼠标拖动变形框的角点或者边点,可以进行中心对称的拉伸和缩放,以及中心对称的旋转。

⑤ 按下 Shift+Alt 键,用鼠标拖动变形框的角点或者边点,可以进行中心对称的等比例放大或缩小的矩形扭曲和旋转,以及中心对称的等高或等宽自由矩形的扭曲和旋转。

(4)使用第(2)步中相同的方法置入"华为 logo.jpg"文件,置入后如图 7-37 所示。

(5)选取 Photoshop 左侧工具栏中的"魔棒工具"(如图 7-38 所示),单击华为 logo 图像的白色图像,可以看到"魔棒"为我们选取了白色背景图像,选取的图像会出现会"动"的虚线框(也称"蚂蚁线"),如图 7-39 所示。

图 7-36 旋转、放大背景图片覆盖白色背景

图 7-37 完成背景素材的置入

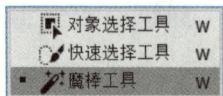

图 7-38　魔棒工具

图 7-39　"魔棒"选取了白色背景图像

【提示】"魔棒工具"可以根据图像中颜色和色调的相似性来选择像素,是一个非常常用的选择工具。

（6）此时,单击图层面板中下方的"添加图层蒙版"图标,如图 7-40 所示。单击选中图层面板中"华为 logo"右侧的黑色蒙版,如图 7-41 所示。按键盘 Ctrl ＋ I 组合键实现蒙版的"反相"。完成后蒙版黑白图像发生了反转（黑变白,白变黑）,如图 7-42 所示。此时华为 logo 图像效果如图 7-43 所示。

图 7-40　为华为 logo 图像
添加图层蒙版

图 7-41　选中图层面板中
"华为 logo"右侧的黑色蒙版

图 7-42　执行"反相"后的蒙版

图 7-43　完成华为 logo 图像蒙版抠取后的效果

【提示】"图层蒙版"是 Photoshop 中一项十分重要的功能,它允许用户在不破坏图片素材的情况下,完成一些本来需要破坏图层的编辑操作。具体来说,图层蒙版是在当前图层上面覆盖一层玻璃片,这种玻璃片有透明的、半透明的、完全不透明的。用各种绘图工具在蒙版上（即玻璃片上）涂色（只能涂黑白灰色）,涂黑色的地方蒙版变为完全透明的,看不见当前图层的图像;涂白色则使涂色部分变为不透明的,可看到当前图层上的图像;涂灰色使蒙版变为半透明,透明的程度由涂色的灰度深浅决定。简单来说,图层蒙版可以让你在编辑图片时,对特定区域进行遮盖、保护等操作,同时不影响其他区域。

（7）右键单击图层面板中的"华为 logo"图层,弹出快捷菜单中选择混合选项,可为 logo 添加特效。本例中添加白色描边特效,具体设置可参考图 7-44。

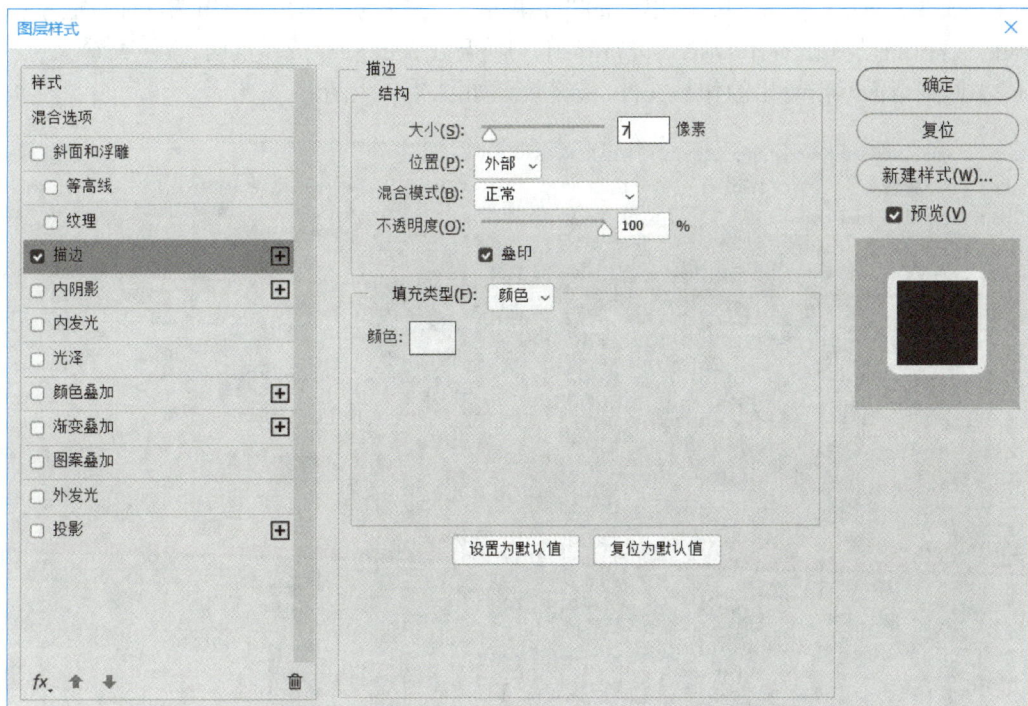

图 7-44　为华为 logo 图像添加图层描边特效

2. 使用图片素材制作"中国芯"图像合成

（1）分别置入素材"芯片.jpg"文件和"中国制造.jpg"文件。使用 Ctrl+T 组合键调整素材的图像大小和位置。选择"中国制造"图层,再次按下 Ctrl+T 组合键启动自由变形工具,并按下 Ctrl 键不放,使用鼠标分别拖动中国制造图像四个边角位置,将其放入芯片图像中,完成中国制造的自由变形调整。完成效果可参考图 7-45。

（2）选择"芯片"图层,单击图层面板中下方的"添加图层蒙版"图标,给"芯片"图层添加图层蒙版,如图 7-46 所示。

（3）选择工具面板中的"渐变工具",如图 7-47 所示。

（4）设置"渐变工具"面板为"对称渐变",如图 7-48 所示。

（5）在图像芯片中央位置单击鼠标,并向下拖动鼠标,画出对称渐变的蒙版效果,如图 7-49 所示。完成后的图像效果如图 7-50 所示。

【提示】可反复拖动鼠标绘制渐变,直到出现想要的效果。

3. 加入文字,完成版面规划及设计

（1）选择工具面板中的"横排文字工具",如图 7-51 所示。在图像中单击鼠标,输入文字"华为麒麟芯片（HUAWEI Kirin 9000S）",可通过"窗口"菜单打开"字符"对话框,设置想要的字体、字号、颜色等设置,文字设置可参考图 7-52。

（2）再输入文字"同心聚力 奔腾不息"，设置想要的字体、字号、颜色等，并使用"移动工具"调整字符位置，完成版面设计。完成效果可参考图 7-53。

4. 导出最终设计合成作品（JPEG 格式图片）

（1）选择 Photoshop"文件"菜单中的"导出"→"导出为"，弹出"导出为"对话框，在对话框右侧"文件设置"中选择 JPG 格式进行导出，可将导出的文件存放在桌面，方便查看。

（2）回到桌面双击导出的作品文件，最终效果如图 7-54 所示。

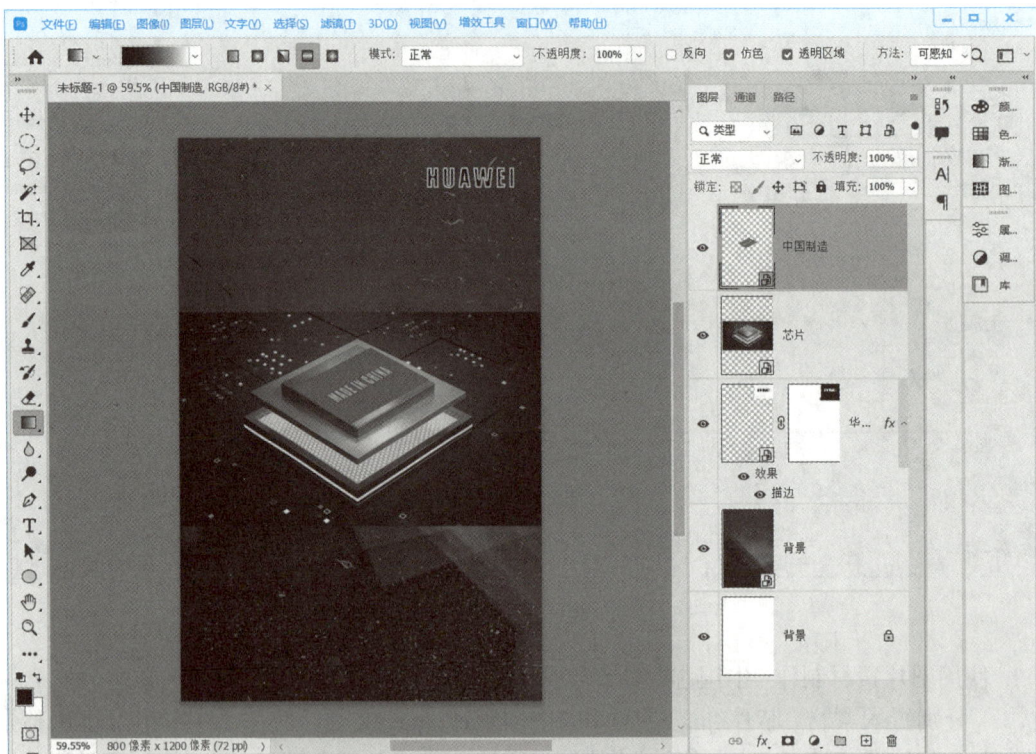

图 7-45　将"中国制造"置入芯片图像

图 7-46　给"芯片"图层添加图层蒙版

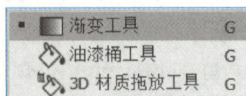

图 7-47　选择"渐变工具"

图 7-48　设置"对称渐变"

图 7-49　"对称渐变"蒙版效果

图 7-50 "对称渐变"图像效果

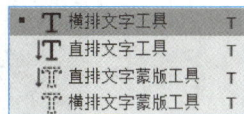

图 7-51 选择"横排文字工具"

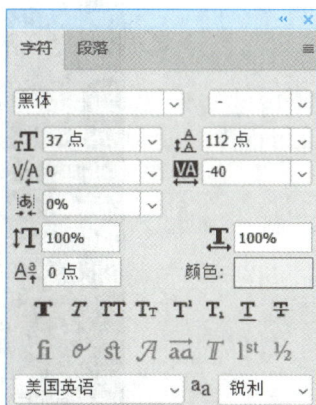

图 7-52 设置文字

图 7-53 版面设计效果

图 7-54   "中国芯·华为麒麟芯片广告"参考效果

7.2.4   人像后期修饰

一、实验目的

1. 学习和掌握 Photoshop 人像后期修饰的常用技法。
2. 掌握 "污点修复画笔工具" 的使用方法。
3. 掌握使用 "选择并盖住工具" 抠取精细人物图像的高级技巧。
4. 掌握使用 Photoshop 进行图像 "无损" 编辑的基本技巧。
5. 掌握 "高斯模糊" 滤镜工具的使用方法。
6. 理解和掌握 "调整图层" 编辑的基本技巧的基本使用方法。

二、实验内容

1. 使用 "污点修复画笔工具" 去除人物图像脸部瑕疵。
2. 使用 "选择并盖住工具" 抠取精细人物图像。
3. 使用 "高斯模糊" 滤镜工具模糊图像背景。
4. 使用 "调整图层" 调整图像色彩并完成作品。

三、实验步骤

1. 使用"污点修复画笔工具"去除人物图像脸部瑕疵

（1）使用 Photoshop 打开人像文件。为实现图像的"无损"编辑，单击图层面板中下方的"创建新图层"图标，如图 7-55 所示。新图层（图层 1）及本范例人像文件显示效果如图 7-56 所示。

【提示】图像"无损"编辑是指：在不破坏原始图像的前提下所进行的图像后期处理方法。

图 7-55　为图像"无损"编辑创建新图层

图 7-56　人像文件显示效果

（2）单击选择"图层 1"新建的空白图层，选取 Photoshop 左侧工具栏中的"污点修复画笔工具"，如图 7-57 所示。使用该工具修饰人物脸部瑕疵，在去除瑕疵过程前，应确保该工具的"对所有图层取样"处于选择状态。完成修饰后的脸部效果如图 7-58 所示。

【提示】污点修复画笔工具主要用于处理和修复照片中的污点和其他不理想部分。在使用污点修复画笔工具时，只需要确定需要修复的图像位置，调整好画笔大小，移动鼠标并单击污点就会在确定需要修复的位置自动匹配，操作简单且实用。

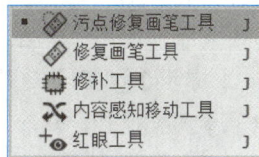

图 7-57　污点修复画笔工具

图 7-58　完成修饰后的脸部效果

2. 使用"选择并盖住工具"抠取精细人物图像

（1）单击选择"背景"人物图层，选取左侧工具栏中的"对象选择工具"，如图 7-59 所示。使用该工具单击人物图像的人脸，等待一段时间，便能自动选取人物主体，选择后效果如图 7-60 所示。

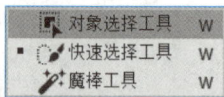

图 7-59　对象选择工具

【提示】"对象选择工具"只在 Photoshop 较新的版本中才有，如果所使用的 Photoshop 版本没有此工具，也可以使用"魔棒工具"或"快速选择工具"等其他工具实现。

（2）单击选择 Photoshop 上方工具栏中的"选择并盖住工具"，在出现的对话框中选择视图显示方式为"叠加"，如图 7-61 所示。同时，选择左侧的"调整边缘画笔工具"，如图 7-62 所示。使用该工具以鼠标拖动的方式，在人物头发边缘涂抹，即可得到较为细腻的头发抠取的选择效果，效果如图 7-63 所示。

【提示 1】"选择并遮住工具"是一个用于抠图和修图的工具，其作用是帮助用户在图像中选择特定区域并进行遮盖或修整。具体来说，"选择并遮住工具"可以使用户更容易地选择特定区域，比如某个物体的轮廓或人物的脸部等，然后对这些区域进行遮盖或修整，比如去除背景或修饰细节等。这个工具在抠图和修图方面非常实用，可以帮助用户快速准确地完成修图任务。

【提示 2】"调整边缘画笔工具"可以在图像中快速选择边缘，并对其进行平滑、羽化、增亮、加深等调整操作。这个工具在抠图和修图方面非常实用。

（3）设置对话框中的"输出到"选项为"选区"，单击"确定"按钮，回到图像选取界面，如图 7-64 所示。按键盘组合键 Ctrl+J，复制选择的图像到新的图层（图层 2），如图 7-65 所示。

图 7-60　选取人物主体

图 7-61　设置视图显示方式为"叠加"　　　　图 7-62　选择"调整边缘画笔工具"

图 7-63 实验"调整边缘画笔工具"抠取精细图像

图 7-64 人物精细选取图像效果

3. 使用"高斯模糊"滤镜工具模糊图像背景

（1）单击选择"背景"人物图层，选择菜单"滤镜"→"模糊"→"高斯模糊"命令，如图 7-66 所示。在弹出的对话框中，设定模糊的"半径"值，如图 7-67 所示。

【提示 1】"高斯模糊"是一种常用的图片处理技术，它通过模糊化处理来使图像呈现一种朦胧的美感。通过将图像中的每个像素点以高斯函数进行计算，根据像素的位置和密度，将其进行不同程度的模糊处理，使得整个图像呈现出一种柔和、模糊的效果。

【提示 2】"半径"取值可根据自己想要的效果进行设置。

（2）单击"确定"按钮完成模糊处理。背景模糊后的效果如图 7-68 所示。

4. 使用"调整图层"调整图像色彩并完成作品

（1）在图层面板中的空白区域单击鼠标，取消对任何图层的选择。单击图层面板中下方的"创建新的填充或调整图层"图标，如图 7-69 所示。可根据需要选择其中的丰富的调整命令来进行图像色彩调整。本例中，分别创建"色阶"及"自然饱和度"调整图层对图像进行调整，其调整对话框分别如图 7-70、图 7-71 所示。

图 7-65　复制选择的图像到新的图层

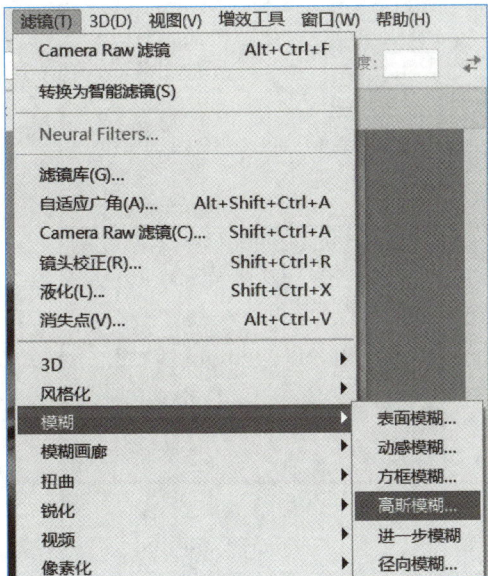

图 7-66　单击选择"高斯模糊"命令

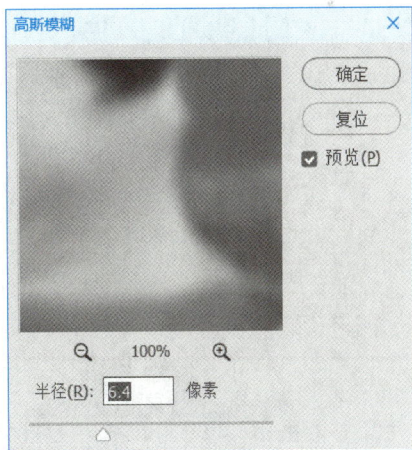

图 7-67　设置"高斯模糊"半径值

图 7-68　背景模糊后的图像效果

图 7-69　创建新的填充或调整图层

图 7-70　色阶设置对话框

图 7-71　自然饱和度设置对话框

【提示 1】调整图层在 Photoshop 中是一种强大的功能,可以让用户在不破坏原始图像的情况下对图像进行多种调整和编辑。调整图层可以用于创建"色阶""曲线""黑白"等各种颜色和色调调整图层,而且这些调整图层不会永久更改图像的像素值,因此可以随时尝试不同的设置并重新编辑调整图层。同时,调整图层也具有填充图层和普通图层相同的特性和操作,例如可以调整不透明度和混合模式,也可以将它们编组以便将调整应用于特定图层。

【提示 2】"色阶"工具通过改变图像直方图中的黑白比例来调整图片的明度,使图片的对比度和色彩更加鲜艳和清晰。色阶的调整面板上有三个可拖动的滑块,分别代表黑点、灰点和白点。

黑点:向右移动滑块会使图片暗部更暗,向左移动滑块会使暗部更亮。

灰点:向右移动滑块会使图片亮部更多,向左移动滑块会使暗部更多。

白点:向右移动滑块会使图片亮部更亮,向左移动滑块会使暗部更暗。

需要注意的是,调整色阶时要小心,过度调整会使图像失去细节和真实性。

【提示 3】自然饱和度可以影响图像中颜色的强度,使图像的色彩更加鲜艳、明亮。Photoshop 自然饱和度非常智能,它只对饱和度过低的像素进行修改,避免了图像颜色的失真。使用时可以通过拖动滑块来调整其值,向右移动滑块可以增加颜色的饱和度,使图像颜色更加鲜艳,向左移动滑块则可以减少颜色的饱和度,使图像颜色更加柔和。需要注意不要过度调整,以免图像失真或失去细节。同时,也可以在调整前先备份原始图像,以防调整不当导致图像损坏。

(2)调整完毕后,人像编辑制作过程结束。完成的图像最终效果如图 7-72 所示。

图 7-72 最终效果

7.2.5 "秋之韵"摄影照片后期调色

一、实验目的

1. 理解和掌握 RGB 与 CMYK 色彩原理在图像后期调色中的典型应用。
2. 掌握使用"色阶"工具还原照片真实色彩的原理和方法。
3. 掌握"可选颜色"工具的调色技巧。
4. 掌握"Camera Row"高级滤镜中的 HSL 工具进行调色的技法。
5. 初步掌握使用 Photoshop 进行照片后期调色的基本流程。

二、实验内容

1. 使用"色阶"工具还原照片真实色彩。
2. 使用"可选颜色"工具使照片呈现秋天的景色。
3. 使用"Camera Row"高级滤镜的 HSL 工具完成色相、饱和度、明度的分层调整。

三、实验步骤

教学资源：

摄影文件 .jpg

1. 使用"色阶"工具还原照片真实色彩

（1）使用 Photoshop 打开"摄影照片 .jpg"文件，图像显示效果如图 7-73 所示。可观察到照片整体偏暗。

图 7-73　原始图像显示效果

（2）通过图层面板中下方的"创建新图层"创建"色阶"调整图层，根据"色阶"对话框中"直方图"所提供的信息（图 7-74 所示），可看出图像亮部信息较少，因此整体偏暗。根据情况调整黑、白、灰三个滑块，以实现图片真实色彩的还原。色阶调整后如图 7-75 所示。

图 7-74　色阶调整前　　　　　　　　　图 7-75　色阶调整后

【提示】色阶工具用于调整图像的色彩和明度范围，通过拖曳滑块或输入数值来调整图像的阴影、中间调和高光区域。向左或向右拖动滑块可以增加或减小对应色调的明度。

2. 使用"可选颜色"工具使照片呈现秋天的景色

（1）为实现图像中的绿色植物呈现秋天的黄色，创建一个新的"可选颜色"调整图层，并根据 RGB 与 CMYK 色彩原理中学到的色彩知识，在弹出的面板中选择"绝对"，分别调整"黄色"和"绿色"颜色选项。其中"黄色"的调整参考如图 7-76 所示，"绿色"的调整参考如图 7-77 所示。

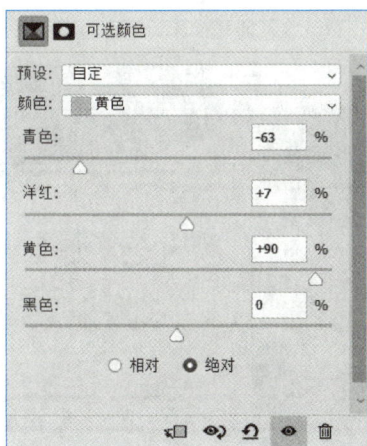

图 7-76　黄色通道调整　　　　　　　　图 7-77　绿色通道调整

【提示】可选颜色是针对某个颜色进行调整的工具，具有精准性。其最大的优点就是可以在不创建选区的情况下对图像色彩进行调整。

（2）调整后的图像如图 7-78 所示。

3. 使用"Camera Row"高级滤镜的 HSL 工具完成色相、饱和度、明度的分层调整

（1）单击选择图层面板中的"背景"图层，使用"滤镜"菜单下的"Camera Row 滤镜"打开 Camera Row 设置面板，找到面板中的"HSL/ 灰度"选项，根据自己的创作意图，分别对其中的

"色相""饱和度""明度"进行相应的设置,如图 7-79 所示。

（2）完成后,单击"确定"按钮。完成作品的调色创作。

图 7-78 使用可选颜色调整后的效果

图 7-79 Camera Row 滤镜的 HSL 工具

7.3 音频素材的处理

一、实验目的

1. 了解音频处理的基本原理。
2. 掌握 Adobe Audition 音频编辑软件的基本操作。
3. 提升音频处理技能。
4. 培养创意和审美能力。
5. 探索音频制作的专业应用。

二、实验内容

1. 掌握音频的内部录制与编辑技巧。
2. 掌握音频的外部录制与编辑技巧。

三、实验步骤

1. 音频的内部录制与编辑

先选择好需要录制的素材后,再设置内录参数和播放参数,即通道数、位深、采样率,需要让内录参数和播放参数保持一致,最后设置新建音频文件的参数。

（1）找到需要录制的音频。

（2）设置好录音参数。

"控制面板"→"声音"→"录制"选项卡,启用"立体声混音",设置"立体声混音属性"对话框中的"高级"选项卡,选择"2 通道,16 位,48000Hz"作为参数。

"控制面板"→"声音"→"播放"选项卡,在"扬声器"上右击后设置"扬声器属性"对话框中的"高级"选项卡,选择"16 位,48000Hz"作为参数。

打开 Adobe Audition 软件,单击菜单"编辑"→"首选项"→"音频硬件"对话框,设置"默认输入"为"立体声混音","默认输出"为"扬声器"。

（3）新建音频文件。

单击菜单"文件"→"新建"→"音频文件"→"新建音频文件"对话框,设置"采样率"为"48000Hz","声道"为"立体声","位深度"为"16 位"。

（4）录制处理。

在任务栏上调整计算机播放声音大小。

单击 Adobe Audition 软件播放条上的录制按钮 ，然后播放提前找到需要录制的音频,再返回 AU 软件界面观察录制的波形。

（5）编辑音频。

检查录音的音量,如果发现录音音量过小,单击菜单"效果"→"振幅与压限"功能来调整音量。

如果录音中有噪声（如背景噪声、呼吸声等）,单击菜单"效果"→"降噪/恢复"→"降噪

（处理）"功能来去除这些噪声。

如果需要添加混响或其他效果,单击菜单"效果"→"混响"→"完全混响"或者其他效果库来添加。

（6）导出。

单击菜单"文件"→"导出"→"文件"对话框,设置"音频格式"为"MP3"或者其他,指定保持位置即可。

2. 音频的外部录制与编辑

（1）把话筒或者带有话筒的耳机与计算机连接好。

（2）设置好录音参数。

"控制面板"→"声音"→"录制"选项卡,启用"麦克风",设置"麦克风属性"对话框中的"高级"选项卡,选择"2 通道,16 位,48000Hz"作为参数。

"控制面板"→"声音"→"播放"选项卡,在"扬声器"上右击后设置"扬声器属性"对话框中的"高级"选项卡,选择"16 位,48000Hz"作为参数。

打开 Adobe Audition 软件,单击菜单"编辑"→"首选项"→"音频硬件"对话框,设置"默认输入"为"麦克风","默认输出"为"扬声器"。

（3）新建音频文件。

不带背景音乐的录制,单击菜单"文件"→"新建"→"音频文件"→"新建音频文件"对话框,设置"采样率"为"48000Hz","声道"为"立体声","位深度"为"16 位"。

带背景音乐的混合录制,单击菜单"文件"→"新建"→"多轨会话"→"新建多轨会话"对话框,指定文件保存的文件夹位置,设置"采样率"为"48000Hz","位深度"为"16 位","混合"为"立体声"即 2 通道。

（4）录制处理。

不带背景音乐的录制,单击 Adobe Audition 软件播放条上的录制按钮 ■,然后开始对着麦克风录制即可,注意嘴距离话筒的距离保持 15cm 左右效果最好。

带背景音乐的混合录制,导入背景音乐,单击菜单"文件"→"导入"→"文件"。然后把背景音乐从"文件"面板中拖入到"轨道 1"的起始位置。再次指定"轨道 2"为录制轨道即单击"轨道 2"上的录制按钮 ■,最后再单击播放条上的录制按钮 ■ 开始录制,此时可以同步听到背景音乐的声音。

（5）编辑音频。

调整录音音频音量与背景音乐音量,使用"混音器"控制面板调整。

如果发现录音音量过小,双击轨道 2 中的录制音频,进入单轨编辑模式后,单击菜单"效果"→"振幅与压限"功能来调整音量。如果录音中有噪声（如背景噪声、呼吸声等）,单击菜单"效果"→"降噪 / 恢复"→"降噪（处理）"功能来去除这些噪声。如果需要添加混响或其他效果,单击菜单"效果"→"混响"→"完全混响"或者其他效果库来添加。

如果背景音乐过长,双击轨道 1 上的背景音乐后进入单轨编辑模式,删除多余的背景音乐,再次返回多轨编辑模式调整即可。

（6）导出。

在多轨编辑模式下,单击菜单"文件"→"导出"→"多轨混音"→"整个会话"对话框,给文件取名,指定保存位置,"音频格式"为"MP3"或者其他。

7.4　视频素材的处理

一、实验目的

1. 掌握 Adobe Premiere Pro 软件的基本操作和功能。
2. 了解视频编辑的基本流程。
3. 提高视频制作技能。
4. 培养创造力和审美能力。
5. 探索视频制作的专业应用。

二、实验内容

1. 掌握字幕创建的方法。
2. 学会使用关键帧创建运动效果。
3. 使用视频过渡和音频过渡。
4. 掌握视频导出的技巧。
5. 熟练掌握素材组接的技巧。

三、实验步骤

1. 电影频道预告片的制作

（1）建立项目文件。打开 Adobe Premiere Pro 2022 软件,指定文件存储位置。

（2）创建时间序列。在项目面板中右击,单击"新建项目"→"序列"对话框中的"DV–PAL 制式"→"标准 48Hz"选项,此时出现了时间线"序列 01"。

（3）新建素材箱管理文件。在项目面板的右下角单击"新建素材箱"■,重命名为"电影频道素材"。

（4）导入素材。在"项目"控制面板中选中"电影频道素材"文件夹后在上面右击→"导入"命令,把"案例 1"文件夹中"素材"文件夹内所有素材全部导入。

（5）组装剪辑。把"电影频道 .avi"拖入 V1 轨道的起始位置,由于素材与创建时间序列设置不匹配,所以选择"更改序列设置"按钮。把"星期一 .gif"拖入 V2 轨道的 00：00：02：00 处;把"阿凡达 .mp4"拖入 V1 轨道的 00：00：04：07 处;把"星期二 .gif"拖入 V2 轨道的 00：00：14：07 处;把"头号玩家 .MP4"拖入 V1 轨道的 00：00：16：14 处;把"星期三 .gif"拖入 V2 轨道的 00：00：26：14 处;把"盗梦空间 .MP4"拖入 V1 轨道的 00：00：29：06 处;把"星期四 .gif"拖入 V2 轨道的 00：00：39：06 处;把"黑客帝国 .MP4"拖入 V1 轨道的 00：00：41：13 处。

（6）建立文本图形字幕。把时间线定位在 00：00：04：07 处,单击菜单"图标和标题"→"新建图形"→"文本",此时 V2 轨道上会出现"新建文本图层"字幕,单击"文本"控制面板下的"图形"选项卡,在选项卡中"新建文本图层"字幕上双击,修改文字为"阿凡达",此时界面中将看到"阿凡达"文字,在"基本图形"控制面板中,设置"对齐并变换"为"水平居中对齐"。同理,分别在 00：00：16：14 处单击建立"头号玩家"文本图层字幕、在 00：00：29：06 处单击建立"盗梦空间"文本图层字幕、在 00：00：41：13 处单击建立"黑客帝国"文本图层字幕。特别注意,每次建立文本图形字幕时都需要单击时间线轨道对应位置,这样才能保证字幕放置在指定位置上。

（7）修改文本图形字幕的持续时间。在时间线上选中"阿凡达"文字图形字幕后右击→"持续时间",在弹出的对话框"持续时间"处输入"00：00：02：00",即持续时间设置为 2 s,同理设置其他文本图形字幕持续时间分别为 2 s。

（8）从项目面板"电影频道素材"文件夹中把"电影频道音效 .mp3"拖入 A1 轨道起始处。此时时间线上的素材排列如图 7-80 所示。

（9）导出视频。单击菜单"文件"→"导出"→"媒体",设置文件名称为"电影频道预告片 .mp4",指定存储位置,格式设置为"H.264",即 MP4。

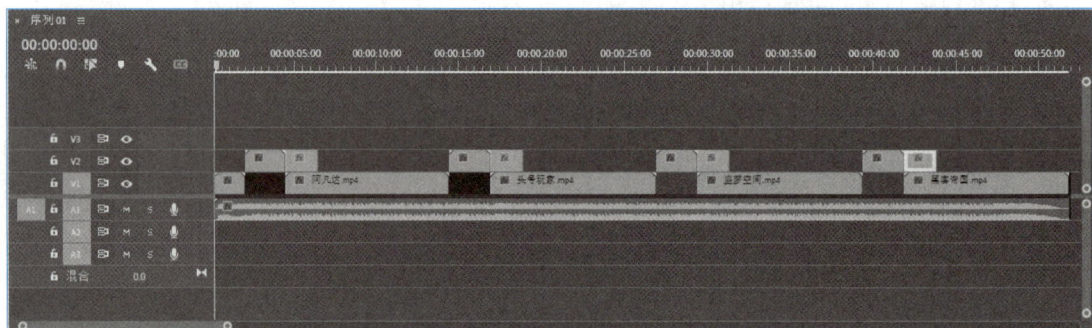

图 7-80　电影频道预告片时间线

2. 滚动电影胶片案例制作

（1）建立项目文件。打开 Adobe Premiere Pro 2022 软件,指定文件存储位置。

（2）创建时间序列。在"项目面板"中右击,单击"新建项目"→"序列"对话框中的"DV-PAL 制式"→"标准 48Hz"选项,此时出现了时间线"序列 01"。

（3）导入素材。在"项目"控制面板空白处右击→"导入"命令,把"案例 2"文件夹中"素材"文件夹内所有素材全部导入。

（4）把"胶片 1.jpg"拖入 V1 轨道的起始位置,在"胶片 1.jpg"剪辑上右击→"持续时间",在弹出的对话框"持续时间"处输入"00：00：19：00",即持续时间为 19 s。

（5）添加视频轨道。在 V3 轨道的名称处右击→"添加轨道",添加 3 条视频轨道,此时时间线 V3 上面出现 V4、V5、V6 三条视频轨道。

（6）把"胶片 2.png"拖入 V6 轨道的起始位置,设置持续时间为 19 s。

（7）把"1.png"拖入 V2 轨道的起始位置,设置持续时间为 10 s；时间线定位在 00：00：03：00 处,把"2.png"拖入 V3 轨道并时间线对齐,设置持续时间为 10 s；时间线定位在 00：00：06：00 处,把"3.png"拖入 V4 轨道并时间线对齐,设置持续时间为 10 s；时间线定位在 00：00：09：00 处,把"4.png"拖入 V5 轨道并与时间线对齐,设置持续时间为 10 s。

（8）选中 V2 轨道上"1.png"素材,把时间线定位在 00：00：00：00 处,单击菜单"窗口"→"效果控件",在"效果控件"面板中"位置"前单击关键帧按钮 ![位置],更改参数为（-100, 288）,把时间线重新定位在 00：00：09：24 处后再次更改"位置"参数为（860, 288）。此时"1.png"将在

10秒钟内从左侧移动到右侧。

（9）在V2轨道"1.png"素材上右击→"复制"，然后选中V3轨道上"2.png"素材后右击→"粘贴属性"，同理，也把属性粘贴到V4轨道的"3.png"和V5轨道的"4.png"上。

（10）把"项目"面板中的"滚动电影胶片音效.mp3"拖入A1轨道起始处。

（11）给素材添加过渡效果。单击菜单"窗口"→"效果"→"视频过渡"→"溶解"→"交叉溶解"，把"交叉溶解"拖到时间线轨道上的"胶片2.png"素材、"4.png"素材和"胶片1.jpg"素材的结尾处。打开"效果"面板中"音频过渡"→"交叉淡化"→"指数淡化"，把"指数淡化"拖到A1轨道"滚动电影胶片音效.mp3"素材结尾处。此时素材在时间线上的排列如图7-81所示。

（12）导出视频。单击菜单"文件"→"导出"→"媒体"，设置文件名称为"滚动电影胶片.mp4"，指定存储位置，格式设置为"H.264"，即MP4。

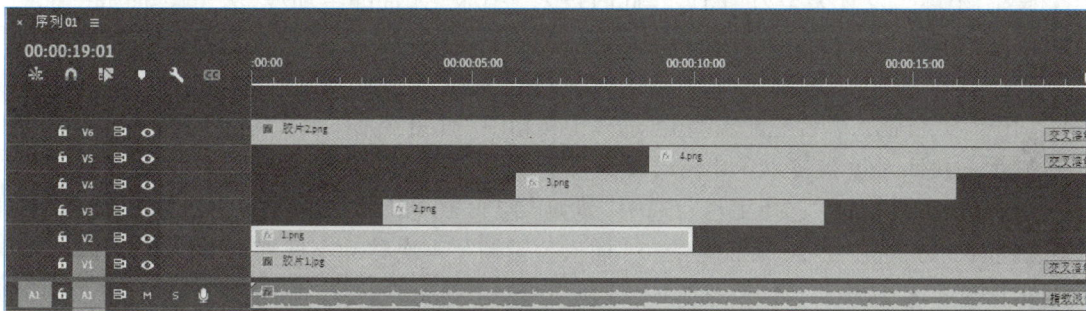

图7-81　滚动电影胶片时间线

7.5　动画素材的处理

一、实验目的

1. 提高动画制作技能。
2. 了解动画制作流程。
3. 培养创意和审美能力。
4. 探索动画制作的专业应用。

二、实验内容

1. 逐帧动画的制作。
2. 制作形状补间动画。
3. 制作传统补间动画。
4. 元件动画的制作。

三、实验步骤

1. 利用传统补间动画的技巧制作"弹跳球"动画

（1）启动Adobe Animate 2022并创建新项目。打开Adobe Animate 2022软件，单击菜单

"文件"→"新建",设置舞台大小为"640 像素 ×480 像素",帧速率为"15.00 fps",平台类型为"ActionScript 3.0"。

（2）在工具箱中选择"线条工具",在"颜色"面板中设置笔触颜色为黑色（#000000）,在"属性"面板中调整"笔触大小",然后按 Shift 键在舞台底部绘制一条水平线。

（3）在时间轴的"图层 1"名称上双击,更改名称为"背景"。在第 65 帧上右击→"插入帧",此时横线将持续显示第 65 帧。锁定"背景"层。

（4）新建一个图层,更改名称为"动画"。

（5）导入小球图片到库。单击菜单"文件"→"导入到库",选择素材文件夹中的"小球 .png"文件。

教学资源：小球 .png

（6）创建小球元件。单击菜单"插入"→"新建元件",设置元件名称为"小球",设置类型为"图形",此时进入"小球"元件编辑环境,从"库"面板中把"小球 .png"图片拖入十字形位置,注意：十字形表示元件的中心。

（7）返回"场景 1"编辑环境,单击箭头,选中动画图层的第 1 帧,从"库"面板中把"小球"元件拖入舞台左侧横线上,选择工具箱中"任意变形工具"调整小球的大小。

【提示】按住 Shift 键可以等比例缩放。

（8）单击工具箱中"选择工具",选中"动画"层第 10 帧后右击→"插入关键帧",移动小球的位置到斜上方,选中第 20 帧后右击→"插入关键帧",再次移动小球到水平线上,位置适当向右偏移,依次类推,选中第 30 帧后插入关键帧并调整小球到斜上方,此时高度低于上次,第 40 帧处添加关键帧后移动小球到水平线上,此时在水平线上的位置再次向右推移,同样在第 50 帧和第 60 帧插入关键帧,再次让小球向上弹跳后向右推移下落,形成小球弹跳三次后逐步衰减落地不动。

（9）在"动画"层第 1 帧和第 10 帧、第 10 帧和第 20 帧、第 20 帧和第 30 帧、第 30 帧和第 40 帧、第 40 帧和第 50 帧、第 50 帧和第 60 帧之间任何一帧上右击→"创建传统补间动画",即创建六次传统补间动画。时间轴如图 7-82 所示。

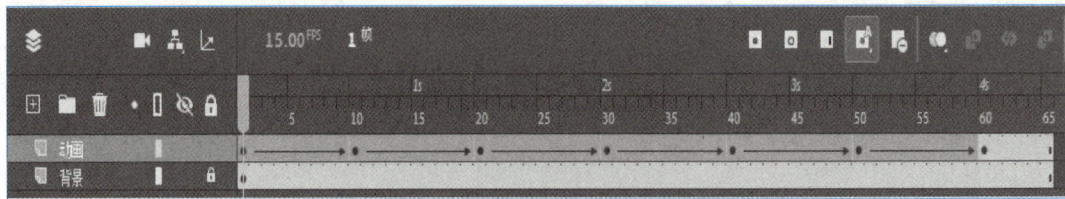

图 7-82　"小球弹跳"动画时间轴

（10）将动画源文件存储为"小球弹跳 .fla",效果图如图 7-83 所示,

（11）单击菜单"控制"→"测试影片"→"在 Animate 中"观看动画效果,此时将在"小球弹跳 .fla"存储位置输出电影文件"小球弹跳 .swf"。

2. 利用元件动画的技巧制作"小狗跑了"动画

（1）启动 Adobe Animate 2022 并创建新项目。打开 Adobe Animate 2022 软件,单击菜单"文件"→"新建",设置舞台大小为"600 像素 ×400 像素",帧速率为"15.00 fps",平台类型为"ActionScript 3.0"。

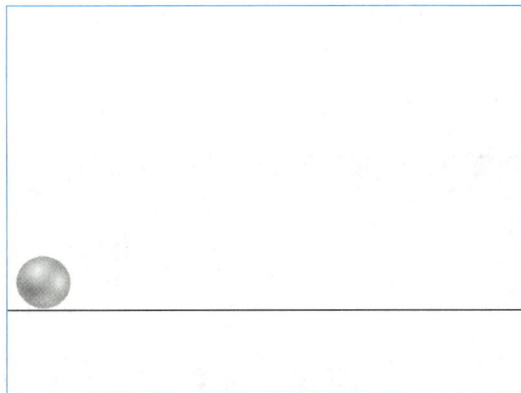

图 7-83 "小球弹跳"动画效果图

（2）导入小狗图片到库。单击菜单"文件"→"导入到库"，选择素材文件夹中的"小狗 -1.png"和"小狗 -2.png"文件。

（3）创建小狗元件。单击菜单"插入"→"新建元件"，设置元件名称为"小狗"，设置类型为"影片剪辑"，此时进入"小狗"元件编辑环境，选中第 1 帧，从"库"面板中把"小狗 -1.png"图片拖入十字形位置，注意，小狗的中心位置与十字形位置对齐。再次选中第 5 帧后右击→"插入空白关键帧"，把"小狗 -1.png"图片拖入十字形位置。

（4）返回"场景 1"编辑环境，单击箭头 🐾 ← 🐶 小球。

（5）单击菜单"文件"→"导入到库"，选中素材文件夹中的"背景图片 .png"。

（6）在时间轴的"图层 1"名称上双击，更改名称为"背景"。

教学资源：小狗 -1.png

教学资源：小狗 -2.png

教学资源：背景图片 .png

（7）选中"背景"层第 1 帧，从"库"面板中把"背景图片 .png"拖入舞台并调整好位置，在第 45 帧上右击→"插入帧"，此时背景图片将持续显示第 45 帧。锁定"背景"层。

（8）新建一个图层，更改名称为"动画"，选中"动画"图层的第 1 帧，从"库"面板中拖动"小狗"影片剪辑元件到舞台的右侧。

（9）在"动画"图层第 45 帧上右击→"插入关键帧"，使用工具箱中"任意变形工具"把小狗拖到舞台左侧的同时调整小狗的大小，为了保证等比例缩小，按住 Shift 键。

（10）在"动画"图层第 1 帧与第 45 帧之间选择任意一帧后右击→"创建传统补间"动画。此时时间轴如图 7-84 所示。

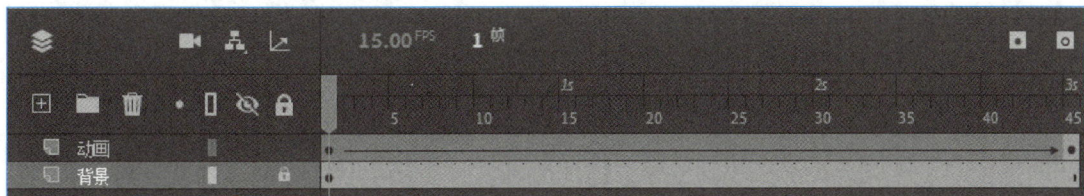

图 7-84 "小狗跑了"动画时间轴

（11）将动画源文件存储为"小狗跑了.fla"，效果图如图 7-85 所示。

（12）单击菜单"控制"→"测试影片"→"在 Animate 中"观看动画效果，此时将在"小狗跑了.fla"存储位置输出电影文件"小狗跑了.swf"。

图 7-85　"小狗跑了"动画效果图

8.1　制作简易的个人主页

一、实验目的

1. 熟悉 HTML 网页的常用标签的使用方法。
2. 熟悉和掌握 HBuilder 软件的基本使用方法。
3. 掌握使用 HBuilder 软件对 HTML 网页进行测试的方法。

二、实验内容

1. 使用 HBuilder 软件设计并制作简易的个人主页。
2. 使用 HBuilder 软件对设计的页面进行测试。

三、实验步骤

1. 使用 HBuilder 软件设计并制作简易的个人主页

（1）启动 HBuilder 软件，通过"文件"菜单中的"新建目录"命令新建一个目录，目录名称可填写为"个人主页"，如图 8-1 所示。完成后单击"创建"按钮，完成目录的创建。

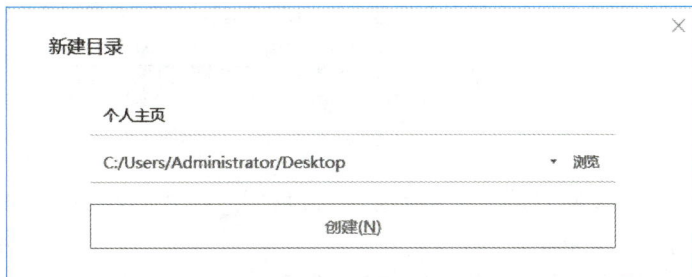

图 8-1　新建"个人主页"目录

【提示】新建一个目录（即：文件夹）是为了存放网页及网页中使用的相关素材文件。创建目录时，还应注意目录的存放位置，可以通过"新建目录"窗口界面中的"浏览"命令设定目录的存储位置。

（2）单击 HBuilder 软件"文件"菜单中的"打开目录"命令，打开第（1）步中新建的目录，HBuilder 软件窗口左侧显示"个人主页"目录，如图 8-2 所示。

【提示】也可以在计算机中找到"个人主页"文件夹，将其通过鼠标拖动的方式将文件夹拖入 HBuilder 软件窗口，同样也可以实现目录的载入。

（3）鼠标右键单击 HBuilder 软件窗口左侧文件列表中的"个人主页"目录，在弹出的快捷菜单的"新建"选项中，选择并单击"8.html 文件"命令，如图 8-3 所示。

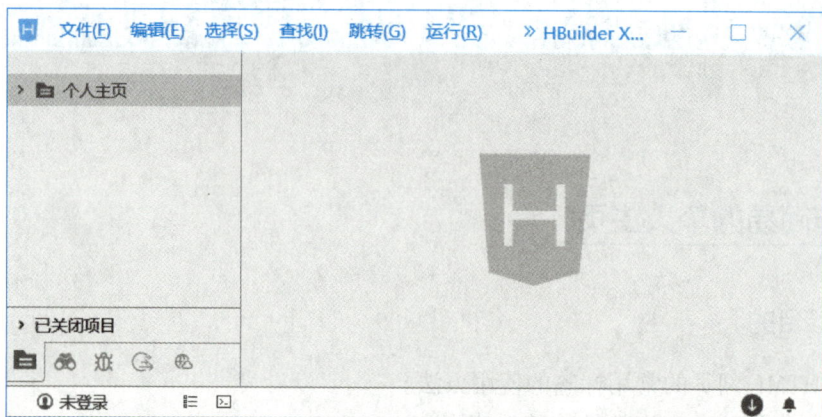

图 8-2　打开"个人主页"目录

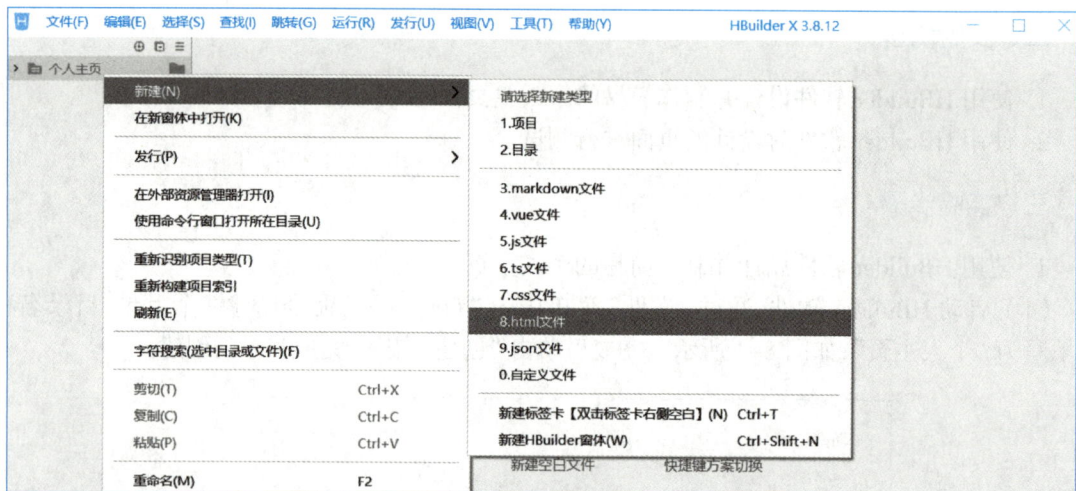

图 8-3　通过"个人主页"目录新建 HTML 文件

【提示】也可通过"文件"菜单新建网页文件,但应注意新建的文件需要选择保存位置,确保新建的文件保存在网页目录中。

（4）在弹出的对话框中填写"简易个人主页"作为 HTML 文件的文件名,如图 8-4 所示。填写完毕后单击"创建"按钮。

【提示】对话框中可以选择创建新文件的模板,一般保持默认的"default"选项即可,这样可以新建一个具有基本 HTML 代码的网页文件,提高工作效率。

（5）完成上一步操作后,HBuilder 软件会打开并显示新建的 HTML 文件,可以看到 HBuilder 已为我们写好了网页文件的基本代码,如图 8-5 所示。

【提示 1】代码第一行"<!DOCTYPE html>",是 HTML5 的文档类型声明,它告诉浏览器该文档是使用 HTML5 编写的。

【提示 2】代码"charset="utf-8""中的 UTF-8 是一种可变长度的 Unicode 编码,可以确保浏览器正确解析和显示页面中的文本,一般情况下都建议使用这种编码方式。

图 8-4 新建个人主页 HTML 页面文件

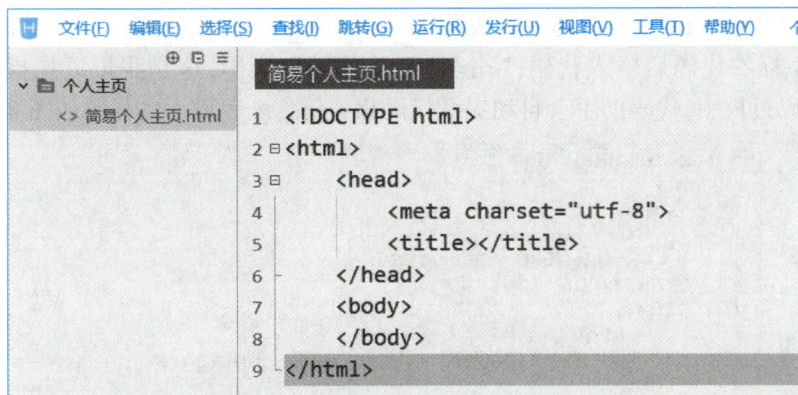

图 8-5 新建的 HTML 页面文件

【提示 3】可通过"Ctrl+ 鼠标滚轮"的方式,调整代码窗口代码的字体大小。

(6)在代码窗口中编辑页面代码。在"<title></title>"标签内输入"简易个人主页",完成页面标题的制作,如图 8-6 所示。

【提示 1】<title></title> 标签用于定义文档的标题。在浏览器标签页上,标题通常显示在页面的标题栏或标签上。

【提示 2】代码编写过程中,应养成及时保存文件的习惯,按"Ctrl+S"快捷键即可快速实现文档保存。

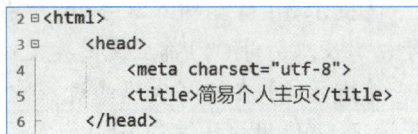

图 8-6 设置网页标题

(7)接下来制作主页标题文字。首先在"<body></body>"标签内插入一对"<h1></h1>"标签,方法是将插入点光标放在"<body>"标签后按 Enter 键,代码编辑器会展开"<body>"标签并自动缩进代码;紧接着输入字母"h",此时代码助手会提示所有以"h"开头的标签代码。此时,因菜单第一项就是"h1",可直接按下 Enter 键输入。最后,在 <h1></h1> 标签中输入文字"欢迎来到我的个人主页"。代码助手提示信息如图 8-7 所示,完成后的代码如图 8-8 所示。

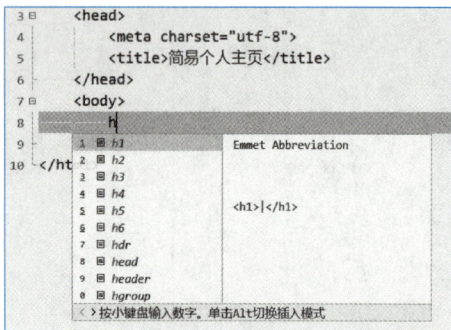

图 8-7 代码助手的提示信息

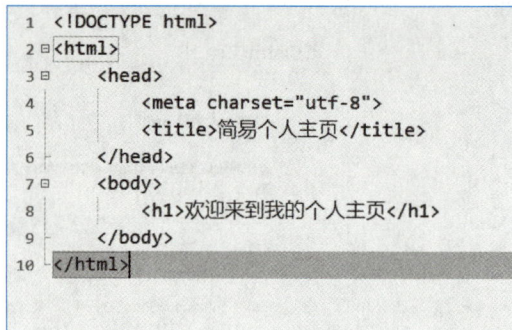

图 8-8 完成 h1 标签后的代码

【提示 1】H1 标签是指 HTML 中的一级标题标签,用于定义网页的主标题或名称,通常是页面上最重要的标题,对于访问者了解网页的内容起着至关重要的作用。

【提示 2】所有 HTML 标签不区分大小写。

【提示 3】学会运用"代码提示助手"进行代码编写,可提高工作效率。要选择"代码提示助手"弹出的选项菜单中的任意项目,可通过箭头键"↑""↓"进行选择,选择完成后按 Enter 键即可。

（8）在 h1 标签代码后输入代码:"<p> 我喜欢旅游和摄影,这是我最近拍摄的一些照片:</p>",输入代码过程中,代码助手会自动提示代码相关信息。完成后的代码如图 8-9 所示。

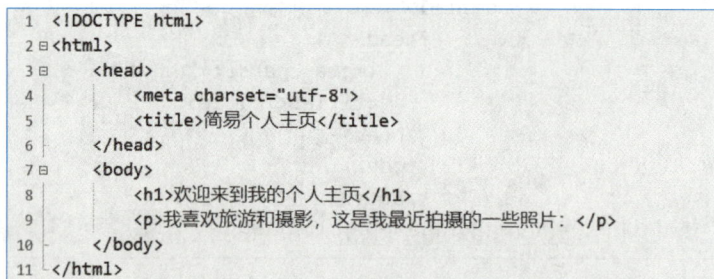

图 8-9 完成 p 标签后的代码

【提示 1】<p> 标签也是段落标签,用于定义 HTML 文档中的段落。

【提示 2】在 HBuilder 中,所有的标签都可以通过"代码提示助手"快速输入。

【提示 3】除需输入汉字外,所有代码都应使用英文输入法进行输入,输入时应特别注意引号（'）及双引号（"）都应使用英文输入法输入,否则代码无效。

【提示 4】在编写代码的过程中,如果代码格式发生错乱,例如出现"没有缩进、没有对齐"等情况,可使用快捷键"Ctrl+K"实现全部代码的格式自动重排,省时省力。

（9）准备一张用于主页展示的图片。图片可以用自己准备好的或上网下载,jpg 或 png 格式均可。将准备好的图片文件复制到第（1）步操作中所创建的"个人主页"文件夹中。完成后的"个人主页"文件夹内部情况如图 8-10 所示。

【提示】在网页设计中,应养成把网页及其所有的图片、音乐等素材文件存放到网页目录（文件夹）内的习惯。

（10）完成主页图片制作。在 p 标签代码后输入 img 标签代码:<img src=" 我拍摄的照片 .JPG" alt="">。完成后的代码如图 8-11 所示。

图 8-10 完成图片文件的复制

教学资源：
我拍摄的照片.JPG

```
1  <!DOCTYPE html>
2  <html>
3      <head>
4          <meta charset="utf-8">
5          <title>简易个人主页</title>
6      </head>
7      <body>
8          <h1>欢迎来到我的个人主页</h1>
9          <p>我喜欢旅游和摄影，这是我最近拍摄的一些照片：</p>
10         <img src="我拍摄的照片.JPG" alt="">
11     </body>
12 </html>
```

图 8-11 完成 img 标签后的代码

【提示 1】<img> 标签用于插入图片，img 是英文 image 的缩写，<img> 既是开始标签，也是结束标签，其中的"src"属性用于指定要显示的图片的路径。

【提示 2】可把插入点光标放在代码 src="" 的双引号中，按下"Alt+/"快捷键启动"代码提示助手"，"代码提示助手"会自动找到图片并添加图片名及相应的路径代码。

2. 使用 HBuilder 软件对设计的页面进行测试

（1）接下来对网页进行测试，以验证代码的正确性。单击"运行"菜单中的"运行到浏览器"命令，选择"Chrome"浏览器，如图 8-12 所示。

【提示】如果计算机没有安装 Chrome 浏览器，也可以在网页文件夹中找到网页文件，双击鼠标，用计算机上的其他浏览器打开网页文件进行测试。

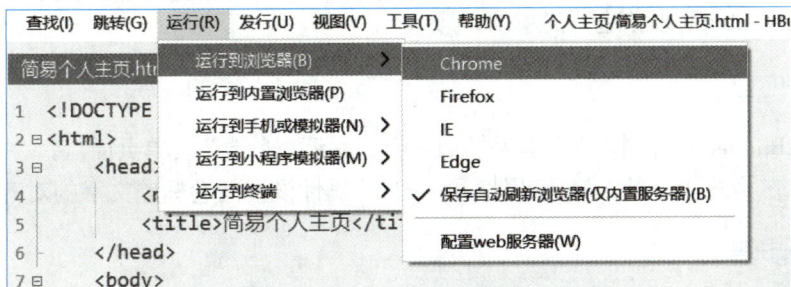

图 8-12 使用 Chrome 浏览器进行网页测试

（2）执行第（1）步后，HBuilder 会使用 Chrome 浏览器打开当前代码的浏览器页面并显示网页效果，如图 8–13 所示。

图 8–13　浏览器显示的网页测试效果

【提示】网页测试工作可以在代码编辑的过程中随时进行。

（3）如果浏览器没有显示或显示不正常，请回到代码编辑界面检查代码是否正确。

8.2　制作"大学生暑期社会实践调查问卷"

一、实验目的

1. 掌握网页设计中表单的制作方法。
2. 理解和熟悉表单常用标签及其属性的用法。
3. 初步使用 CSS 对表单进行简单的排版。

二、实验内容

1. 使用 HBuilder 软件制作"大学生暑期社会实践调查问卷"表单页面。
2. 使用 CSS 样式表中的"align"属性和"color"属性设置问卷标题文字的对齐方式和颜色。

三、实验步骤

1. 使用 HBuilder 软件制作"大学生暑期社会实践调查问卷"表单页面

（1）启动 HBuilder 软件，通过"文件"菜单中的"新建"命令新建一个目录，目录名称可填写为"调查问卷设计"，如图 8-14 所示。完成后单击"创建"按钮，完成目录创建。

（2）单击"文件"菜单中的"打开目录"命令，打开第（1）步中新建的目录，HBuilder 软件窗口左侧显示"调查问卷设计"目录，如图 8-15 所示。

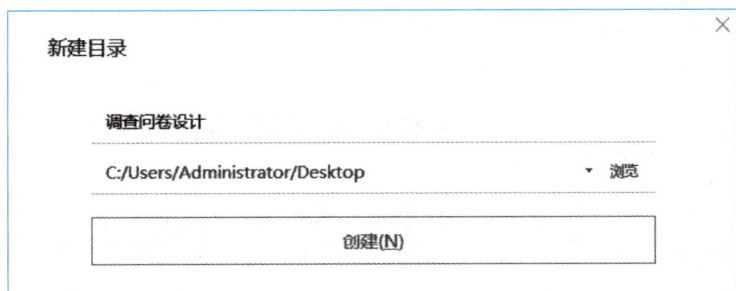

图 8-14　新建"调查问卷设计"目录

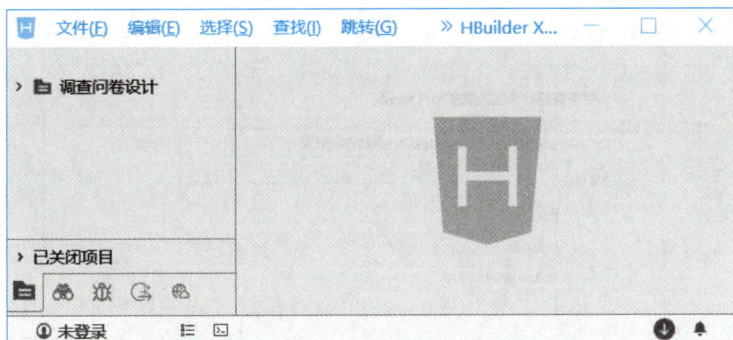

图 8-15　打开"调查问卷设计"目录

（3）鼠标右键单击 HBuilder 软件窗口左侧的"调查问卷设计"目录，在弹出的快捷菜单的"新建"中单击"8.html 文件"命令，如图 8-16 所示。

（4）在弹出的对话框中填写"大学生暑期社会实践调查问卷"作为 HTML 文件的文件名，如图 8-17 所示。填写完毕后单击"创建"按钮。

【提示】对话框中的"选择模板"选项一般保持默认的"default"选项即可，这样可以新建一个具有基本 HTML 代码的文件。

（5）完成上一步操作后，HBuilder 软件会打开并显示新建的 HTML 文件，如图 8-18 所示。

（6）在代码窗口开始编辑页面代码。首先在"<title></title>"标签内输入"大学生暑期社会实践调查问卷"，完成页面标题的制作，如图 8-19 所示。

（7）接下来开始制作表单。首先在"<body></body>"标签内插入一对"<form></form>"表单标签，方法是在"<body>"标签后按 Enter 键，代码自动换行并缩进代码；紧接着输入字母"fo"，此时代码助手会提示所有以"fo"开头的标签代码，可通过键盘上、下箭头选择"form_submit"选项完成表单标签的快速编写。代码助手提示信息如图 8-20 所示，完成后的代码如图 8-21 所示。

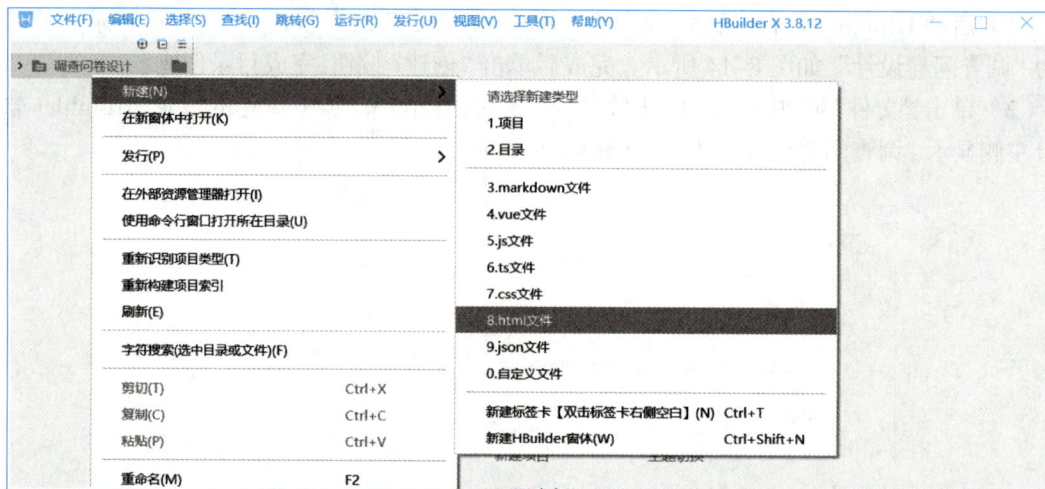

图 8-16　直接通过"调查问卷设计"目录新建 HTML 文件

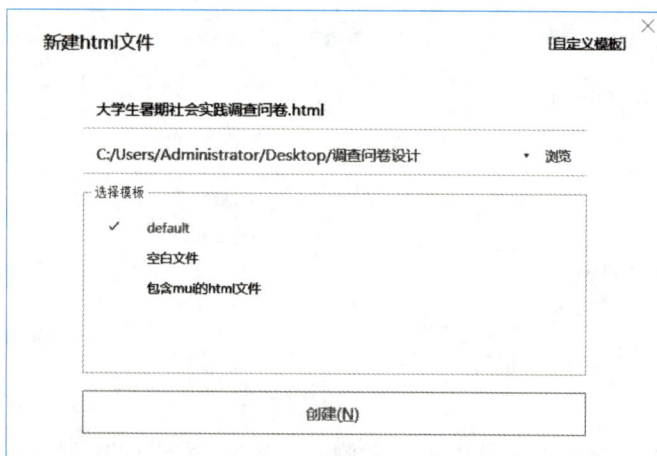

图 8-17　新建调查问卷的 HTML 页面文件

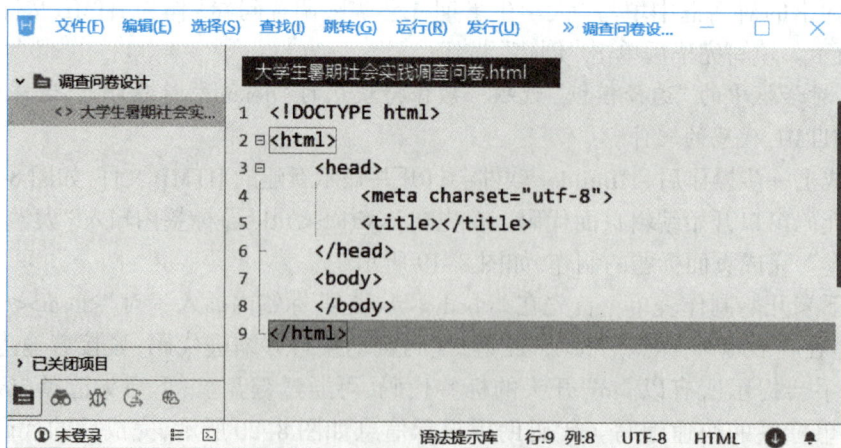

图 8-18　新建的 HTML 页面文件

```
1  <!DOCTYPE html>
2  <html>
3      <head>
4          <meta charset="utf-8">
5          <title>大学生暑期社会实践调查问卷</title>
6      </head>
7      <body>
8      </body>
9  </html>
```

图 8-19　设置页面标题

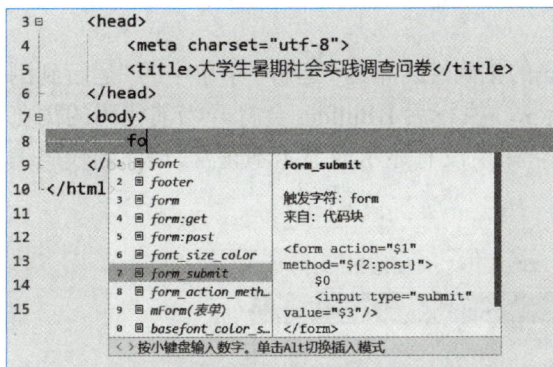

图 8-20　代码助手的提示信息

图 8-21　自动生成的 form 标签代码

【提示】代码编写过程中,"代码提示助手"会随时根据输入的字符,提示相关的代码信息。也可以按下"Alt+/"手动打开代码提示。

（8）完成表单中"姓名、学校、专业"等三个基本信息的代码。在"<form action="" method="post">"代码后输入"<h2> 基本信息 </h2>",用于生成标题文字;输入"姓名"的文字标签"<label for="name"> 姓名：</label>",输入"姓名"的文本框标签"<input type="text" id="name" name="name" required>"代码;用相同的方法完成剩余"学校"和"专业"两项代码,完成基本信息部分的代码并保存文件。完成后的代码如图 8-22 所示。

```
8       <h1>大学生暑期社会实践调查问卷</h1>
9       <form action="" method="post">
10          <h2>基本信息</h2>
11          <label for="name">姓名: </label>
12          <input type="text" id="name" name="name" required>
13          <label for="school">学校: </label>
14          <input type="text" id="school" name="school" required>
15          <label for="major">专业: </label>
16          <input type="text" id="major" name="major" required>
17          <input type="submit" value="提交">
18      </form>
```

图 8-22　"姓名、学校、专业"基本信息代码

【提示 1】在 HTML 中,<label> 标签是用来定义文字的标签,通常与其他元素（如 <input>）一起使用,为这些元素提供描述信息。

【提示 2】<input> 标签在 HTML 中定义了一个用户可以在其中输入数据的输入字段,是

HTML 表单中的重要元素。其标签的属性可以根据类型改变,常见的类型有以下几种。

- type="text":创建单行文本框,这是最常用也是默认的类型,例如用于登录输入用户名、注册输入电话号码等。
- type="checkbox":创建复选框,允许用户从多个选项中进行选择。
- type="radio":创建单选按钮,允许用户从多个选项中选择一个。
- type="submit":创建提交按钮,通常用于提交表单数据。
- type="reset":创建重置按钮,用于将表单的值重置为默认值。
- type="file":创建文件选择框,允许用户选择本地文件上传。

需要注意的是,<input> 标签没有结束标签。

（9）接下来对网页进行一次测试,以验证代码的正确性。单击"运行"菜单中的"运行到浏览器"命令,选择"Chrome"浏览器,如图 8-23 所示。执行后 HBuilder 会打开当前代码的浏览器页面,浏览器会显示网页效果,如图 8-24 所示。如果没有显示或显示不正常,请回到代码编辑界面检查代码是否正确。

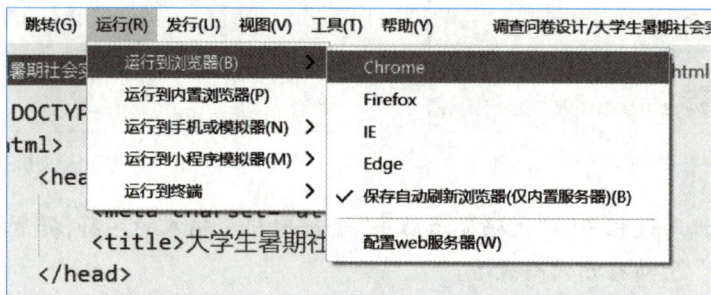

图 8-23 使用 Chrome 浏览器进行网页测试

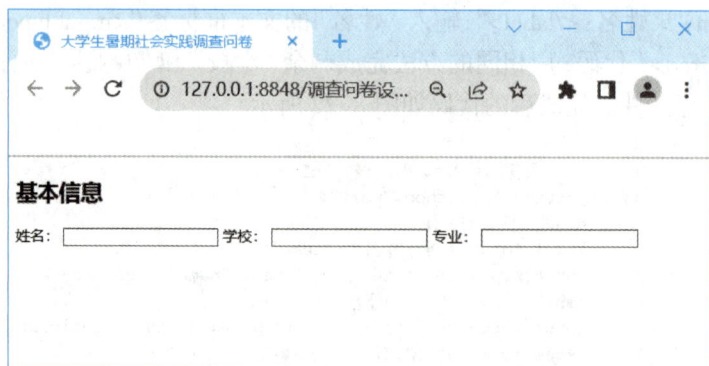

图 8-24 浏览器显示的网页测试效果

【提示 1】如果计算机没有安装 Chrome 浏览器,也可以在网页文件夹中找到网页文件,双击鼠标,用计算机上的其他浏览器打开页面。

【提示 2】网页测试工作可以在代码编辑的过程中随时进行。

（10）确保测试正常后,可继续完成表单中"实践信息"部分的制作。在"<form>"表单内,在上一步完成的代码之后,继续输入以下代码:

```
<h2> 实践信息 </h2>
<label for="organization"> 实践单位：</label>
<input     type="text"     id="organization"     name="organization" required><br>
<label for="position"> 实践岗位：</label>
<input type="text" id="position" name="position" required><br>
<label for="start_date"> 实践开始日期：</label>
<input type="date" id="start_date" name="start_date" required><br>
<label for="end_date"> 实践结束日期：</label>
<input type="date" id="end_date" name="end_date" required><br>
```

完成后的代码如图 8-25 所示。

```
9  ⊟        <form action="" method="post">
10           <h2>基本信息</h2>
11           <label for="name">姓名：</label>
12           <input type="text" id="name" name="name" required>
13           <label for="school">学校：</label>
14           <input type="text" id="school" name="school" required>
15           <label for="major">专业：</label>
16           <input type="text" id="major" name="major" required>
17           <h2>实践信息</h2>
18           <label for="organization">实践单位：</label>
19           <input type="text" id="organization" name="organization" required><br>
20           <label for="position">实践岗位：</label>
21           <input type="text" id="position" name="position" required><br>
22           <label for="start_date">实践开始日期：</label>
23           <input type="date" id="start_date" name="start_date" required><br>
24           <label for="end_date">实践结束日期：</label>
25           <input type="date" id="end_date" name="end_date" required><br>
26           <input type="submit" value="提交">
27        </form>
```

图 8-25 "实践信息"代码

【提示 1】在代码中，
 标签的作用是实现文字的换行显示。

【提示 2】在代码中，<input> 标签中的属性值"type="date""的作用是在网页显示日期和一个日期选择控件，用于方便网页使用者通过鼠标单击的方式方便地输入日期。

可使用第（9）步中的方法进行网页测试，测试效果如图 8-26 所示。

（11）完成表单中"问卷调查"部分的制作。在"<form>"表单内，在上一步完成的代码之后，继续输入以下代码：

```
<p> 请根据您的实际情况，回答以下问题：</p>
<label>
    <input type="radio" name="satisfaction" value="satisfied">满意
</label><br>
<label>
    <input type="radio" name="satisfaction" value="neutral">还行
```

```
    </label><br>
    <label>
        <input type="radio" name="satisfaction" value="dissatisfied"> 不满意
    </label><br>
```

完成后的代码测试效果如图 8-27 所示。

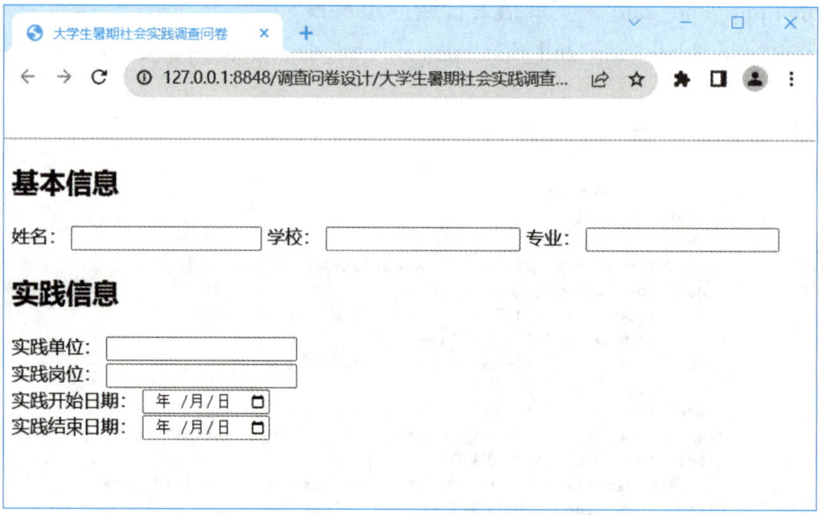

图 8-26 "实践信息"代码输入后的网页测试效果

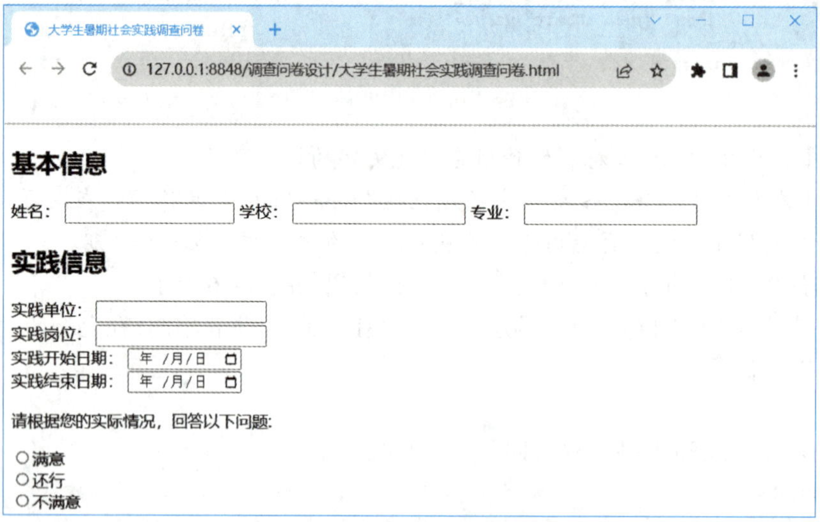

图 8-27 "问卷调查"代码输入后的网页测试效果

【提示 1】在代码中，<input> 标签中的 "type="radio"" 的作用是显示一个单选按钮。

【提示 2】在代码中，三个 <input> 标签中的 name 属性值均为 "satisfaction"，当 name 属性值相同时,则会作为选择结果相互"排斥"的单选按钮组,作用是:当某个单选按钮被用户选中时,其他单选按钮会自动变为"未选中"状态。

（12）完成表单中"意见和建议"部分的制作。在"<form>"表单内,在上一步完成的代码之后,继续输入以下代码:

<h2> 意见和建议 </h2>

<label for="suggestions"> 您有什么意见和建议？ </label>

<textarea id="suggestions" name="suggestions" rows="4" cols="50">

</textarea>

完成后的代码测试效果如图 8-28 所示。

图 8-28 "意见和建议"代码输入后的网页测试效果

【提示】在代码中,<textarea> 标签是 HTML 中的一个元素,用于创建多行文本输入框。它允许用户在其中输入和编辑文本,并可以在提交表单时将其值作为输入的一部分。

（13）在第（7）步中,使用代码助手创建 <form> 标签代码时,已创建了提交按钮的代码:<input type="submit" value=" 提交 ">。可根据需要修改 value 属性的值,以实现按钮上文字的修改。也可保持默认的:value=" 提交 "。完成后的代码测试效果如图 8-29 所示。

【提示 1】代码"<input type="submit" value=" 提交 ">"中,"type="submit""表示显示一个提交按钮。当用户在表单中填写完信息并单击此按钮后,表单的信息会被发送到服务器进行处理。

【提示 2】代码"<input type="submit" value=" 提交 ">"中,"value"属性的值定义了按钮上显示的文字,可根据自己的需要进行修改。

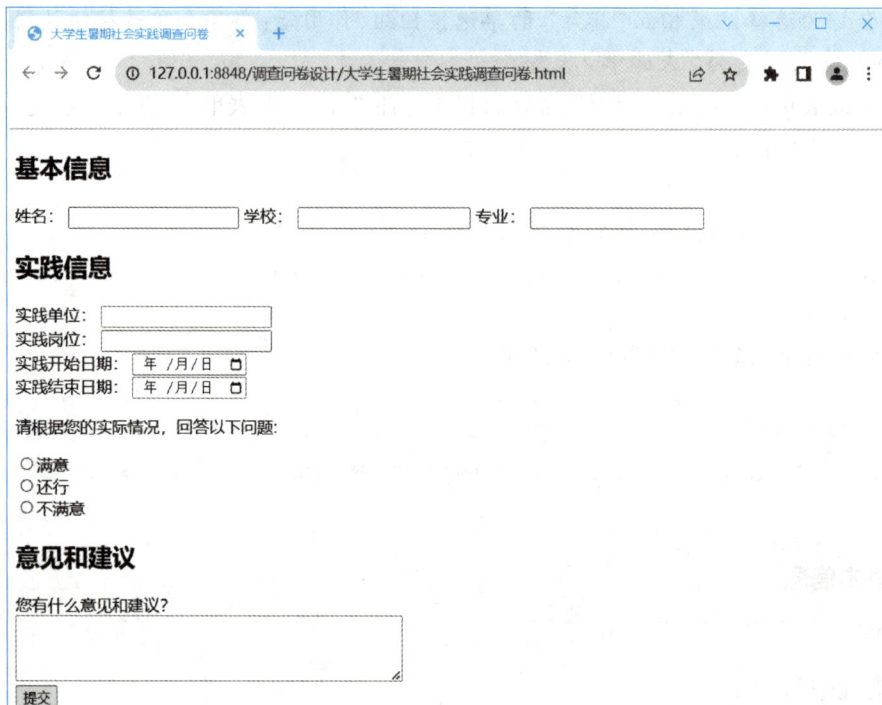

图 8-29 "提交按钮"代码输入后的网页测试效果

2. 使用 CSS 样式表中的"align"属性和"color"属性设置问卷标题文字的对齐方式和颜色

（1）为表单页面加入一对 h1 标签并输入文字标题。在"<form>"表单内代码前输入以下代码：

<h1> 大学生暑期社会实践调查问卷 </h1>

完成后的代码如图 8-30 所示。

图 8-30 加入一个 h1 标签并输入文字标题

（2）为表单页面加入简单的 CSS 代码,实现 h1 标签文字的居中,并设置颜色为红色。在页面文件头部的"<head>"标签内部,加入以下代码：

```
<style type="text/css">
    h1{ text-align: center;
        color: red;
    }
</style>
```

完成后的代码如图 8-31 所示。

```
1  <!DOCTYPE html>
2  <html>
3      <head>
4          <meta charset="utf-8">
5          <title>大学生暑期社会实践调查问卷</title>
6          <style type="text/css">
7              h1{
8                  text-align: center;
9                  color: red;
10             }
11         </style>
12     </head>
```

图 8-31 为 h1 标签设置 CSS 样式代码

【提示 1】<style type="text/css"></style> 表示在 HTML 文件中加入样式描述。

【提示 2】h1 在这里是选择器,表示选择页面上所有的 h1 标签;代码"text-align: center; "实现了 h1 标签内的文本居中对齐;代码"color: red; "作用是设置 h1 标签内的文字颜色为红色。

【提示 3】关于 CSS 样式表的相关知识,会在本章其他的实验中学习掌握。

(3)完成表单页面的测试,测试效果如图 8-32 所示。

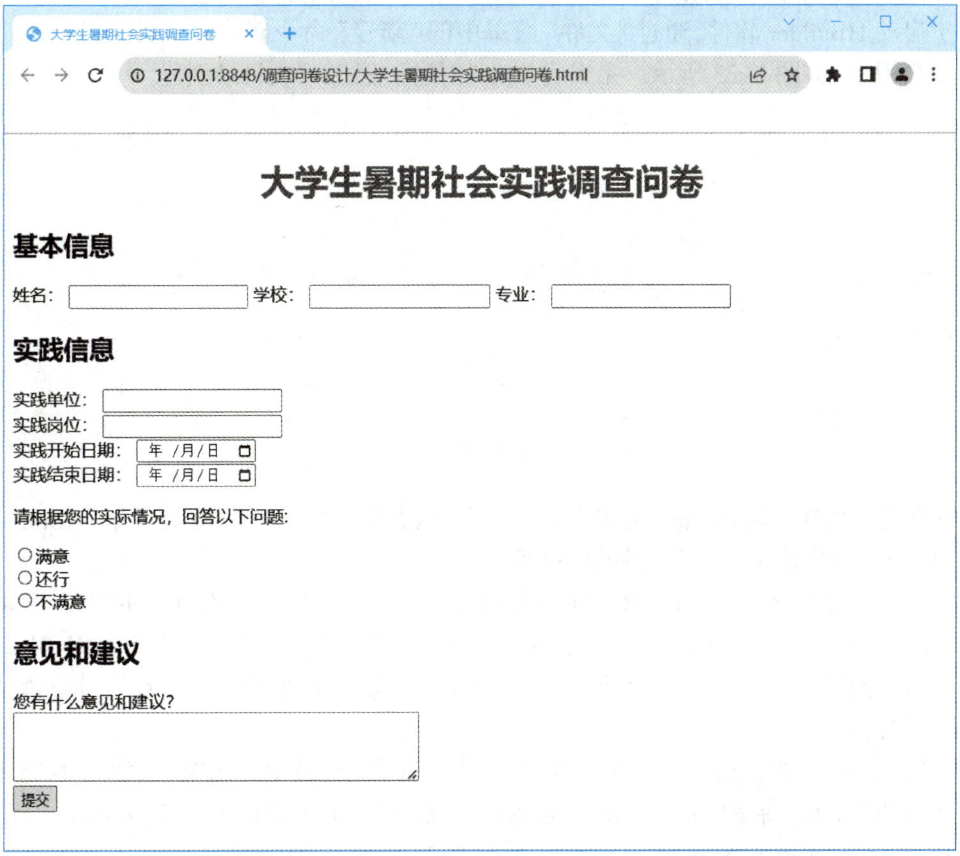

图 8-32 网页最终效果

8.3　设计制作"个人求职简历"

一、实验目的

1. 掌握使用 CSS 样式表进行网页设计的方法。
2. 熟悉 CSS 的常用属性的用法。
3. 理解 CSS 的层次及其作用优先级。
4. 初步掌握 CSS 的 float（浮动）属性的运用方法。
5. 进一步掌握 HTML 网页的常用标签的使用方法。

二、实验内容

1. 使用 HBuilder 软件制作"个人求职简历"HTML 网页文件。
2. 使用 HBuilder 软件为"个人求职简历"网页文件添加 CSS 样式。

三、实验步骤

1. 使用 HBuilder 软件制作"个人求职简历"HTML 网页文件

（1）启动 HBuilder 软件，通过"文件"菜单中的"新建"命令新建一个目录，目录名称可填写为"求职简历"，如图 8-33 所示。完成后单击"创建"按钮，完成目录创建。

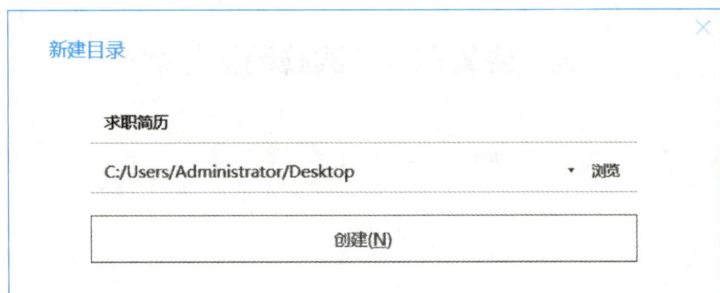

图 8-33　新建"求职简历"目录

（2）单击"文件"菜单中的"打开目录"命令，打开第（1）步中新建的目录，HBuilder 软件窗口左侧显示"求职简历"目录，如图 8-34 所示。

（3）鼠标右键单击 HBuilder 软件窗口左侧的"求职简历"目录，在弹出的快捷菜单的"新建"中单击"8.html 文件"命令，并在弹出的对话框中填写"我的求职简历"作为 HTML 文件的文件名，"选择模板"选项一般保持默认的"default"选项即可，如图 8-35 所示。填写完毕后单击"创建"按钮。

（4）完成上一步操作后，HBuilder 软件会打开并显示新建的 HTML 文件，如图 8-36 所示。

（5）给"<head>"标签内的"<title>"标签加入文字"我的求职简历"，在"<body>"标签内标签加入代码"<div class=""></div>"。完成后如图 8-37 所示。

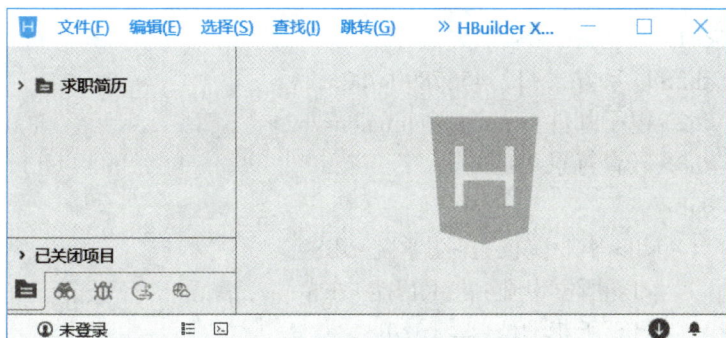

图 8-34 打开 "求职简历" 目录

图 8-35 新建 "我的求职简历" HTML 页面文件

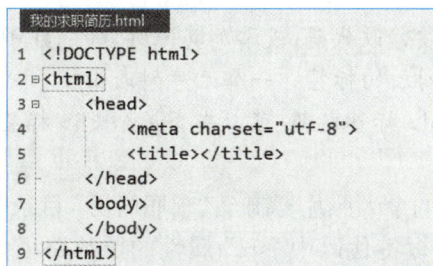

图 8-36 新建的 HTML 页面文件

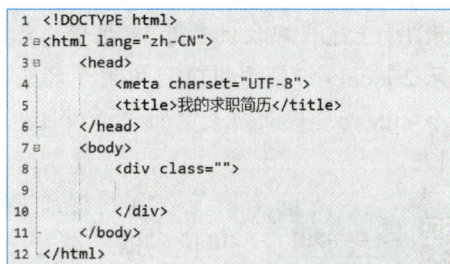

图 8-37 添加 div 标签后的网页代码

【提示】<div> 标签是 HTML 中的一个常用元素,它是一个块级元素,通常用于组织和布局网页内容。<div> 标签作为一个容器,可以包含许多 HTML 标签元素,例如 <p>、<h1>、<img> 等。它通常用于创建页面布局,例如将页面分为头部、主体和底部等部分。

(6)在 "<div class=""> </div>" 标签中,继续编写求职简历页面代码,代码如下:

```
<div class="">
    <img src="" alt="">
```

```
<h1> 姓名:王娜 </h1>
<h2> 联系方式:1234567890</h2>
<h2> 电子邮件:wangna@china.cn</h2>
<h3> 教育背景 </h3>
<ul>
        <li> 毕业院校:昆明学院 </li>
        <li> 所学专业:人工智能 </li>
        <li> 所获学位:学士 </li>
        <li> 毕业年份:2024 年 6 月 </li>
</ul>
<h3> 掌握技能 </h3>
<ul>
        <li> 掌握 Python、C++、Java 等编程语言 </li>
        <li> 掌握线性代数、概率论、统计学,有扎实的数学基础 </li>
        <li> 掌握图像处理、特征提取、目标检测等计算机视觉技术 </li>
</ul>
<h3> 求职意向 </h3>
<ul>
        <li> 华为 </li>
        <li> 比亚迪 </li>
</ul>
</div>
```

【提示1】上述代码仅供参考,可根据自己的需要修改代码,或添加其他所需的 HTML 标签。

【提示2】<ul> 标签是 HTML 中用于定义无序列表的标签。一个无序列表由多个 <li> 标签组成,每个 <li> 标签代表列表中的一个项目。在 <ul> 标签内部,可以嵌套多个 <li> 标签来创建项目的列表。

▶教学资源:

个人照片 .jpg

（7）将提前准备好的个人照片复制至"求职简历"目录中,并使用代码助手填写 <img> 标签代码中"src"属性的照片路径值,填写"alt"属性中的值。填写案例:<img src=" 个人照片 .jpg" alt=" 照片丢失 ">。

【提示】在 CSS 中,img 是用来描述图像的,有两个属性:src 和 alt。src 用于定义图像的 URL,alt 用于定义图像无法显示时的替代文本。

（8）保存代码后,单击"运行"菜单中的"运行到浏览器"命令,选择"Chrome"浏览器,测试网页显示效果,以验证代码的准确性。测试效果如图 8-38 所示。

2. 使用 HBuilder 软件为"个人求职简历"网页文件添加 CSS 样式

（1）鼠标右键单击 HBuilder 软件窗口左侧的"求职简历"目录,在弹出的快捷菜单的"新建"中单击"7.css 文件"命令,并在弹出的对话框中填写"style.css"作为样式表的文件名,"选择模板"选项一般保持默认的"default"选项即可,如图 8-39 所示。填写完毕后单击"创建"按钮,HBuilder 会打开并显示新建的空白 CSS 样式文件。

图 8-38　求职简历页面测试效果

图 8-39　新建 CSS 样式表文件

（2）返回"我的求职简历 .html"页面文件编辑窗口，在"<head>"标签内部，加入代码"<link rel="stylesheet" href="style.css">"，如图 8-40 所示。

```
2 ▢<html lang="zh-CN">
3 ▢    <head>
4          <meta charset="UTF-8">
5          <title>我的求职简历</title>
6          <link rel="stylesheet" href="style.css">
7      </head>
```

图 8-40　新建的 HTML 页面文件

【提示 1】link 标签常用于链接外部样式表（CSS）。在 head 标签内放置 link 标签，可以加载外部 CSS 文件，并应用于当前 HTML 文档。

【提示 2】属性 href：指定需要加载的资源（CSS 文件）的地址 URL。

【提示 3】属性 rel：定义当前文档与被链接文档之间的关系，常见的属性值包括 alternate、stylesheet、start 等。

（3）返回"style.css"样式表文件编辑窗口，为 <body> 标签添加如下样式代码：

```
body {
        font-family: Arial, sans-serif;
        line-height: 1.2;
}
```

【提示 1】font-family 是 CSS 中的一个属性，用于指定元素的字体族名称或类族名称的一个优先表。也就是说，如果浏览器不支持第一个字体，则会尝试下一个，以此类推，直到找到可识别的字体。例如，可以设置为 "Arial, sans-serif" 等。

【提示 2】line-height 是 CSS 中的一个属性，用于设置行高。这个属性定义了各行之间的最小距离，而不是最大距离。行高一般会根据字体大小来自动调整，但也可以手动设置，例如可以设置为 "1.2" 来使得行高比字体大小高出 20%。

（4）创建一个名称为 resume 的类选择器，代码如下：

```
.resume {
        margin: 0 auto;
        padding: 20px;
        width: 80%;
        border: solid 2px #333;
}
```

【提示 1】类选择器是 CSS（级联样式表）中的一个重要概念，它允许开发者为具有特定类属性的 HTML 元素应用样式。类选择器的语法格式为：.class_name {property: value; }。其中"."是类选择器的标识符，紧随其后的"class_name"是自定义的类名，大括号内部则是需要设置的样式属性及其对应的值，以分号结尾。使用时，只需在 HTML 元素中添加"class"属性，并赋值为相应的类名即可。

【提示 2】"margin：0 auto；"是一种用于水平居中对齐 CSS 元素的常见技巧。它将元素的左、右外边距设置为自动,使得元素在水平方向上居中。

【提示 3】"padding：20px；"设置元素的内边距为 20 像素。

【提示 4】"width：80%；"设置元素的宽度为上层元素的 80%。

【提示 5】"border：solid 2px #333；"设置元素的边框为:实线、宽度 2 像素、颜色为 #333。此处"#333"是一种非常普遍的十六进制的颜色表示方法。

(5)返回"我的求职简历 .html"页面文件编辑窗口,在"<div>"标签内部填写类的引用代码：<div class="resume">,将 resume 类选择器给 div 标签使用,如图 8-41 所示。

```
8    <body>
9        <div class="resume">
10           <img src="个人照片.jpg" alt="照片丢失">
11           <h1>姓名：中国梦</h1>
```

图 8-41　为 div 标签添加类的引用

【提示】可使用代码助手填写类名。

(6)返回"style.css"样式表文件编辑窗口,继续为 h1、h2、h3、ul 以及 img 标签添加如下样式代码：

```
h1, h2, h3 {
    color: #333;
}
ul {
    list-style-type: none;
    padding: 0;
}
img {
    display: block;
    width: 30%;
    float: right;
}
```

【提示 1】"color：#333；"设置颜色。

【提示 2】"list-style-type：none；"用于消除 HTML 列表项目符号(如圆点、数字等)。

【提示 3】"padding：0；"消除列表内边距。

【提示 4】"display：block；"以块级元素的方式进行显示。块级元素的特点是:总是在新行上开始,高度、行高以及顶和底边距都可控。

【提示 5】"width：30%；"中"30%"表示该元素的宽度是其父元素宽度的 30%,此处 img 标签的父元素是 body,即图片显示宽度会保持为页面窗口宽度的 30%。

【**提示 6**】"float：right；"中 float 是 CSS 中的一个属性，表示让某个元素从包含框的左边缘向右移动，直到碰到包含框的右边缘或者其他浮动元素的框停下。当空间不足以绘制自己则另起一行。这种效果可以用来实现元素的居右浮动。

（7）完整的 CSS 代码如下：

```
body {
    font-family: Arial, sans-serif;
    line-height: 1.2;
}
.resume {
    margin: 0 auto;
    padding: 20px;
    width: 80%;
    border: solid 2px #333;
}
h1, h2, h3 {
    color: #333;
}
ul {
    list-style-type: none;
    padding: 0;
}
img {
    display: block;
    width: 30%;
    float: right;
}
```

（8）测试 CSS 样式在页面的效果。单击"运行"菜单中的"运行到浏览器"命令，选择"Chrome"浏览器，如图 8-42 所示。

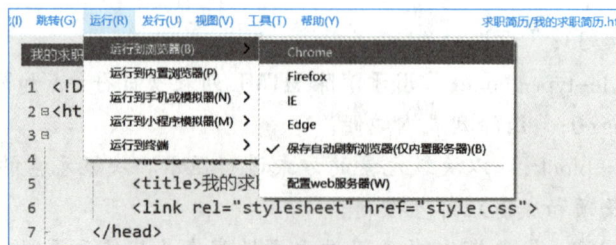

图 8-42   使用 Chrome 浏览器进行 CSS 效果测试

【提示】如果计算机没有安装 Chrome 浏览器,也可以在网页文件夹中找到网页文件,双击鼠标,用计算机上的其他浏览器打开网页文件进行测试。

（9）最终的页面测试效果如图 8-43 所示。

（10）如果浏览器没有显示或显示不正常,请回到代码编辑界面检查代码是否正确。

图 8-43　制作完成的"个人求职简历"的测试效果

8.4　设计制作"毕业季照片墙"

一、实验目的

1. 了解和掌握使用 div+CSS 进行网页布局的基本方法。
2. 理解和掌握网页图片流式布局的几种设计思路。
3. 理解和掌握 flex、flex-wrap、column-count 以及 column-gap 等属性的具体设计方法。

二、实验内容

1. 使用 HBuilder 软件设计制作毕业季照片墙 HTML 网页文件。
2. 使用 CSS 的 flex、flex-wrap 属性为毕业季照片墙 HTML 网页文件设置样式。

3. 使用 CSS 的 column-count、column-gap 属性为毕业季照片墙 HTML 网页文件设置样式。

三、实验步骤

1. 使用 HBuilder 软件设计制作毕业季照片墙 HTML 网页文件

（1）启动 HBuilder 软件，通过"文件"菜单中的"新建"命令新建一个目录，目录名称可填写为"照片墙"，完成后单击"创建"按钮，完成目录的创建。

【提示】具体操作方法可参照实验 8.1、8.2 或者 8.3 中的相关步骤。

（2）单击"文件"菜单中的"打开目录"命令，打开第（1）步中新建的目录，HBuilder 软件窗口左侧显示"照片墙"目录。

【提示】具体操作方法可参照实验 8.1、8.2 或者 8.3 中的相关步骤。

（3）使用 HBuilder 软件，在"照片墙"目录中分别新建一个 HTML 文件和两个 CSS 文件，文件名称可分别为：毕业季照片墙 .html、flex.css、column.css。

【提示】具体操作方法可参照实验 8.1、8.2 或者 8.3 中的相关步骤。

（4）在"照片墙"目录中新建一个目录文件，目录名称可为：image，并将事先准备好的多张图片文件放入该文件夹。

【提示 1】"image"文件夹用于单独存放所有照片文件，其位置应位于"照片墙"目录（文件夹）内部，这样才能保证网页素材正常显示。

【提示 2】图片文件尽量应采用类似"01、02、03……"这样的数字编号（例如：01.jpg、02.jpg、03.jpg、04.jpg、05.jpg），这样更有利于代码的编辑和修改。

（5）在"毕业季照片墙 .html"中输入以下代码：

```html
<!DOCTYPE html>
<html>
    <head>
        <meta charset="utf-8">
        <title> 我们毕业了 </title>
        <link rel="stylesheet" href="flex.css">
    </head>
    <body>
        <div class="photo-wall">
            <div class="photo"><img src="image/01.jpg"></div>
            <div class="photo"><img src="image/02.jpg"></div>
            <div class="photo"><img src="image/03.jpg"></div>
            <div class="photo"><img src="image/04.jpg"></div>
            <div class="photo"><img src="image/05.jpg"></div>
            <div class="photo"><img src="image/06.jpg"></div>
            <div class="photo"><img src="image/07.jpg"></div>
            <div class="photo"><img src="image/08.jpg"></div>
```

```
            <div class="photo"><img src="image/09.jpg"></div>
            <div class="photo"><img src="image/10.jpg"></div>
            <div class="photo"><img src="image/11.jpg"></div>
            <div class="photo"><img src="image/12.jpg"></div>
            <div class="photo"><img src="image/13.jpg"></div>
            <div class="photo"><img src="image/14.jpg"></div>
            <div class="photo"><img src="image/15.jpg"></div>
            <div class="photo"><img src="image/16.jpg"></div>
            <div class="photo"><img src="image/17.jpg"></div>
            <div class="photo"><img src="image/18.jpg"></div>
            <div class="photo"><img src="image/19.jpg"></div>
        </div>
    </body>
</html>
```

【提示 1】<div> 和 <img> 是 HTML 中的两个元素,它们通常一起使用来创建网页上的图像布局。当 <div> 和 <img> 一起使用时,通常将 <img> 放在 <div> 内部,以便通过 CSS 样式来控制图像的布局和样式。

【提示 2】<div> 标签是 HTML 中的一个常用元素,用于创建块级容器,可以包含其他 HTML 元素,如文本、图像、链接、表格等。<div> 元素通常用于组织和布局网页内容,以及应用 CSS 样式。<div> 标签具有以下特点。

● 块级元素:<div> 是块级元素,意味着它会在其前面和后面创建"换行",并且会占用其父元素的整个宽度。

● 容器:<div> 可以作为容器,用于组织和布局其他 HTML 元素。

● 样式化:<div> 元素通常与 CSS 一起使用,用于设置元素的样式,如背景颜色、边框、边距、填充等。

● 无语义:<div> 元素本身不具有任何特定的语义含义,它仅用于布局和样式目的。

【提示 3】可根据需要在代码中自行添加更多图片及其他元素。

2. 使用 CSS 的 flex、flex-wrap 属性为毕业季照片墙 HTML 网页文件设置样式

(1)在 "flex.css" 中输入以下代码:

```css
.photo-wall {
    display: flex;
    flex-wrap: wrap;
    justify-content: space-around;
    align-items: center;
    padding: 20px;
}
```

```
.photo {
    flex: 1 0 10%;
    margin: 10px;
}


.photo img {
    width: 100%;
    height: auto;
    object-fit: cover;
}
```

【提示 1】"display：flex；"是 CSS 中的一种布局方式，属于 Flexbox（弹性盒子布局）的一种。它可以应用在容器或行内元素上，为页面布局提供更简便、完整、响应的方式。flex 布局主要思想是使父容器能够调节子元素的大小，以适应不同的显示设备和屏幕尺寸。

【提示 2】"flex-wrap：wrap；"是 CSS 中的一种属性，属于 Flexbox（弹性盒子布局）的一种。该属性定义了当弹性盒子元素的子元素无法在单行内排下时如何换行。flex-wrap 可以有如下三种值。

- nowrap（默认值）：不换行，所有子元素都在一行内显示。
- wrap：换行，第一行在上方。
- wrap-reverse：换行，第一行在下方。

【提示 3】"justify-content：space-around；"是 CSS 中 Flexbox 布局的一种属性，它用于在弹性容器内的主轴线上对子元素进行居中对齐。当子元素在容器中排列时，"justify-content：space-around；"会使得子元素之前、之间、之后都留有空白空间，且空间自行分配，项目之间的间隔比项目与边框的间隔大一倍。这种布局方式非常适合于有大量子元素需要排列的情况，可以使得子元素之间既有适当的空间，又不会显得过于稀疏或拥挤。

【提示 4】"align-items：center；"是 CSS flex 布局中用于设置容器内项目的对齐方式的属性，具体效果为垂直居中对齐。该属性应用于容器元素上，使得容器中的所有子元素在垂直方向上居中对齐。

【提示 5】"dpadding：20px；"用于设置元素的内边距。这个属性给出了元素内容和其边框之间的空间间隔。这里的 20px 表示元素的内边距是 20 像素。可以为上、下、左、右设置不同的内边距，例如 padding：10px 20px 30px 40px；表示上边距是 10 像素，右边距是 20 像素，下边距是 30 像素，左边距是 40 像素。

【提示 6】"flex：1 0 10%；"是 CSS 中 Flexbox 布局的一种属性简写，它指定了一个元素在 flex 容器中的行为。具体来说，flex 属性是 flex-grow，flex-shrink 和 flex-basis 三个属性的简写。在本代码中，"flex：1 0 10%；"表示如下。

- flex-grow：1 表示元素可以放大的空间比率。值为 1，表示元素可以等比例地占用剩余空间。
- flex-shrink：0 表示元素可以缩小的空间比率。值为 0，表示元素不会缩小。
- flex-basis：10% 表示元素在分配多余空间之前的基准大小。值为 10%，表示元素的初始宽度为容器宽度的 10%。

【提示 7】"margin：10px；"用于设置元素的外边距。这个属性给出了该元素和其他元素之间的空间间隔。这里的 10px 表示元素的外边距是 10 像素。可以为上、下、左、右设置不同的外边距，例如"margin：10px 20px 30px 40px；"表示上边距是 10 像素，右边距是 20 像素，下边距是 30 像素，左边距是 40 像素。

【提示 8】"width：100%；"用于设置元素的宽度。这里的 100% 表示元素的宽度将等于其父元素的宽度。在 HTML 和 CSS 中，元素的宽度默认值是 auto，这意味着元素会自动扩展以填充其内容。将元素的宽度设置为 100% 会覆盖这个默认行为，使元素总是与其父元素一样宽。

【提示 9】"height：auto；"用于设置元素的高度。这里的 auto 表示元素的高度将根据其内容自动调整。当一个元素的高度设置为 auto 时，浏览器会自动计算并调整元素的高度以适应其内容。这意味着无论元素内的文本或其他内容的行数如何，元素的高度都会按照这些内容的实际高度进行相应调整。

【提示 10】"object-fit：cover；"用于设置图像或媒体如何在元素框内填充和适应。当设置"object-fit：cover；"时，内容会被拉伸或压缩以填充元素的整个内容盒，同时保持其长宽比不变。具体来说，如果容器的宽度和高度至少有一个与内容的长宽比不一致，那么内容将会被剪裁以适应容器。

（2）测试 flex.css 文件样式施加在页面后的效果。返回"毕业季照片墙 .html"代码编辑页面，单击 HBuilder 软件"运行"菜单中的"运行到浏览器"命令，选择"Chrome"浏览器，效果如图 8-44 所示。

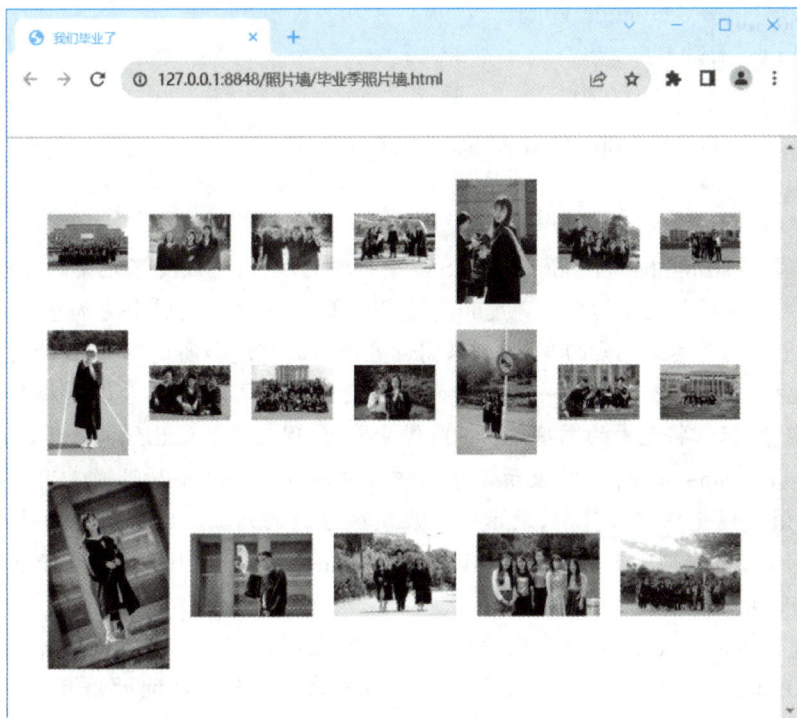

图 8-44 加载 flex.css 样式后的网页测试效果

3. 使用 CSS 的 column-count、column-gap 属性为毕业季照片墙 HTML 网页文件设置样式

（1）在"column.css"中输入以下代码：

```
body {
    margin: 10px;
    padding: 0;
    box-sizing: border-box;
}

.photo-wall {
    column-count: 5;
    column-gap: 10px;
}

.photo {
    break-inside: avoid;
    padding: 5px;
    margin-bottom: 10px;
}

.photo img {
    width: 100%;
    height: auto;
    box-shadow: 0px 0px 10px rgba( 0, 0, 0, 0.5 );
}
```

【提示 1】"box-sizing: border-box;"是 CSS3 中新增的属性,它改变了元素的盒模型,使得元素的内边距和边框不再增加元素的内容宽度和高度。border-box 在布局时会更加直观和简单。例如,如果希望一个元素填满其父元素的宽度,则只需设置所需的宽度和高度即可,因为这些值将包含内容、内边距和边框。例如,如果要将一个元素的高度设为 200 像素,同时使其边框和内边距分别为 10 像素和 20 像素,只需将元素的高度设为 200 像素即可,因为这些值已经包含了边框和内边距。

【提示 2】"column-count: 5;"表示元素应该被分成 5 列。这个属性通常用于创建多列文本布局。属性的值可以是任何正整数,表示元素应该被分成的列数。需要注意的是,column-count属性通常与其他 CSS 属性(如 column-width 和 column-gap)一起使用,以更好地控制多列文本布局的外观和布局。

【提示 3】"column-gap: 10px;"用于设置元素列之间的间距。这里的 10px 表示相邻列之间的间距为 10 像素。这个属性可以用于控制多列布局中列与列之间的垂直距离,以增加布局的可读性和美观性。需要注意的是,column-gap 属性通常与其他 CSS 属性(如 column-count 和 column-width)一起使用,以更好地控制多列文本布局的外观和布局。

【提示 4】"break-inside: avoid;"表示在元素内部不允许插入换行符。换行符在元素内部是被禁止的,即使在元素的内容被完全填充的情况下,浏览器也会尽可能地避免在元素内部插入换行符。这个属性常常被用于防止在元素内部出现由于换行符导致的额外空白行,从而保持元素内部的文本内容在一行内显示,使元素的排版更加整洁、清晰。

需要注意的是,"break-inside: avoid;"属性在使用时需要和其他 CSS 属性(如 column-count、column-width 等)一起使用,以实现多列布局的效果。同时,这个属性也只有在支持 Regions 模型的浏览器中才有效。

【提示 5】"box-shadow: 0px 0px 10px rgba(0,0,0,0.5);"是 CSS 中的一种属性,用于在元素的框架周围添加阴影效果。具体来说,box-shadow 属性的参数有以下含义。

- 0px 0px:阴影的水平偏移量和垂直偏移量。在这个例子中,阴影将不会在元素周围移动。
- 10px:阴影的模糊距离,值越大阴影边缘越模糊。
- rgba(0,0,0,0.5):阴影的颜色。在这个例子中,阴影是半透明的黑色。

box-shadow 属性常常被用于增加元素的层次感和立体感,也可以用来在视觉上区分元素。

(2)返回"毕业季照片墙 .html"代码编辑页面,修改代码中 <link> 标签内的 href 属性的值:<link rel="stylesheet" href="column.css">,加载 column.css 样式表。

【提示】对于同一个 HTML 文件,可以加载不同的样式表文件,以实现不同的网页样式呈现。

(3)测试 column.css 文件样式加载在页面后的效果。返回"毕业季照片墙 .html"代码编辑页面,单击 HBuilder 软件"运行"菜单中的"运行到浏览器"命令,选择"Chrome"浏览器,效果如图 8-45 所示。

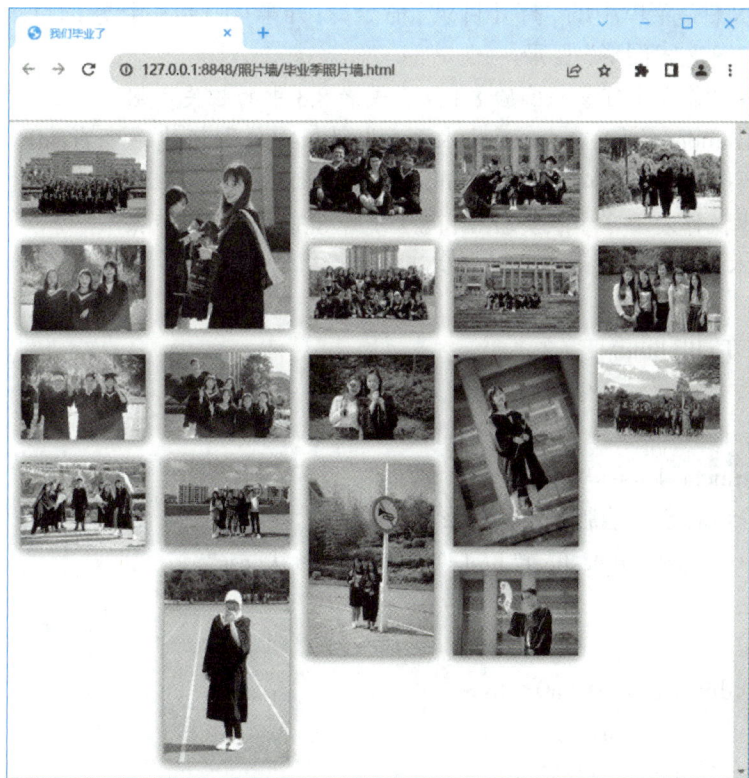

图 8-45　加载 column.css 样式后的网页测试效果

8.5　CSS 艺术图形图像设计

一、实验目的

1. 初步掌握使用 CSS 创建基本图形、图像的方法。
2. 进一步学习和了解 CSS 的常用属性及函数的实际应用方法。
3. 了解和掌握更多的 CSS 设计技巧。

二、实验内容

1. 使用 CSS 的 border 相关属性设计实现基本几何形状。
2. 使用 CSS 的 linear-gradient 线性渐变函数绘制渐变图像。

三、实验步骤

1. 使用 CSS 的 border 相关属性设计实现基本几何形状

（1）启动 HBuilder 软件，通过"文件"菜单中的"新建"命令新建一个目录，目录名称可填写为"CSS 艺术图形"，完成后单击"创建"按钮，完成目录的创建。

【提示】具体操作方法可参照实验 8.1、8.2 或者 8.3 中的相关步骤。

（2）单击"文件"菜单中的"打开目录"命令，打开第（1）步中新建的目录，HBuilder 软件窗口左侧显示"CSS 艺术图形"目录。

【提示】具体操作方法可参照实验 8.1、8.2 或者 8.3 中的相关步骤。

（3）使用 HBuilder 软件，在"CSS 艺术图形"目录中分别新建一个 HTML 文件和一个 CSS 文件，文件名称可分别为：基本几何形状 .html、基本几何形状 .css。

【提示】具体操作方法可参照实验 8.1、8.2 或者 8.3 中的相关步骤。

（4）在"基本几何形状 .html"中输入以下代码：

```
<!DOCTYPE html>
<html>
  <head>
    <meta charset="utf-8">
    <title>CSS 绘制基本几何形状 </title>
    <link rel="stylesheet" href=" 基本几何形状 .css">
  </head>
  <body>
    <div class="a0">a0</div>
    <div class="a1">a1</div>
    <div class="a2">a2</div>
```

```
        <div class="a3">a3</div>
        <div class="a4">a4</div>
        <div class="a5">a5</div>
        <div class="a6">a6</div>
        <div class="a7">a7</div>
        <div class="a8">a8</div>
    </body>
</html>
```

【提示】使用 <div> 绘制基本几何形状。"a0、a1、a2……a8"用于创建不同的几何形状样式。

（5）在"基本几何形状 .css"中输入以下代码：

```
body {
    font-size: 25px;
}

div {
    display: inline-block;
    margin: 10px;
    padding: 10px;
    background: #ebffde;
    width: 19%;
    height: 4em;
    line-height: 4em;
    text-align: center;
    border: 10px solid #ad1a69;
}

.a0 {}

.a1 {
    border-radius: 20px;
}

.a2 {
    border-top-left-radius: 20px;
}
```

```
      }

      .a3 {
        border-bottom-right-radius: 20px;
      }

      .a4 {
        width: 100px;
        height: 100px;
        border-radius: 100px;
      }

      .a5 {
        width: 100px;
        height: 100px;
        /* 对比 radius: 100px 和 100% 会有不同效果 */
        /* border-top-left-radius: 100px; */
        border-top-left-radius: 100%;
      }

      .a6 {
        border-top-left-radius: 150px;
        border-top-right-radius: 50px;
        border-bottom-left-radius: 30px;
        border-bottom-right-radius: 30px;
      }

      .a7 {
        border-top-left-radius: 100px 50px;
      }

      .a8 {
        border-left-width: 100px;
        border-right-width: 40px;
        border-top-left-radius: 150px 50px;
        border-top-right-radius: 50px;
        border-bottom-left-radius: 150px 50px;
```

```
            border-bottom-right-radius: 50px;
        }
```

【提示 1】"display: inline-block;"用于将元素以内联块级元素的方式显示。这样可以使元素具备块级元素的特性,例如设置宽度和高度,同时在同一行内与其他元素共享空间。

【提示 2】"background: #ebffde;"用于设置 HTML 元素的背景颜色。"#ebffde"是一个十六进制颜色代码,表示一种浅绿色。

【提示 3】"border: 10px solid #ad1a69;"用于设置 HTML 元素的边框样式。它设置了以下属性:边框宽度为 10 像素;边框样式为实线;边框颜色为 #ad1a69。

【提示 4】"border-radius: 20px;"用于设置 HTML 元素的边框半径。它将边框的四个角的形状设置为圆形,半径为 20 像素。

【提示 5】"border-top-left-radius: 20px;"用于设置 HTML 元素的左上角边框半径。具体来说,它将左上角边框的形状设置为圆形,半径为 20 像素。

【提示 6】".a0 {};"是一个空白样式,用于表示 div 标签的初始形状(矩形)。

【提示 7】可尝试自行修改 CSS 样式的不同取值,实现不同的图形效果。

(6)测试"基本几何形状 .css"文件样式加载在页面后的效果。返回"基本几何形状 .html"代码编辑页面,单击 HBuilder 软件"运行"菜单中的"运行到浏览器"命令,选择"Chrome"浏览器,测试效果如图 8-46 所示。

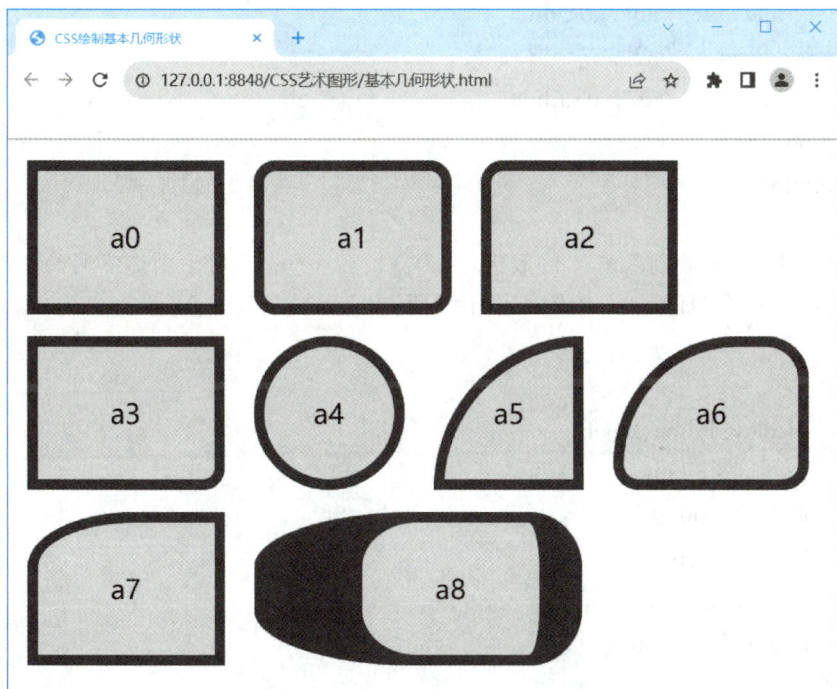

图 8-46　基本几何形状网页测试效果

2. 使用 CSS 的 linear-gradient 线性渐变函数绘制渐变图像

（1）使用 HBuilder 软件，在 "CSS 艺术图形" 目录中新建一个 HTML 文件和一个 CSS 文件，文件名称可分别为：颜色渐变图像 .html、颜色渐变图像 .css。

（2）在 "颜色渐变图像 .html" 中输入以下代码：

```html
<!DOCTYPE html>
<html>
    <head>
        <meta charset="utf-8">
        <title> 颜色渐变图像 </title>
        <link rel="stylesheet" href=" 颜色渐变图像 .css">
    </head>
    <body>
        <div class="a0">a0</div>
        <div class="a1">a1</div>
        <div class="a2">a2</div>
        <div class="a3">a3</div>
        <div class="a4">a4</div>
        <div class="a5">a5</div>
        <div class="a6">a6</div>
        <div class="a7">a7</div>
        <div class="a8">a8</div>
    </body>
</html>
```

【提示】使用 <div> 绘制基本几何形状。"a0、a1、a2……a8" 用于创建不同的几何形状样式。

（3）在 "颜色渐变图像 .css" 中输入以下代码：

```css
div {
    display: inline-block;
    position: relative;
    width: 150px;
    height: 150px;
    text-align: center;
    line-height: 150px;
}
```

```
.a0 {
    background: linear-gradient( black, white );
}

.a1 {
    background: radial-gradient( white, black );
}

.a2 {
    background: repeating-linear-gradient( white 50px, black 100px, white 150px );
}

.a3 {
    background: linear-gradient( to top left, black, white );
}

.a4 {
    background: linear-gradient( 10deg, black, white );
}

.a5 {
    background: repeating-radial-gradient( white 50px, black 100px, white 150px );
}

.a6 {
    background: linear-gradient( yellow, red );
}

.a7 {
    background: linear-gradient( hsl( 0, 100%, 50% ),
            hsl( 50, 100%, 50% ),
            hsl( 300, 100%, 50% ));
}

.a8 {
    background: linear-gradient( hsl( 0, 100%, 50% ),
            hsl( 50, 100%, 50% ),
            hsl( 100, 100%, 50% ),
```

```
                    hsl( 150, 100%, 50% ),
                    hsl( 200, 100%, 50% ),
                    hsl( 250, 100%, 50% ),
                    hsl( 300, 100%, 50% ));
       }
```

【提示 1】"display : inline-block ; "用于将元素以内联块级元素的方式显示,这样可以使元素具备块级元素的特性,例如设置宽度和高度,同时在同一行内与其他元素共享空间。

【提示 2】"position : relative ; "是一种定位类型,意思是元素成为其包含块,可以相对其正常位置进行定位。使用 "position : relative ; "的元素可以使用 "top" "right" "bottom" "left" 这 4 个偏移属性进行相对定位,相对的是其正常位置。也就是说,即使这个元素被移动或者放大,它原来的位置还是会被其他元素占用。

【提示 3】"line-height : 150px ; "表示行高,也就是行与行之间的垂直距离。这个属性不仅影响了文本的可读性,还影响了元素的高度。"line-height" 可以设置为以下值。
- 固定值:比如 "150px",表示行高为 150 像素。
- 百分比:比如 "150%",表示行高是字体大小的 150%。
- 正常:默认值,通常是字体大小的 120% 到 150%。

【提示 4】"background : linear-gradient(black, white) ; "用于设置 HTML 元素的背景颜色渐变。具体来说,它创建了一个从黑色渐变到白色的背景。

【提示 5】"background : radial-gradient(white, black) ; "用于设置 HTML 元素的背景颜色渐变。具体来说,它创建了一个从白色渐变到黑色的背景,且渐变的形状是径向的(从中心点向外扩散)。这个样式可以被大多数现代浏览器所识别,并且可以被用于任何需要设置背景颜色渐变的 HTML 元素上,例如 div、p、h1 等。

【提示 6】"hsl(50, 100%, 50%)" 是 CSS(层叠样式表)语法,用于设置 HTML 元素的背景颜色。具体来说,它使用了 HSL 色彩模式,其中:
- H(hue,色调)值为 50,表示颜色在色轮上的位置。在 HSL 色彩模式中,色调的取值范围是 0 到 360,表示一个圆周。
- S(saturation,饱和度)值为 100%,表示颜色的鲜艳程度。在 HSL 色彩模式中,饱和度的取值范围是 0% 到 100%。
- L(lightness,明度)值为 50%,表示颜色的明亮程度。在 HSL 色彩模式中,明度的取值范围是 0% 到 100%。

因此,"hsl(50, 100%, 50%)" 表示一种色调为 50、饱和度为 100%、明度为 50% 的颜色。这个颜色可以被大多数现代浏览器所识别,并且可以被用于任何需要设置背景颜色的 HTML 元素上。

【提示 7】可尝试自行修改 CSS 样式的不同取值,实现不同的图形效果。

(4)测试 "颜色渐变图像 .css" 文件样式加载在页面后的效果。返回 "颜色渐变图像 .html" 代码编辑页面,单击 HBuilder 软件 "运行" 菜单中的 "运行到浏览器" 命令,选择 "Chrome" 浏览器,测试效果如图 8-47 所示。

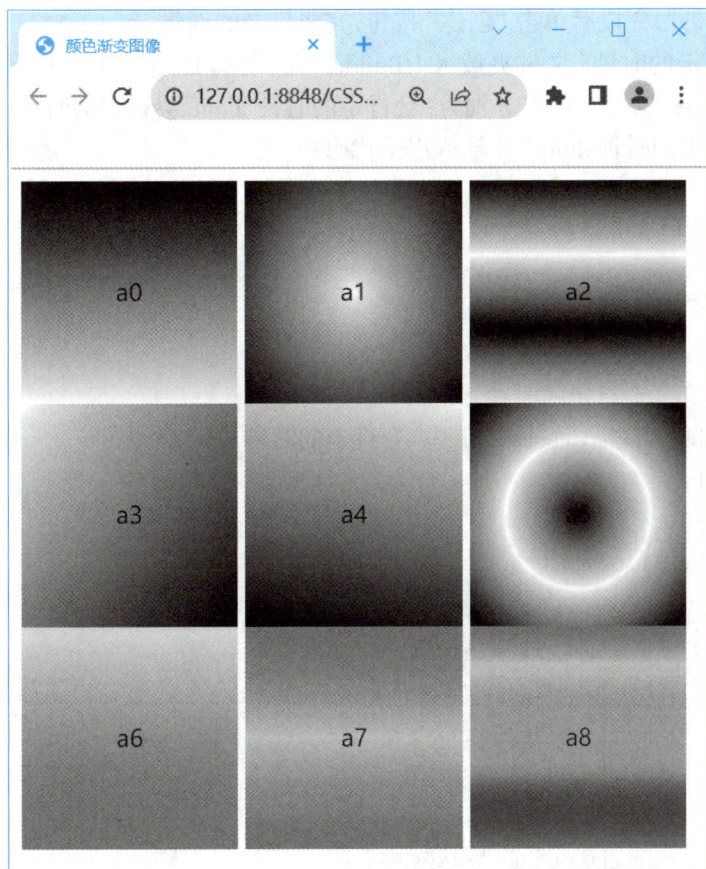

图 8-47　颜色渐变图像网页测试效果

8.6　网页创意设计：会行走的时钟

一、实验目的

1. 掌握网页设计综合设计及应用能力。
2. 掌握网页设计中的一些高级技巧。
3. 开阔思维，培养创新精神。

二、实验内容

1. 利用 <div> 标签设计完成时钟组件的 HTML 页面。
2. 使用 CSS 的相关技巧绘制时钟。

三、实验步骤

1. 利用 <div> 标签设计完成时钟组件的 HTML 页面

（1）启动 HBuilder 软件，通过"文件"菜单中的"新建"命令新建一个目录，目录名称可填写为"会行走的时钟",完成后单击"创建"按钮,完成目录的创建。

（2）将"会行走的时钟"文件夹载入 HBuilder,在"会行走的时钟"目录中新建一个 HTML 文件和一个 CSS 文件,文件名称可分别为：会行走的时钟 .html、会行走的时钟 .css。

（3）在"会行走的时钟 .html"中输入以下代码：

```html
<!DOCTYPE html>
<html>
  <head>
      <meta charset="utf-8">
      <title> 会行走的时钟 </title>
      <link rel="stylesheet" href=" 会行走的时钟 .css">
  </head>
  <body>
      <div class="clock">
          <div class="top"></div>
          <div class="right"></div>
          <div class="bottom"></div>
          <div class="left"></div>
          <div class="center"></div>
          <div class="shadow"></div>
          <div class="hour"></div>
          <div class="minute"></div>
          <div class="second"></div>
      </div>
  </body>
</html>
```

【提示】使用 <div> 绘制构成时钟的几何形状,"top、right、bottom……second"等样式分别用于绘制时钟的具体形状。

2. 使用 CSS 的相关技巧绘制时钟

（1）在"会行走的时钟 .css"中输入以下代码：

```css
* {
margin: 0;
padding: 0;
border: 0;
}
```

```
html,
body {
    min-height: 100%;
}

body {
    background-color: #00A99E;
}

.clock {
    position: relative;
    height: 200px;
    width: 200px;
    background: white;
    box-sizing: border-box;
    border-radius: 100%;
    border: 10px solid #67D2C8;
    position: absolute;
    top: 0;
    left: 0;
    right: 0;
    bottom: 0;
    margin: auto;
}

.top {
    position: absolute;
    width: 3px;
    height: 8px;
    background: #262626;
    left: 0;
    right: 0;
    margin: 0 auto;
}

.right {
    position: absolute;
    width: 8px;
```

```css
        height: 3px;
        background: #262626;
        top: 0;
        bottom: 0;
        right: 0;
        margin: auto 0;
    }

    .bottom {
        position: absolute;
        width: 3px;
        height: 8px;
        background: #262626;
        left: 0;
        right: 0;
        bottom: 0;
        margin: 0 auto;
    }

    .left {
        position: absolute;
        width: 8px;
        height: 3px;
        background: #262626;
        top: 0;
        bottom: 0;
        left: 0;
        margin: auto 0;
    }

    .center {
        height: 6px;
        width: 6px;
        position: absolute;
        left: 0;
        right: 0;
        top: 0;
```

```
        bottom: 0;
        margin: auto;
        background: #262626;
        border-radius: 100%;
    }

    .shadow {
        height: 200px;
        width: 200px;
        position: absolute;
        left: 60px;
        top: 60px;
        transform: rotate( 135deg );
        background: linear-gradient( transparent, rgba( #000, 0.1 ));
    }

    .hour {
        width: 3px;
        height: 100%;
        position: absolute;
        left: 0;
        right: 0;
        margin: 0 auto;
        //animation: time 86400s infinite linear;
        animation: time 60s infinite linear;

        &: before {
            position: absolute;
            content: "";
            background: #262626;
            height: 60px;
            width: 3px;
            top: 30px;
        }
    }

    .minute {
```

```
        width: 1px;
        height: 100%;
        position: absolute;
        left: 0;
        right: 0;
        margin: 0 auto;
        //animation: time 3600s infinite linear;
        animation: time 30s infinite linear;

        &: before {
            position: absolute;
            content: "";
            background: #262626;
            height: 40px;
            width: 1px;
            top: 50px;
        }
    }

    .second {
        width: 2px;
        height: 100%;
        position: absolute;
        left: 0;
        right: 0;
        margin: 0 auto;
        //animation: time 60s infinite linear;
        animation: time 15s infinite linear;

        &: before {
            position: absolute;
            content: "";
            background: #fd1111;
            height: 45px;
            width: 2px;
            top: 45px;
        }
```

```
        }
    }

    @keyframes time {
        to {
            transform: rotate ( 360deg );
        }
    }
```

【提示】CSS 样式的具体作用，可自行上网查找相关资料进行学习。推荐如下几个相关网页设计的学习网站。

● 菜鸟教程：提供 HTML、CSS、JavaScript 等前端技术的教程和实例，内容较为基础和全面，适合初学者入门。

● W3Schools 在线教育平台：提供 HTML、CSS、JavaScript 等网站开发技术的教程和实例，内容较为基础，适合初学者入门。

● FreeCodeCamp：一个非营利性的开源代码学习平台，提供前端和全栈开发的学习资源和项目实践，内容较为实用和深入，适合有一定基础的学习者。

（2）测试"会行走的时钟 .css"文件样式加载在页面后的效果。返回"会行走的时钟 .html"代码编辑页面，单击 HBuilder 软件"运行"菜单中的"运行到浏览器"命令，选择"Chrome"浏览器，测试效果如图 8-48 所示。

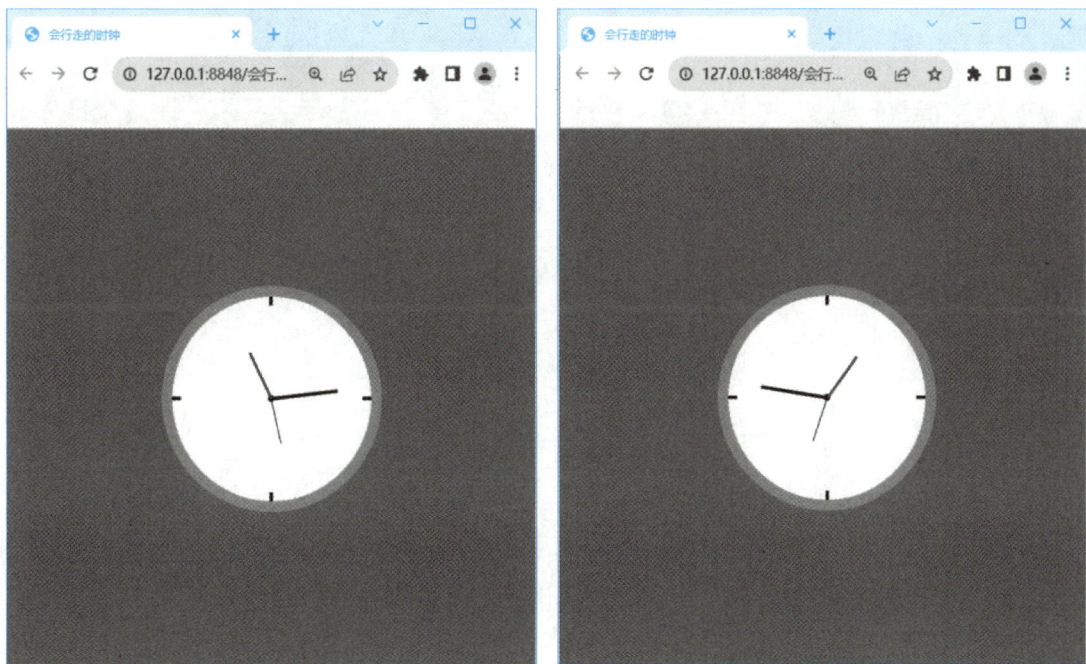

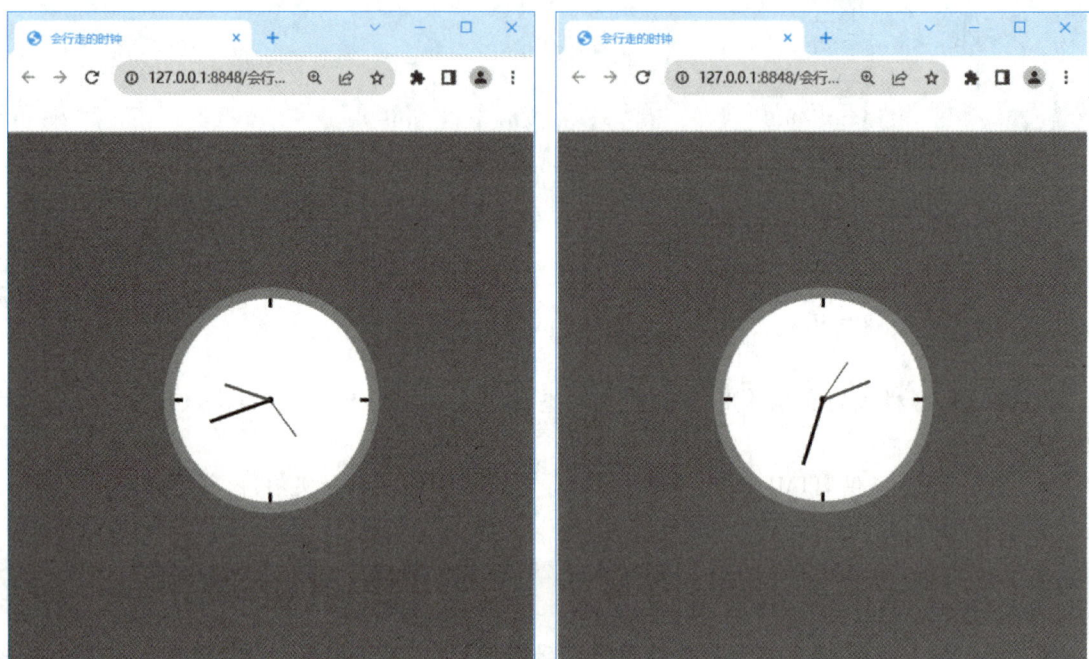

图 8-48　时钟的指针随着时间行走

9.1　安装和配置 MySQL

一、实验目的

1. 掌握 MySQL 的安装方法。
2. 熟悉 MySQL 的配置方法。
3. 熟悉 MySQL 命令行工具的使用。
4. 熟悉 MySQL 图形化客户端工具的使用。

二、实验内容

1. 安装 MySQL。
2. 配置 MySQL。
3. 使用 MySQL 命令行工具。
4. 使用 MySQL 图形化客户端工具。

三、实验步骤

1. 下载 MySQL 安装程序，熟悉其安装过程。
2. 配置 MySQL，熟悉配置过程中的要点。
3. 启动和停止 MySQL 服务。

（1）通过 Windows 服务管理工具启动、停止 MySQL 服务。

1）单击"开始"按钮→"Windows 管理工具"→"服务"命令，打开 Windows 的服务窗口，如图 9-1 所示。

2）在服务窗口的右侧找到 MySQL 服务（MySQL83），单击鼠标右键，在弹出的快捷菜单中单击"启动"命令，如图 9-2 所示。

MySQL 服务启动后，在图 9-2 中单击"停止"命令即可停止 MySQL 服务。

（2）通过命令行启动、停止 MySQL 服务。

1）单击"开始"按钮→"Windows 系统"→"命令提示符"命令，打开 Windows 的命令提示符窗口。

2）在命令提示符窗口输入命令：net start mysql83，启动 MySQL 服务。这里的 mysql83 为 MySQL 服务在 Windows 操作系统中注册的服务名，如图 9-3 所示。

输入命令：net stop mysql83，停止 MySQL 服务。

（3）配置环境变量

为了避免每次使用 MySQL 命令连接服务器都需要包含路径的烦琐，可以对系统环境变量

Path 进行配置。

　　1）右键单击桌面的"此电脑"图标,在弹出的快捷菜单中选择"属性"弹出"设置"窗口,单击"高级系统设置",弹出"系统属性"对话框,选择"高级"选项卡,如图 9-4 所示。

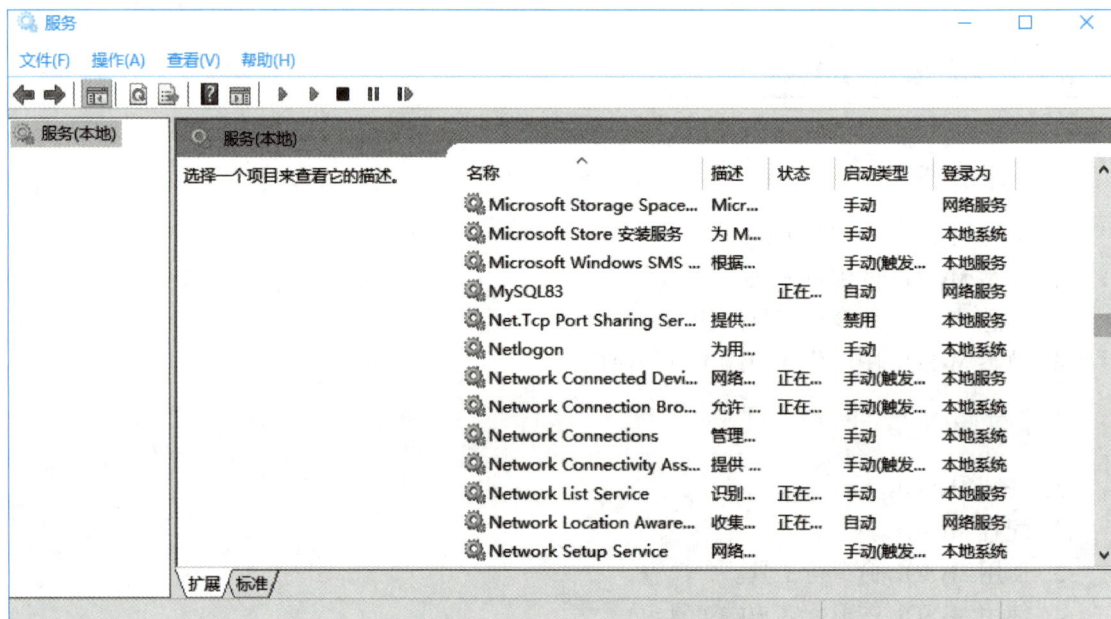

图 9-1　Windows 的服务窗口

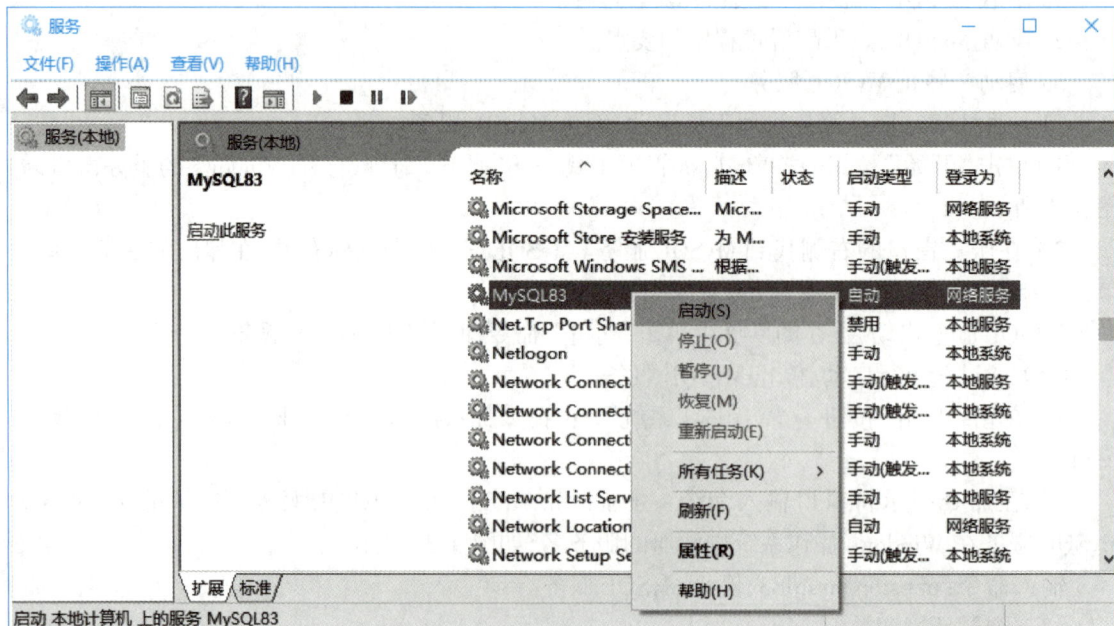

图 9-2　MySQL 服务的启动

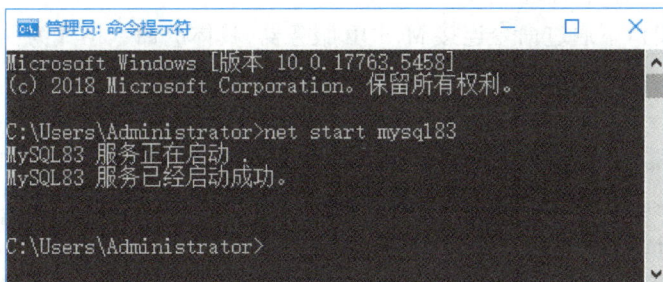

图 9-3 在命令提示符窗口启动 MySQL 服务

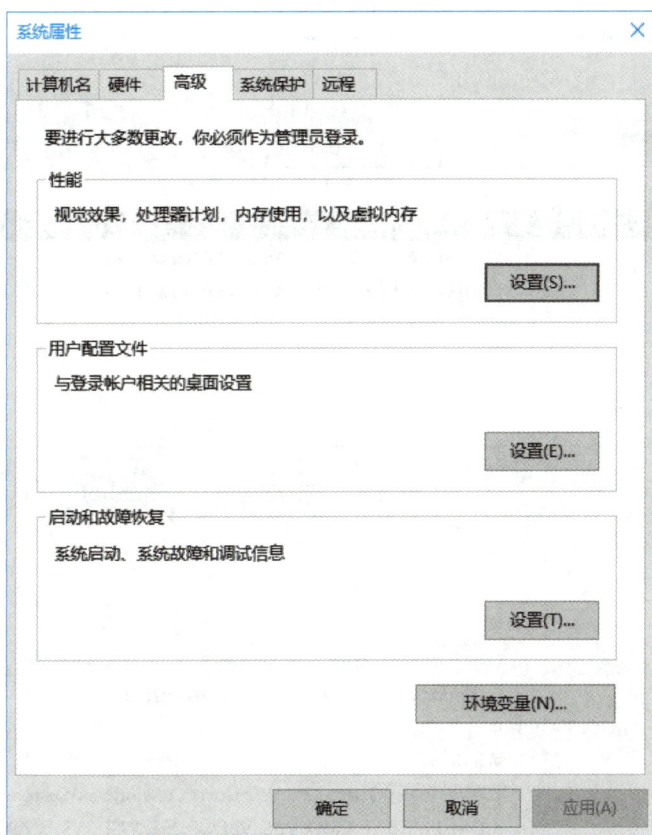

图 9-4 "系统属性"对话框

2）单击"环境变量"按钮，打开"环境变量"对话框，如图 9-5 所示。

3）在"系统变量"列表中选择"Path"按钮，单击"编辑"按钮，打开"编辑环境变量"对话框，单击"新建"按钮，如图 9-6 所示，将路径 C:\Program Files\MySQL\MySQL Server 8.3\bin\ 添加到文本框中。

单击"确定"按钮完成 Path 变量的配置，以后使用 MySQL 客户端程序连接 MySQL 服务器时就不需要包含路径信息。

（4）连接和断开 MySQL 服务器。

在命令提示符窗口下通过命令连接 MySQL 服务器，具体的命令格式为：

$$mysql\ -h\ hostname\ -u\ username\ -p$$

说明：

-h 后的 hostname 代表 MySQL 服务器的主机名或 IP 地址，如果服务器和客户端在同一台机器，则可以用 localhost 或 127.0.0.1 代表本机，或者省略此选项。

-u 后的 userrname 表示用户名，如果没有创建其他用户，可以使用 root。

-p 后面可以直接输入密码（不加空格），但是一般不推荐使用明文方式给出密码。

输入 mysql -u root -p，按 Enter 键，提示 "Enter password：",输入密码，回车，如果密码正确，最后出现 "mysql>" 提示符，表示已经成功连接 MySQL 服务器，如图 9-7 所示。

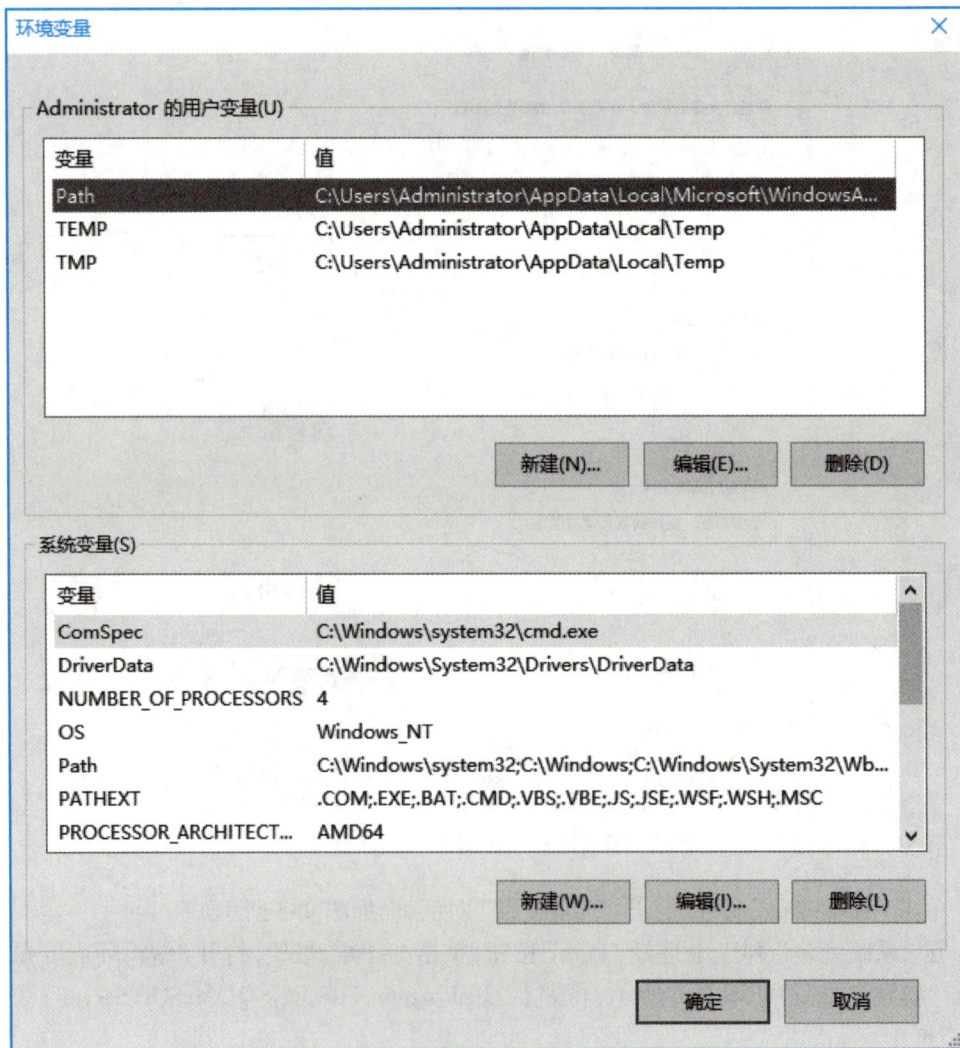

图 9-5 "环境变量" 对话框

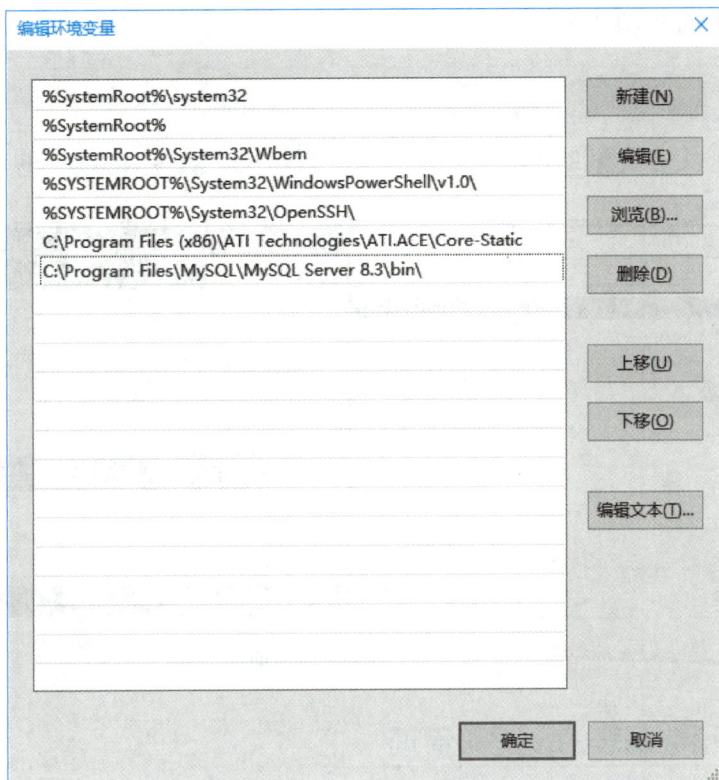

图 9-6 "编辑环境变量"对话框

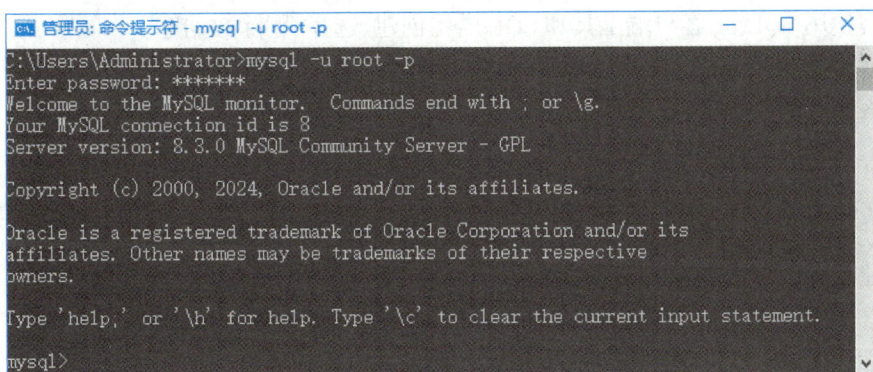

图 9-7 在命令提示符窗口连接 MySQL 服务器

输入 quit,即可断开与 MySQL 服务器的连接。

4. MySQL 图形化客户端工具的使用。

（1）下载和安装 SQLyog。

（2）启动 SQLyog。

（3）新建连接。

（4）熟悉 SQLyog 的工作界面。

SQLyog 的主界面如图 9-8 所示。

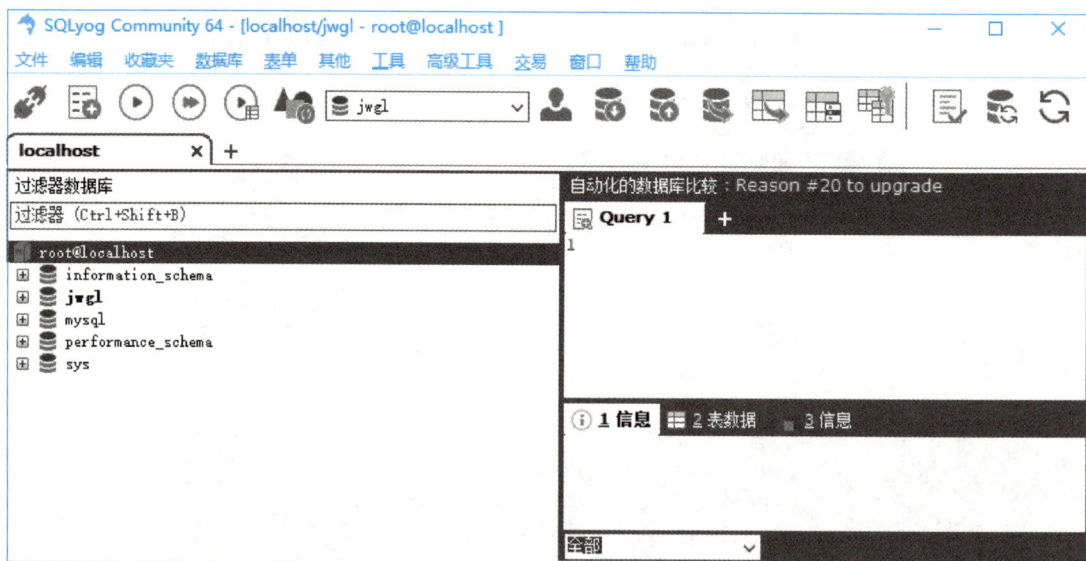

图 9-8　SQLyog 主界面

9.2　数据库和数据表的创建和管理

一、实验目的

1. 掌握使用 SQLyog 客户端工具和 SQL 语句创建、选择、删除数据库。
2. 掌握使用 SQLyog 客户端工具和 SQL 语句创建、修改、删除表。
3. 掌握 MySQL 的常用数据类型。
4. 掌握数据完整性和约束。

二、实验内容

1. 创建教务管理数据库：jwgl。
2. 创建学生表 student、课程表 course、成绩表 score 和专业表 speciality。
3. 管理数据表。
4. 创建约束。

三、实验步骤

1. 创建教务管理数据库：jwgl。

（1）使用 SQLyog 客户端。

单击"数据库"菜单→"创建数据库"命令，打开"创建数据库"对话框，在"数据库名称"编辑框中输入新建数据库的名称，选择默认字符集等后单击"创建"按钮，如图 9-9 所示。

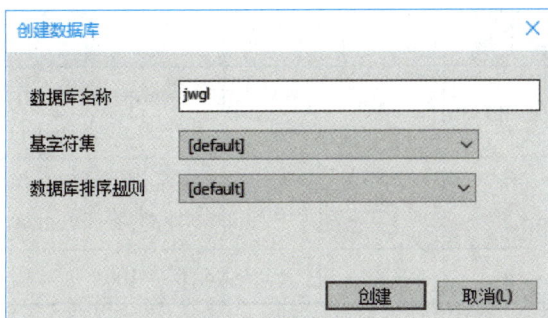

图 9-9　创建数据库

（2）使用 SQL 语句。

CREATE DATABASE jwgl；

2. 创建数据表。

在数据库中存在四张数据表：student、course、score 和 speciality。四张表的结构如表 9-1、表 9-2、表 9-3 和表 9-4 所示。

表 9-1　学生表 student 结构

列名	数据类型	长度	允许空值	默认值	约束	注释
sno	CHAR	11	否		主键	学号
sname	VARCHAR	10	否			姓名
ssex	CHAR	1	否	男	只能取"男"或"女"	性别
birthday	DATE		否			出生日期
nation	VARCHAR	10	否		默认"汉族"	民族
spno	CHAR	4	是		外键,参照 speciality 表的 spno 列	专业号

表 9-2　课程表 course 结构

列名	数据类型	长度	允许空值	默认值	约束	注释
cno	CHAR	3	否		主键	课程号
cname	VARCHAR	20	否			课程名称
ctype	VARCHAR	10	是			课程类型
ctime	TINYINT		是			学时
credit	DECIMAL	3,1	是			学分
term	TINYINT		是			开课学期

表 9-3 成绩表 score 结构

列名	数据类型	长度	允许空值	默认值	约束	注释
sno	CHAR	11	否		（sno，cno）组合作为主键 外键，参照 student 表的 sno 列	学号
cno	CHAR	3	否		（sno，cno）组合作为主键 外键，参照 course 表的 cno 列	课程号
grade	DECIMAL	4，1	是		0 ～ 100	成绩

表 9-4 专业表 speciality 结构

列名	数据类型	长度	允许空值	默认值	约束	注释
spno	CHAR	11	否		主键	专业号
spname	VARCHAR	10	否			专业名称
school	VARCHAR	10	是			所属学院

（1）使用 SQLyog 客户端。

在左侧导航栏展开 jwgl 数据库，右击"表"图标，在弹出的快捷菜单中选择"创建表"命令。

在右侧的表设计窗格中，依次输入和设置每个字段的列名、数据类型、长度等属性，如图 9-10 所示。

单击"保存"按钮，完成创建。

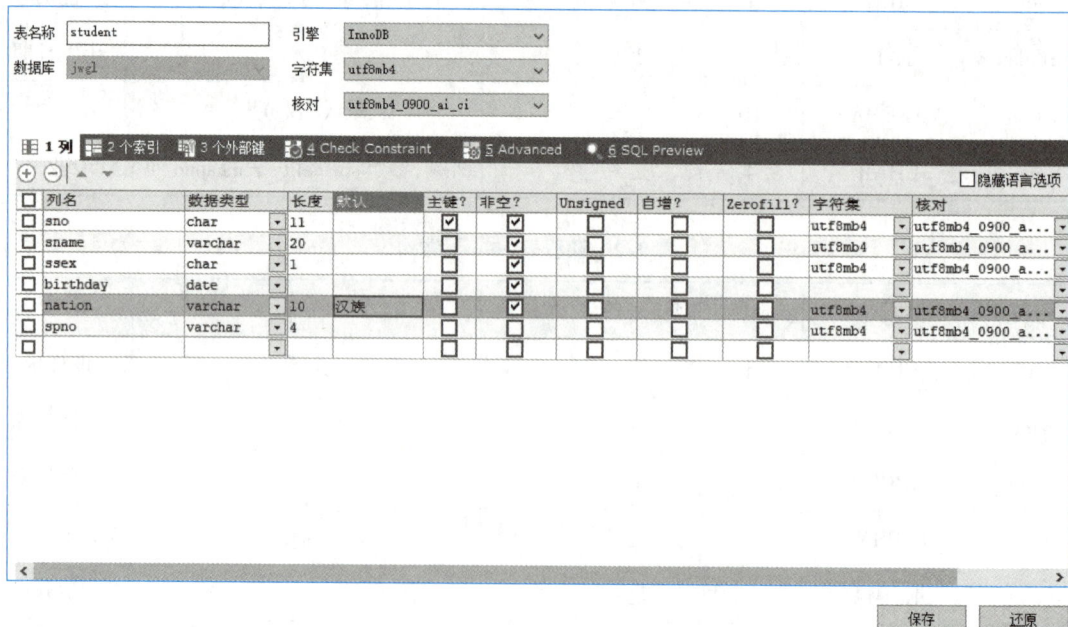

图 9-10 图形化工具创建表

（2）使用 SQL 语句。

```
CREATE TABLE IF NOT EXISTS student（
sno CHAR（11）PRIMARY KEY COMMENT '学号',
sname VARCHAR（20）NOT NULL COMMENT '姓名',
ssex CHAR（1）NOT NULL COMMENT '性别',
birthday DATE NOT NULL COMMENT '出生日期',
nation VARCHAR（10）NOT NULL COMMENT '民族',
spno VARCHAR（4）COMMENT '专业号'
）;
```

按照以上两种方法依次创建 course、score 和 speciality 表，创建表的同时创建约束。

3. 修改专业表 speciality 的 spname 列的长度为 20。

4. 为学生表 student 增加一名为 cv（简历）的列，数据类型为 text。

5. 为课程表 course 的 ctype 列创建默认值约束"必修"。

6. 为课程表 course 的 cterm 列创建 CHECK 约束，保证输入的值的范围在 1 ~ 10（含 1 和 10）。

7. 删除学生表 student 的 cv 列。

8. 删除专业表 speciality。

9.3　数据操作

一、实验目的

1. 掌握插入表数据的方法。
2. 掌握更新表数据的方法。
3. 掌握删除表数据的方法。

二、实验内容

1. 插入表数据。
2. 更新表数据。
3. 删除表数据。

三、实验步骤

student、course、score 和 speciality 四张表的数据如表 9-5、表 9-6、表 9-7 和表 9-8 所示。[①]

---

① 本节表格内容均为虚构。

表 9-5　student 表数据

sno	sname	ssex	birthday	nation	spno
24010141001	陈倩	女	2005-6-12	汉族	0101
24010141002	刘航	男	2005-3-22	汉族	0101
24010241003	孙越	男	2004-7-19	壮族	0102
24010241004	李明	男	2006-1-18	汉族	0102
24020141005	万鸿宇	男	2005-4-13	汉族	0201
24020141006	熊晶	女	2005-2-20	白族	0201
24020241007	张婷	男	2005-7-18	彝族	0202
24000041008	王佳玲	女	2006-8-18	汉族	

表 9-6　course 表数据

cno	cname	ctype	ctime	credit	term
101	信息科学基础	必修	64	4	1
102	大学英语	必修	64	4	1
103	高等数学	必修	96	6	2
104	操作系统	选修	48	3	3
105	数据库原理	选修	48	3	4

表 9-7　score 表数据

sno	cno	grade	sno	cno	grade
24010141001	101	72	24020141005	102	77
24010141001	102	66	24020141005	103	78
24010141002	101	88	24020141006	103	88
24010141002	103	90	24020141006	104	90
24010241003	102	55	24020241007	104	92
24010241003	104	60	24020241007	105	96
24010241004	101	54	24000041008	102	64
24010241004	105	66	24000041008	105	72

表 9-8　speciality 表数据

spno	spname	school	spno	spname	school
0101	旅游管理	旅游学院	0202	工商管理	经济管理学院
0102	酒店管理	旅游学院	1101	计算机科学与技术	信息工程学院
0201	财务管理	经济管理学院	1102	软件工程	信息工程学院

1. 插入数据。

（1）使用 SQLyog 客户端。

向 student 表插入一条记录。

在左侧导航栏展开 jwgl 数据库，展开"表"图标，单击 student 表，在右侧下方的窗格中输入每个字段的值，单击工具栏上的"保存更改"按钮，如图 9-11 所示。

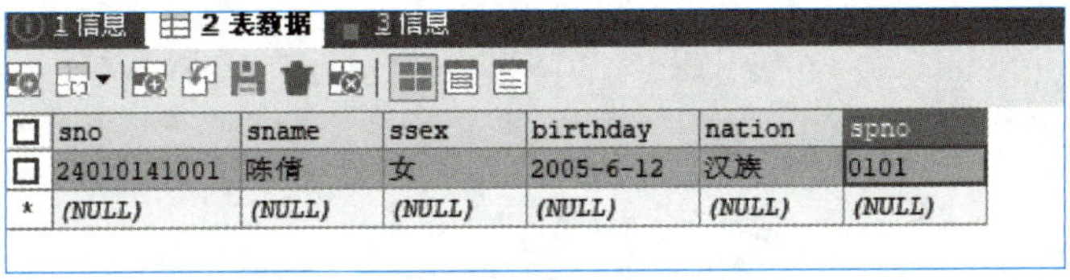

图 9-11　图形化界面插入数据

（2）使用 SQL 语句。

> INSERT INTO student
> VALUES（' 24110141002 '，'张涛'，'男'，' 2005-01-22 '，'汉族'，' 1101 '）；

2. 更新数据

（1）使用 SQLyog 客户端。

在图 9-11 的界面中可以编辑需要修改的字段值，然后单击工具栏上的"保存更改"按钮，保存更新内容。

（2）使用 SQL 语句。

将 student 表中李明的出生日期修改为' 2006-1-18 '。

> UPDATE student
> SET birthday= ' 2006-1-18 ' WHERE sname= '李明'；

练习：将所有必修课的学分都加 1。

3. 删除数据。

（1）使用 SQLyog 客户端。

在图 9-11 的界面中单击选择要删除的行，单击工具栏上的"删除选定行"按钮，在弹出的对话框中单击"是"按钮，确认删除。

（2）使用 SQL 语句。

删除 student 表中学号为' 24000041009 '的记录。

> DELETE FROM student WHERE sno= ' 24000041009 '；

练习：删除"大学英语"课程。

9.4　数据查询

一、实验目的

1. 掌握 SELECT 语句的格式和各子句的功能，包括指定列、匹配查询，使用聚合函数查询、分组查询等。

2. 理解条件表达式中各类运算符的使用。

3. 掌握多表查询的使用方法。

4. 掌握子查询的使用方法。

二、实验内容

1. 简单查询。

2. 分组统计。

3. 多表查询。

4. 子查询。

三、实验步骤

1. 简单查询。

（1）查询所有课程的课程号、课程名和学分。

（2）查询所有学生的学号、姓名和年龄,结果列别名为汉字。

（3）查询学时在 40～65 的课程信息,结果按学时降序排列。

（4）查询选修了课程的学生学号,结果去掉重复值。

（5）查询姓名长度至少是三个汉字且倒数第二个汉字必须是"鸿"的学生。

（6）查询少数民族女生的信息。

（7） 查询没有成绩的学生的学号和课程号。

2. 分组统计。

（1）求学生总人数。

（2）求选修课课程门数。

（3）求选修各门课程的最高、最低与平均成绩。

（4）求学生人数不足 3 人的专业及其相应的学生数。

【提示】使用 HAVING 子句。

3. 多表查询。

（1）查询"张婷"同学的选课信息,结果显示学号、姓名、课程号和成绩。

（2）查询学生选修课程的情况,结果显示学号、姓名、课程号、课程名和成绩。

4. 子查询。

（1）查询未选修任何课程的学生的学号和姓名。

【提示】使用 NOT IN 运算符。

（2）查询选修"数据库原理"课程的学生姓名。

9.5　数据库的安全与管理

一、实验目的

1. 掌握 MySQL 用户管理的基本操作。

2. 掌握 MySQL 权限管理的基本操作。

3. 理解 MySQL 备份和恢复的基本概念。

4. 掌握数据库备份和恢复的基本操作。

二、实验内容

1. 用户管理。

2. 权限管理。

3. 备份数据库及表。

4. 恢复数据库及表。

三、实验步骤

1. 用户管理。

（1）创建本地登录用户"user1 @localhost"，密码为"123"。

（2）创建用户 user2，密码为"123"。

（3）将本地用户 user1 的密码修改为"123456"。

（4）将用户 user2 的用户名修改为"u2"。

（5）删除用户 user1。

2. 权限管理。

（1）将对 jwgl 数据库及其所有对象的管理权限授予 user1 用户。

（2）将对 student 表上的所有权限授予 user1 用户。

（3）将对 score 表中 grade 字段上的更新（UPDATE）权限授予 user1 用户。

（4）从 user1 用户收回对 jwgl 数据库所有对象的查询（SELECT）权限。

3. 备份数据库及表。

（1）备份 jwgl 数据库中的所有表及内容到 D：\backup\jwgl_db.sql。

（2）备份 jwgl 数据库中的 course 表及内容到 D：\backup\jwgl_course.sql。

4. 恢复数据库及表。

（1）使用备份文件 D：\backup\jwgl_db.sql 恢复 jwgl 数据库中的所有表及内容。

（2） 使用备份文件 D：\backup\jwgl_course.sql 恢复 jwgl 数据库中的 course 表。

第 10 章　Python 程序实验

10.1　Python 语言开发环境配置

一、实验目的

1. 掌握 Python 3.x 解释器的安装。
2. 熟练掌握 Python 3.x 的 IDLE 交互式和文件式的使用方法。

二、实验内容

1. 安装 Python 解释器。
2. 运行 Python 程序。

三、实验步骤

1. 安装 Python 解释器

到 Python 网站下载并安装 Python 基本开发和运行环境,根据操作系统不同可选择不同版本。Python 解释器主网站下载页面如图 10-1 所示。

如图 10-1 所示,首先根据所用操作系统版本选择相应的 Python 安装程序。单击 Download 按钮下载 Python 程序。这个位置放置的是 Python 最新的稳定版本,随着 Python 语言的发展,

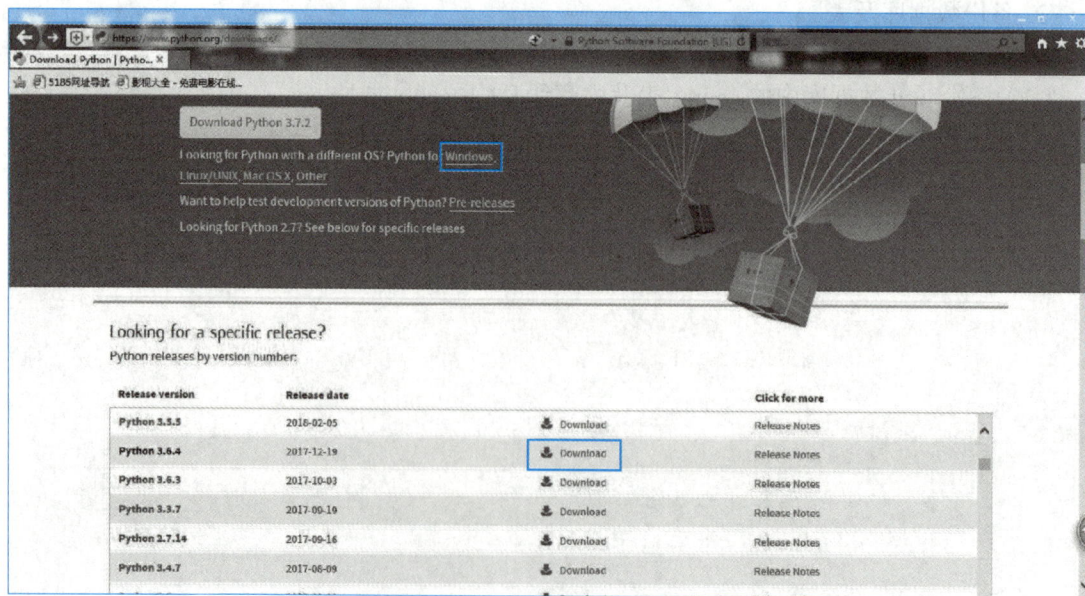

图 10-1　Python 解释器主网站下载页面

此处会有更新的版本,本书内容统一以 3.6 版本为代表,以 Windows 操作系统为例,下载 Python 3.6.exe 文件。其他操作系统请单击相应链接,并找到对应文件进行下载。

Python 最新的 3.x 系列解释器会逐步发展,对于初学 Python 的读者,建议采用 3.6 或之后的版本,可以不使用最新版本。如果所在系统无法安装 3.6 版本,可使用 3.5.2 版本。双击所下载的程序安装 Python 解释器,然后将启动一个如图 10-2 所示的引导过程。在该页面中,勾选 Add Python 3.6 to PATH 复选框。

安装成功后将显示如图 10-3 所示的页面。

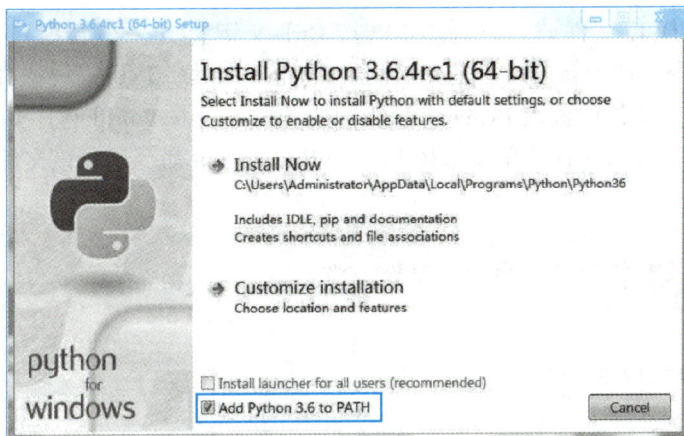

图 10-2　解释器安装向导

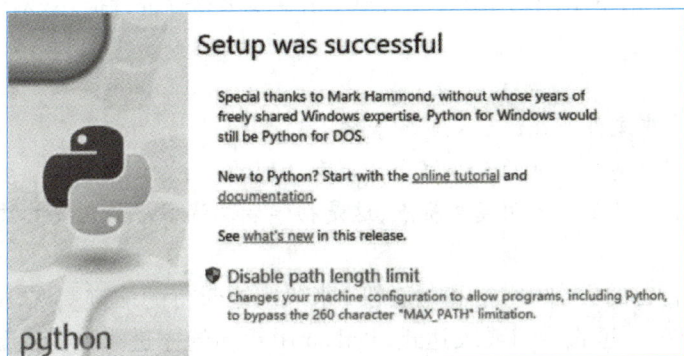

图 10-3　解释器安装成功

Python 安装包将在系统中安装一批与 Python 开发和运行相关的程序,其中最重要的两个是 Python 命令行和 Python 集成开发环境(Python's integrated development environment, IDLE)。

2. 运行 Python 程序

第一种方法:IDLE 交互式。通过调用安装的 IDLE 来启动 Python 运行环境。IDLE 是 Python 软件包自带的集成开发环境,可以在 Windows "开始"菜单中搜索关键词 "IDLE" 找到 IDLE 的快捷方式,如图 10-4 所示展示了 IDLE 环境中运行 Hello World 程序的效果。

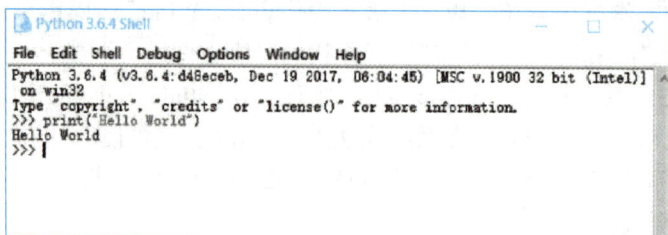

图 10-4　IDLE 交互式运行方法

第二种方法：IDLE 文件式。打开 IDLE，按 Ctrl+N 键打开一个新窗口，或在菜单中选择 File → New File 命令。这个新窗口不是交互模式，它是一个具备 Python 语法高亮辅助的编辑器，可以进行代码编辑。在其中输入 Python 代码，例如，输入 Hello World 程序并保存为 1.py 文件，如图 10-5 所示，按 F5 键，或在菜单中选择 Run → RunModule 命令运行该文件。

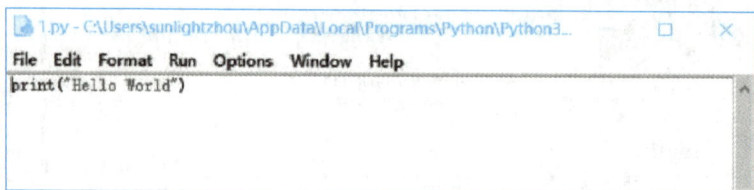

图 10-5　IDLE 文件式运行方法

本书所有程序都推荐通过 IDLE 编写并运行。行文方面，对于单行代码或通过观察输出结果讲解少量代码的情况，本书采用 IDLE 交互式（由 >>> 开头）进行描述；对于讲解整段代码的情况，采用 IDLE 文件式。

【提示】

（1）Python 语言中文件所在的位置非常重要。

（2）Python 语言中英文字母的大小写含义是有区别的。

（3）Python 语言中只允许使用英文标点，这是初学者调试程序最需要关注的。

（4）缩进。

Python 用逻辑行首的空白（空格和制表符）来决定逻辑行的缩进层次，从而确定语句的分组。对于需要组合在一起的语句或表达式，Python 用相同的缩进来区分。建议用 4 个空格或 Tab 键来实现缩进，同一语句块中的语句具有相同的缩进量。不要混合使用制表符和空格来缩进，因为这样在跨平台时无法正常工作，在编写程序时应统一风格。

Python 以垂直对齐的方式来组织程序代码，让程序更一致，并具有可读性，因而具备了重用性和可维护性。

（5）注释。

"#"符号后的内容在程序执行时将被忽略，起到注释的作用，可以对程序的功能、变量的含义等信息进行简要说明，有助于阅读和理解程序。

总之，Python 程序由模块构成，模块包含语句，语句包含表达式，表达式建立并处理对象。

概括来说，Python 程序语法有如下特点：

1）动态语言特性——可在运行时改变对象本身（属性和方法等）。

2）Python 使用缩进而不是一对花括号 { } 来划分语句块。

3）多个语句在一行使用"；"分隔。

4）如果一条语句的长度过长，可在前一行的末尾放置"\"指示续行。

5）注释符是"#"，多行注释使用"……"。

6）变量无须类型定义。

7）表达式内或语句内的空白将被忽略，一行开始的空白意味缩进。

10.2 汇率转换

一、实验目的

1. 熟悉 IPO 编程方法。
2. 学习 Python 语言编写程序的规则。
3. 练习调试程序，得到预期结果。

二、实验内容

本实验以汇率转换问题为例，介绍程序设计的基本方法，并给出 Python 语言的具体实现。

三、实验步骤

由于不同国家可能采用不同的货币表示方法，货币之间兑换需要通过汇率来转换。例如，我国使用人民币（￥），美国使用美元（$）。对于去美国旅行的中国游客来说，需要按当地发布的汇率把人民币转换为美元。同样，来中国旅行的美国游客，也需要按当地发布汇率把美元转换为人民币。问题是，如何利用计算机程序辅助旅行者进行汇率转换呢？

根据程序编写的基本方法，用计算机解决上述问题需要如下 5 个步骤。

（1）分析问题：可以从不同角度来理解旅行者汇率转换问题的计算部分。这里给出 3 个角度。第一，利用程序进行汇率转换，由用户输入汇率值，程序输出结果。这是最直观的理解。第二，可以通过语音识别、图像识别等方法自动获得汇率信息发布渠道（如收音机、电视机等）给出的汇率播报源数据，再由程序转换后输出给用户。这种角度相比第一种不需要用户给出输入。第三，随着互联网的高度普及和接入的便捷，程序也可以定期从汇率信息发布网站获得汇率值，再将汇率信息转换成旅行者熟悉的方式。3 种角度对问题计算部分的不同理解会产生不同的 IPO 描述、算法和程序。应该说，"利用计算机解决问题"需要结合计算机技术的发展水平和人类对问题的思考程度，在特定技术和社会条件下，分析出一个问题最经济、最合理的计算部分，进而用程序实现。这里以第一种理解角度为例编写并讲解后续的程序步骤。

（2）划分边界：在确定问题计算部分的基础上进一步划分问题边界，即明确问题的输入数据、输出数据和对数据处理的要求。由于程序可能接收人民币和美元汇率，并相互转换，该功能的 IPO 描述如下。

输入：人民币或美元的金额。

处理：根据汇率选择汇率转换算法。

输出：人民币或美元的转换金额。

这里采用 100 RMB 表示人民币 100 元，采用 50 USD 表示 50 美元，实数部分是汇率值。这种汇率表示格式同时用于汇率的输入和输出。

（3）设计算法：根据人民币和美元汇率，转换算法如下。

1 USD=6.8 RMB

其中，USD 表示美元，RMB 表示人民币。

（4）编写程序：根据 IPO 描述和算法设计，编写如下汇率转换的 Python 程序代码。

```
#Exchangerate.py
ECRstr = input（"请输入带有符号的货币值:"）
if ECRstr[-1]in['U','u']:
    rmb =（eval（ECRstr[0:-1]）*6.8）
    print（"转换后的货币是{ :.2f}RMB".format（rmb））
elif ECRstr[-1]in['R','r']:
    usd=（eval（ECRstr[0:-1]）/6.8）
    print（"转换后的货币是{ :.2f}USD".format（usd））
else:
    print（"输入格式错误"）
```

（5）调试测试：将上述程序保存为文件"汇率转换 .py"，使用 IDLE 运行该程序。输入带标志的货币值，程序运行结果如图 10-6 所示。

上述程序符合 Python 语法，执行结果正确。事实上，当程序较为复杂时，很难保证一次编写后的程序能够直接正确运行或运行逻辑没有错误。可以说，任何程序都会有错误，寻找错误的调试过程不容忽视。

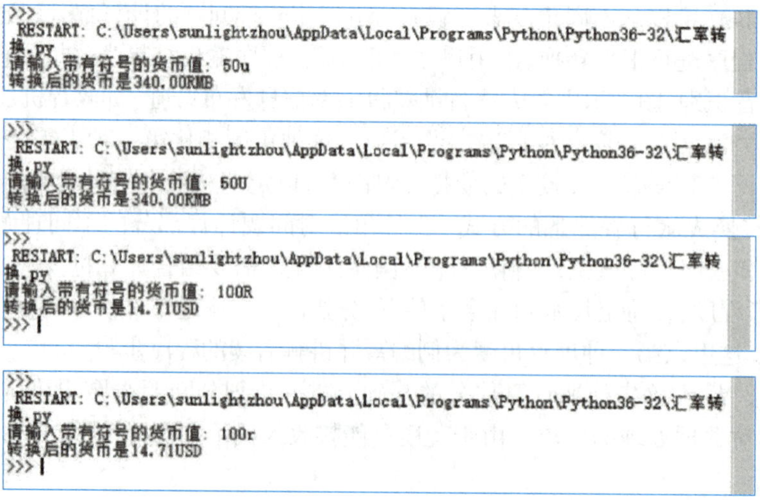

图 10-6　程序运行结果

10.3 Python 蟒蛇图形的绘制

一、实验目的

1. 了解 Python 库的调用方法。
2. 掌握利用 turtle 库内函数绘制图形的方法。

二、实验内容

1. 库的调用。
2. turtle 库语法元素分析。
3. Python 蟒蛇扩展绘制。

三、实验步骤

1. 库的调用

使用 Python 时经常会调用函数库中的函数,以更简捷、高效地完成程序的设计。<a>.<b>( ) 是 Python 编程的一种典型表达形式,它可以表示调用一个对象 a 的方法 <b>( ),也可以表示调用一个函数库 <a> 中的函数 <b>( )。

本实验使用了用于绘制图形的 turtle 库,并在代码中通过保留字 import 引用这个函数库。

基本格式如下:

import turtle

实例代码调用了 turtle 库中若干函数来绘制 Python 蟒蛇图形,所有被调用的函数都使用了 <a>.<b>( ) 形式。这种通过使用函数库并利用库中函数进行编程的方法是 Python 语言最重要的特点,称为模块编程。

使用 import 引用函数库有两种方式,但对函数的使用方式略有不同。第一种引用函数库的方法如下:

import < 库名 >

此时,程序可以调用库名中的所有函数,使用库中函数的格式如下:

< 库名 >.< 函数名 >(< 函数参数 >)

例 10-1　采用第一种库引用方式,完成 Python 蟒蛇图形的绘制,代码如下:

```
#DrawPython.py
import turtle
turtle.setup(650,350,200,200)
turtle.penup()
turtle.fd(-250)
turtle.pendown()
```

```
turtle.pensize ( 25 )
turtle.pencolor ( "purple" )
turtle.seth ( -40 )
for i in range ( 4 ):
    turtle.circle ( 40, 80 )
    turtle.circle ( -40, 80 )
turtle.circle ( 40, 80/2 )
turtle.fd ( 40 )
turtle.circle ( 16, 180 )
turtle.fd ( 40 * 2/3 )
```

第二种引用函数库的方法如下：

import< 库名 >

from < 库名 > import< 函数名, 函数名，…, 函数名 > from < 库名 > import *

其中, * 是通配符, 表示所有函数。

此时, 调用该库的函数时不再需要使用库名, 直接使用如下格式：

< 函数名 >(< 函数参数 >)

例 10-2　采用第二种库引用方式修改例 10-1 代码, 代码如下：

```
#DrawPython.py
from turtle import *
setup ( 650, 350, 200, 200 )
penup ( )
fd ( -250 )
pendown ( )
pensize ( 20 )
pencolor ( "purple" )
seth ( -40 )
for i in range ( 4 ):
    circle ( 40, 80 )
    circle ( -40, 80 )
circle ( 40, 80/2 )
fd ( 40 )
circle ( 16, 180 )
fd ( 40*2/3 )
```

运行结果如图 10-7 所示。

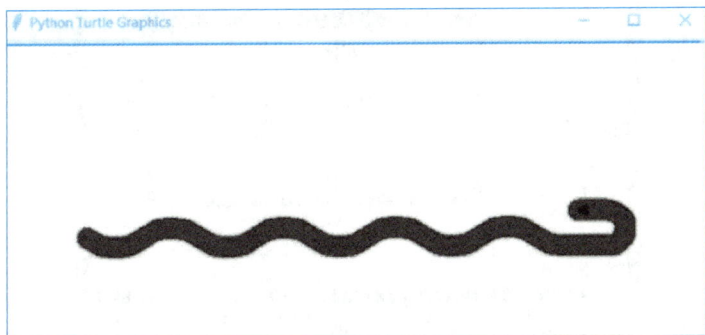

图 10-7　运行结果

例 10-1 与例 10-2 运行结果相同,所不同的是调用 turtle 库中函数时不再采用 <a>.<b>( )方式,而直接使用函数名。由于 Python 蟒蛇图形绘制程序只用了 turtle 库中的 setup( )、penup( )、fd( )、pendown( )、pensize( )、pencolor( )、seth( )、circle( ) 8 个函数,import 语句也可以写成如下形式:

from turtle import setup, penup, fd, pendown, pensize, pencolor, seth, circle

两种函数库引用方式各有优点,第一种采用 <a>.<b>( )方式调用库中函数,能够标明函数来源,在引用较多库时代码可读性更好;第二种利用保留字直接引用库中函数,可以使代码更简洁,在类似例 10-1 这种只引用一个库的情况下,效果更好。

需要注意的是,第一种引用方式,Python 解释器将 <a>.<b> 整体作为函数名。当采用第二种方式时,Python 解释器将 <b> 作为函数名,这可能产生一种情况,假设用户已经定义了一个函数 <b>,库中的函数名 <b> 将会与用户自定义的函数名冲突,由于 Python 程序要求函数命名唯一,所以,当函数名冲突时,Python 解释器会以最近的函数定义为准。为了避免可能的命名冲突,对于初学者,建议采用第一种库引用方式,使用 <a>.<b>( )方式调用库函数。

2. turtle 库语法元素分析

Python 的 turtle 库是一个直观有趣的图形绘制函数库,turtle 图形绘制的概念诞生于 1969年,并成功应用于 LOGO 编程语言,由于 turtle 图形绘制概念十分直观且非常流行,Python 接受了这个概念,形成了一个 Python 的 turtle 库,并成为标准库之一。为了介绍 Python 模块编程思想并解释 Python 蟒蛇图形绘制程序,本节结合例 10-1 介绍 turtle 库中部分函数的使用,这些函数将同时用于后续章节的部分实例中。

（1）绘图坐标体系

turtle 库绘制图形有一个基本框架:一个小海龟在坐标系中爬行,其爬行轨迹形成了绘制图形,对于小海龟来说,有"前进""后退""旋转"等爬行行为,对坐标系的探索也通过"前进方向""后退方向""左侧方向"和"右侧方向"等小海龟自身角度方位来完成。刚开始绘制时,小海龟位于画布正中央,此处坐标为（0,0）,行进方向为水平向右。例如,绘制如图 10-8 所示的坐标体系。

主窗体的大小和位置的参数如下。

width:窗口宽度,如果值是整数,表示像素值;如果值是小数,表示窗口宽度与屏幕的比例。

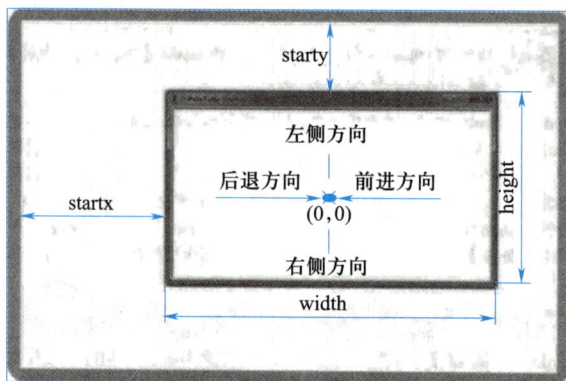

图 10-8　坐标体系

height：窗口高度，如果值是整数，表示像素值；如果值是小数，表示窗口高度与屏幕的比例。

startx：窗口左侧与屏幕左侧的像素距离，如果值是 None，窗口位于屏幕水平中央。

starty：窗口顶部与屏幕顶部的像素距离，如果值是 None，窗口位于屏幕垂直中央。

（2）画笔控制函数。

① turtle.penup（）。

作用：抬起画笔，之后移动画笔不绘制形状。

参数：无。

② turtle.pendown（）。

作用：落下画笔，画笔将绘制形状。

参数：无。

③ turtle.pensize（）。

作用：设置画笔宽度。

参数：无。

④ turtle.width（）。

作用：设置线条宽度，当无参数输入时返回当前画笔宽度。

⑤ turtle.pencolor（）

作用：设置画笔颜色，当无参数输入时返回当前画笔颜色。

（3）turtle.seth（）形状绘制函数

turtle 通过一组函数控制画笔的行进动作，进而绘制形状，turtle.fd（）函数最常用来控制画笔向当前行进方向前进一个距离，当值为负数时，表示向相反方向前进。

作用：改变画笔绘制方向。

设置小海龟当前行进方向为 to_angle，该角度是绝对方向角度值，to_angle 角度的整数值如图 10-9 所示。

（4）turtle.circle（）函数用来绘制一个弧形，函数参数含义如图 10-10 所示。

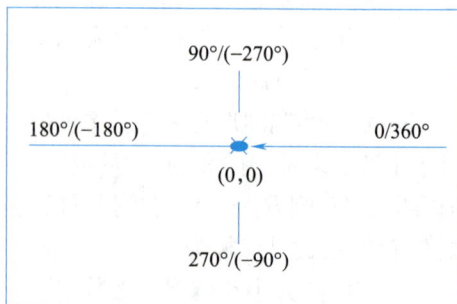

图 10-9　turtle 库的角度坐标体系

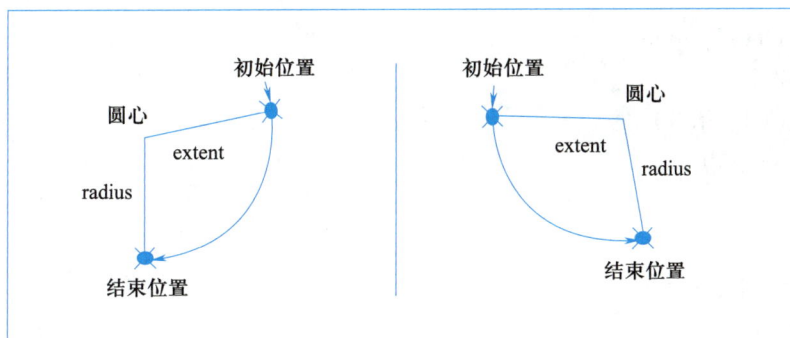

图 10-10   turtle. circle（ ）函数的参数含义

函数定义如下：

turtle.circle（radius, extent=None）

作用：根据半径 radius 绘制 extent 角度的弧形，参数说明如下。

radius：弧形半径，当值为正数时，半径在小海龟左侧；当值为负数时，半径在小海龟右侧。

extent：绘制弧形的角度，当不设置参数或参数设置为 None 时，绘制整个圆形。

3. Python 蟒蛇图形扩展绘制

绘制一条七彩蟒蛇图形，程序运行结果如图 10-11 所示。

图 10-11   程序运行结果

程序代码如下：

```
#
from turtle import *
setup（800, 350, 200, 200）
colors=[ "red", "orange", "yellow", "green", "cyan", "blue" ]
penup（ ）
fd（ -350）
pendown（ ）
pensize（20）
seth（ -40）
for i in range（6）:
    color（colors[ i ]）
    circle（40, 80）
    circle（-40, 80）
circle（40, 80/2）
```

```
pencolor("purple")
fd(40)
circle(16,180)
fd(40*2/3)
```

10.4　math 库函数

一、实验目的

1. 掌握 math 库函数的使用规则。
2. 掌握 math 库内常用函数的使用技巧。

二、实验内容

1. math 库的使用。
2. 实例：天天向上的力量。

三、实验步骤

1. math 库的使用

Python 数学计算的标准函数库 math 提供 4 个数学常数和 44 个函数。

利用函数库编程是 Python 语言最重要的特点，也是 Python 编程生态环境的意义所在。本书不区分函数库（Library）和模块（Module），对于所有需要 import 使用的代码统称为函数库，这种利用函数库编程的方式称为模块编程。

常用的 Python 函数库分为 Python 环境中默认支持的函数库以及第三方提供的需要进行安装的函数库，其中默认支持的函数库也称为标准函数库（standard library）或内置函数库。

math 库是 Python 提供的内置数学类函数库，因为复数类型常用于科学计算，一般计算并不常用，因此 math 库不支持复数类型，仅支持整数和浮点数运算，math 库提供了 4 个数学常数和 44 个函数。44 个函数共分为 4 类，包括 16 个数值表示函数、8 个幂对数函数、16 个三角对数函数和 4 个高等特殊函数。

math 库中函数数量较多，读者在学习过程中只需要逐个理解函数功能，记住个别常用函数即可。实际编程中，如果需要采用 math 库，可以随时查看 math 库。

math 库中的函数不能直接使用，需要使用保留字 import 引用该库，引用方式如下。

第一种：

import math

对 math 库中函数采用 math.<b>()形式使用，例如：

```
>>>import math
```

```
>>>math ceil（10.2）
11
```

第二种：

from import math< 函数名 >

对 math 库中函数可以直接采用 < 函数名 >（）形式使用,例如：

```
>>>from math ipomrt floor
>>>floor
10
```

第二种方法的另一种形式是 from math import *。如果采用这种方式引入 math 库,math 库中所有函数都可以采用 < 函数名 >（）形式直接使用。

math 库及后续所有函数库的引用都可以自由选取这两种方式实现,这与 turtle 库是一致的。下面对 math 库内的部分函数进行说明。

math 包含 8 个幂对数函数,如表 10-1 所示。

表 10-1   math 库的幂对数函数

函数	数学表示	描述
math.pow（x, y）	x^y	返回 x 的 y 次幂
math.exp（x）	e^x	返回 e 的 x 次幂,e 是自然对数
math.expml（x）	e^x-1	返回 e 的 x 次幂减 1
math.sqrt（x）	$\sqrt{x}$	返回 x 的平方根
math.log（x[, base]）	$\log_{base} x$	返回 x 的对数值,只输入 x 时,返回自然对数,即 $\ln x$
math.loglp（x）	$\ln(1+x)$	返回 $1+x$ 的自然对数值
math.log2（x）	$\log_2 x$	返回以 2 为底的 x 的对数值
math.log10（x）	$\log_{10} x$	返回以 10 为底的 x 的对数值

math 库没有提供直接支持运算的函数,但可以根据公式采用 math.pow（）函数求解,参考如下例子：

```
>>>math.pow（10, 1/3）
2.154434690031884
```

2. 实例：天天向上的力量

天天向上的力量代码如下：

```
import math
dayup = math.pow( ( 1.0 + 0.001 ), 365 ) # 每天提高 0.001
daydown = math.pow( ( 1.0 - 0.001 ), 365 ) # 每天荒废 0.001
print( " 向上 :{ :.2f },向下 :{ :.2f }.".format( dayup, daydown ) )
```

运行结果如图 10-12 所示。

```
>>>
==================== RESTART: E:\2018版新教材\实验\代码\天天向上.py ============
========
向上: 1.44, 向下: 0.69.
>>>
```

图 10-12　运行结果

10.5　程序的分支结构

一、实验目的

1. 掌握分支语句的使用规则。
2. 利用分支语句编写较高级别的程序。

二、实验内容

1. 分支语句。
2. 实例：人机猜拳。

三、实验步骤

1. 分支语句

程序设计中的控制语句有 3 种，即顺序、分支和循环语句。Python 程序通过控制语句来管理程序流，完成一定的任务。程序流是由若干个语句组成的，语句可以是一条单一的语句，也可以是复合语句。

Python 中的控制语句有以下几类。

（1）分支语句：if。

（2）循环语句：while 和 for。

（3）跳转语句：break、continue 和 return。

分支语句提供了一种控制机制，使得程序具有了判断能力，能够像人类的大脑一样分析问题。分支语句又称条件语句，条件语句使部分程序可根据某些表达式的值被有选择地执行。Python 中的分支语句只有 if 语句。if 语句有 3 种结构：if 结构、if-else 结构和 elif 结构。下面通过实例来进一步理解多分支结构。

2. 实例：人机猜拳

人机猜拳代码如下：

```python
# 人机猜拳
from random import randint
coin=int(input("你押多少？赢了加5输了扣5："))
game_over=False
while not game_over:
    my_choose=input("请出石头剪刀布：")
## 石头1剪刀2布3
    computer=randint(1,3)
    if my_choose=="石头":
        if computer==1:
print("平手",coin)
elif computer==2:
coin+=5
print("赢了",coin)
else:
coin-=5
print("输了",coin)
if coin<=0:
game_over=True
elif my_choose=="剪刀":
if computer==1:
coin-=5
print("输了",coin)
if coin<=0:
game_over=True
elif computer==2:
print("平手",coin)
else:
coin+=5
print("赢了",coin)
elif my_choose=="布":
if computer==1:
coin+=5
print("赢了",coin)
elif computer==2:coin-=5
print("输了",coin)
if coin<=0:
game_over=True
```

```
else：
print（" 平手 "，coin）
else：
print（" 请正确输入 "）
```

程序运行结果如图 10-13 所示。

```
>>>
 RESTART: C:/Users/sunlightzhou/AppData/Local/Programs/Python/Python36-32/4.py
你押多少？赢了加5输了扣5: 10
请出石头剪刀布: 1
请正确输入
请出石头剪刀布: 布
赢了 15
请出石头剪刀布: 剪刀
输了 10
请出石头剪刀布: 布
输了 5
请出石头剪刀布: 布
赢了 10
请出石头剪刀布:
```

图 10-13   运行结果

10.6   π 的计算

一、实验目的

1. 掌握 random 库函数的使用规则。
2. 熟练使用 random 库内常用函数。

二、实验内容

1. random 库的使用。
2. 实例：π 的计算。

三、实验步骤

1. random 库的使用

（1）random 库概述。随机数在计算机应用中十分常见，Python 内置的 random 库主要用于产生各种分布的伪随机数序列。random 库采用梅森旋转算法（Mersenne Twister）生成伪随机数序列，可用于除随机性要求更高的加解密算法外的大多数工程应用。

使用 random 库的主要目的是生成随机数，因此，读者只需要查阅该库中随机数生成函数，找到符合使用场景的函数即可。该库提供了不同类型的随机数函数，所有函数都是基于最基本的 random.random（）函数扩展实现。

随机数或随机事件是不确定性的产物，其结果不可预测、产生之前不可预见。无论计算机产生的随机数看起来多么 "随机"，它们也不是真正意义上的随机数。因为计算机是按照一定算法产生随机数的,其结果是确定的。可预见的称为"伪随机数"。真正意义上的随机数不能评价。如果存在评价随机数的方法,即判断一个数是否是随机数,那么这个随机数就有确定性,将不再是随机数。

（2）random 库解析。表 10-2 列出了 random 库常用的 9 个随机数生成函数。

表 10-2　　random 库的常用随机数生成函数

函数	描述
seed（a=none）	初始化随机数种子,默认值为当前系统时间
random（）	生成一个［0,1）的随机实数
randint（a,b）	生成一个［a,b］的整数
getrandbits（k）	生成一个 k 比特长度的随机整数
randrange（start,stop［,step］）	生成一个［start,stop）内以 step 为步数的随机整数
uniform（a,b）	生成一个［a,b］的随机实数
choice（seq）	从 seq 序列类型中返回一个元素,例如列表中随机返回一个元素
shuffle（seq）	将 seq 序列类型中的元素随机排列,返回打乱后的序列
sample（pop,k）	从 pop 类型中随机选取 k 个元素,以列表类型返回

2. 实例：π 的计算

圆的面积：$S=\pi \times r^2$,π =3.141 592 6,S 为面积,r 为半径。

一个正方形内部相切一个圆,如图 10-14 所示,圆和正方形的面积之比是 π /4。在这个正方形内部,随机产生 n 个点（这些点服从均匀分布）,计算它们与中心点的距离是否大于圆的半径,以此判断是否落在圆的内部。统计圆内的点数,与 n 的比值乘以 4,就是 π 值。理论上,n 越大,计算的 π 值越精确。

这是一个采用蒙特卡罗方法计算圆周率的实例。

π（圆周率）是数学和物理学普遍存在的常数之一,也是一个无理数,即无限不循环小数。精确求解圆周率是解决几何学、物理学和很多工程学科问题的关键。

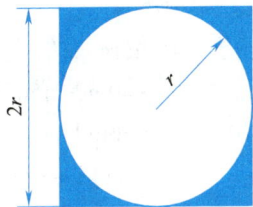

图 10-14　正方形内部相切一个圆

对 π 的精确求解曾经是数学历史上一直难以解决的问题。因为 π 无法用任何精确公式表示,在电子计算机出现以前,π 只能通过一些近似公式用手工求解得到,到 1948 年,人类以手工计算方式只得到了 π 的 808 位精确小数。

迄今为止求解圆周率最好的方法是利用 BBP 公式,该公式如下：

$$\pi = \sum_{k=0}^{\infty}\left[\frac{1}{16^k}\left(\frac{4}{8k+1}-\frac{2}{8k+4}-\frac{1}{8k+5}-\frac{1}{8k+6}\right)\right]$$

随着计算机的出现,数学家找到了求解 π 的另类方法——蒙特卡罗（Monte Carlo）方法,又称随机抽样或统计试验方法。该方法属于计算数学的一个分支,由于其能够真实地模拟实际物理过程,因此,解决问题与实际非常符合,可以得到令人满意的结果。蒙特卡罗方法广泛应用于数学、物理学和工程领域。现在用计算机求 π 值的精确位数已达到几十万亿位。

当所要求解的问题是某种事件出现的概率，或者是某个随机变量的期望值时，可以通过某种"试验"的方法得到这种事件出现的频率，或者这个随机变数的平均值，并用它们作为问题的解。这是蒙特卡罗方法的基本思想。

应用蒙特卡罗方法求解 π 的基本步骤如下：为了简化计算，一般利用图 10-14 的 1/4，即图 10-15 求解 π 值。随机向如图 10-15 所示的单位正方形和圆弧结构抛洒大量"飞镖"点，计算每个点到圆心的距离从而判断该点在圆弧内或者外，用圆弧内的点数除以总点数就是 π/4 值，随机点数量越大，越充分覆盖整个图形，计算得到的 π 值越精确。实际上，这个方法的思想是利用离散点值表示图形的面积，通过面积比例来求解 π 值。

该问题的 IPO 表示如下。

输入：抛点数。

处理：计算每个点到圆心的距离，统计在圆弧内的点的数量。

输出：π 值。

采用蒙特卡罗方法求解 π 值的 Python 程序代码如下：

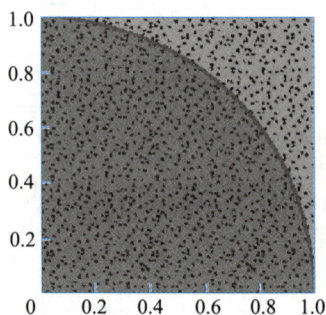

图 10-15　计算 π 使用的 1/4 区域和抛点过程

```python
import random
n=10000
k=0
for i in range( n ):
    x=random.uniform( -1, 1 )
    y=random.uniform( -1, 1 )
    if x**2 + y**2 <1:
        k+=1
print( 4*float( k )/float( n ))
```

上述代码中，random 函数随机返回一个在 [0, 1) 的实数，用两个随机数给出随机抛点(x, y)的坐标。代码中 n 表示抛点数，初始设定为 10 000。该程序运行结果如图 10-16 所示。

计算得到的 π 值为 3.151 6，与大家熟知的 3.141 5 有一定偏差，原因是 n 点数量较少，无法更精确刻画点落在不同区域的面积比例关系。

图 10-16　运行结果

　　可以看到,随着 n 数量的增加,当达到一定数量级时, π 的值就相对准确了。进一步增加 n 的数量,能够进一步增加 π 的精度。

　　本节以 π 的计算为例,重点讲解蒙特卡罗方法,希望读者能够将该方法运用到其他工程问题中。当然,求解 π 可以使用 BBP 公式,请读者根据本节给出的公式编写代码,用另一种方法获得 π 的值。